高等职业教育系列教材

S7-1200 PLC 技术及应用

主　编　侍寿永
参　编　夏玉红　王　玲　侍泽逸
主　审　史宜巧

机械工业出版社

本书主要介绍西门子 S7-1200 PLC 的基础知识及其编程与应用，通过多个示例和案例比较详尽地讲解了 S7-1200 PLC 中的基本指令、功能指令、程序结构、工艺指令和通信指令，有助于读者对知识点的理解和掌握。

本书中的案例均由自动化控制系统子项目分解和提炼而成，配有详细的 I/O 端口连接图、控制程序及调试步骤。本书内容的编排遵守"三易"原则，即易理解、易操作、易实现，旨在让读者通过本书的学习，能尽快掌握自动化设备的控制方法和原理，并具备 PLC 编程及其工程应用能力。

本书可作为职业本科或应用型本科院校自动化、应用电子、轨道交通、数控及计算机控制等相关专业的教材，也可作为自动化类工作岗位工程技术人员的自学和参考用书。

本书配有二维码微课视频、电子课件、习题解答、源程序等资源，教师可登录 www.cmpedu.com 免费注册、审核通过后下载，或联系编辑索取（微信：13261377872，电话：010-88379739）。

图书在版编目（CIP）数据

S7-1200 PLC 技术及应用／侍寿永主编．—北京：机械工业出版社，2024.8

高等职业教育系列教材

ISBN 978-7-111-75496-1

Ⅰ．①S… Ⅱ．①侍… Ⅲ．①PLC 技术-高等职业教育-教材 Ⅳ．①TM571.61

中国国家版本馆 CIP 数据核字（2024）第 066081 号

机械工业出版社（北京市百万庄大街 22 号　邮政编码 100037）
策划编辑：李文轶　　　　　　　责任编辑：李文轶
责任校对：张勤思　王　延　　　封面设计：张　静
责任印制：郜　敏
北京富资园科技发展有限公司印刷
2024 年 8 月第 1 版第 1 次印刷
184mm×260mm・19 印张・495 千字
标准书号：ISBN 978-7-111-75496-1
定价：69.90 元

电话服务　　　　　　　　　　网络服务
客服电话：010-88361066　　　机　工　官　网：www.cmpbook.com
　　　　　010-88379833　　　机　工　官　博：weibo.com/cmp1952
　　　　　010-68326294　　　金　　书　　网：www.golden-book.com
封底无防伪标均为盗版　　　　机工教育服务网：www.cmpedu.com

前 言

党的二十大报告指出:"教育、科技、人才是全面建设社会主义现代化国家的基础性、战略性支撑。必须坚持科技是第一生产力、人才是第一资源、创新是第一动力,深入实施科教兴国战略、人才强国战略、创新驱动发展战略,开辟发展新领域新赛道,不断塑造发展新动能新优势。"本书以此为指导,以职业本科的人才培养为目标,并结合学生学情和课程改革,按照"教、学、做"一体化的模式和易于学习及应用的原则编写而成。

PLC 已成为自动化控制领域不可或缺的设备之一,西门子 S7 系列 PLC 已经广泛应用于我国工业生产中。S7-1200 PLC 是西门子公司推出的面向离散自动化系统和独立自动化系统的一款小型控制器,代表了新一代 PLC 的发展方向,它采用模块化设计并集成了以太网接口,具有很强的工艺集成性,适用于多种应用现场,可满足不同的自动化需求。为此,编者结合多年的工程经验及电气自动化的教学经验,并在企业技术人员的大力支持下编写了本书,旨在使学生或具有一定电气控制基础知识的工程技术人员能较快地熟悉并掌握 S7-1200 PLC 的编程和应用技能。

本书分为 6 章,全面介绍了 S7-1200 PLC 的博途编程软件的使用、硬件的安装及组态、常用指令的编程及应用、典型案例的编程及调试等。

第 1 章介绍了 PLC 的基础知识、硬件模块的安装与拆卸、博途编程软件的安装与使用以及如何创建工程项目(包括程序的下载、仿真和上载)等。

第 2 章介绍了位逻辑指令、定时器与计数器指令的使用及程序调试的方法等。

第 3 章介绍了数据类型及功能指令,包括数据处理、数学运算、程序控制的编程及应用。

第 4 章介绍了用户程序结构(包括函数、函数块、组织块等的创建、编程及使用)及顺序控制系统。

第 5 章介绍了模拟量模块及工艺指令,包括过程控制指令、运动控制指令(含高速计数器)等的组态、编程及应用。

第 6 章介绍了串口通信(包括自由口通信、Modbus 通信和 USS 通信)和基于 PROFINET 接口通信(包括基于以太网的开放式用户通信和 S7 通信)的编程与应用。

为了便于教学和自学,激发读者的学习热情,书中列举的实例和案例均较为简单,且易于操作和实现。为了巩固所学知识,各章均配有相关的习题及训练。

本书内容是按照先易后难、由浅入深的教学思路进行编排的,具备一定实验条件的院校可以按照编排的顺序进行教学。为方便学习及提高学习效果,本书配有多种资源,包括知识点的微课视频、案例的源程序、电子课件和习题答案等,可在机械工业出版社教育服务网(www.cmpedu.com)注册后下载。

本书的编写得到了领导及同事们的关心和支持,得到了江苏高校"青蓝工程"的资助,同时也得到了高新企业中多位高级工程师的帮助,他们提供了很好的建议和素材,在此表示衷心的感谢。

本书是机械工业出版社组织出版的"高等职业教育本科新形态系列教材"之一,由江苏电子信息职业学院侍寿永担任主编,夏玉红、王玲、侍泽逸作为参编,史宜巧担任主审。侍寿永编写第 2、3、5、6 章,夏玉红编写第 1 章,王玲编写第 4 章,夏玉红、王玲和侍泽逸共同制作了本书的数字化资源,且验证和调试了所有实例及案例的程序。

由于编者水平有限,书中难免存在疏漏和不妥之处,恳请广大读者批评指正。

编 者

目 录

前言

第 1 章 S7-1200 PLC 的编程基础 1

1.1 PLC 概述 1
  1.1.1 PLC 的产生及定义 1
  1.1.2 PLC 的结构及特点 2
  1.1.3 PLC 的分类及应用 3
  1.1.4 PLC 的工作过程 4
  1.1.5 PLC 的编程语言 5
  1.1.6 PLC 的物理存储器 6
  1.1.7 S7-1200 PLC 的存储器 7
1.2 S7-1200 PLC 的硬件模块 9
  1.2.1 CPU 模块 9
  1.2.2 信号板与信号模块 11
  1.2.3 集成的通信接口与通信模块 ... 13
1.3 案例 1 S7-1200 PLC 的硬件安装与拆卸 14
  1.3.1 任务导入 14
  1.3.2 任务实施 14
  1.3.3 任务拓展 18
1.4 TIA Portal 软件的安装 18
  1.4.1 安装环境及注意事项 18
  1.4.2 软件的安装 19
  1.4.3 编程软件的基本介绍 21
1.5 创建工程项目 24
  1.5.1 创建项目 24
  1.5.2 添加设备 24
  1.5.3 设备组态 27
  1.5.4 参数配置 27
  1.5.5 项目下载 31
  1.5.6 项目仿真 33
  1.5.7 项目上载 37
  1.5.8 在线创建项目 38
1.6 习题与思考 40

第 2 章 基本指令及编程 42

2.1 位逻辑指令 42
  2.1.1 触点指令 42
  2.1.2 赋值指令 42
  2.1.3 取反指令 44
  2.1.4 置位/复位指令 44
  2.1.5 触发器指令 45
  2.1.6 边沿指令 45
2.2 案例 2 电动机的点连复合控制 49
  2.2.1 任务导入 49
  2.2.2 任务实施 49
  2.2.3 任务拓展 61
2.3 定时器指令 61
  2.3.1 脉冲定时器 61
  2.3.2 接通延时定时器 65
  2.3.3 关断延时定时器 69
  2.3.4 时间累加器 71
2.4 案例 3 电动机的丫-△减压起动控制 72
  2.4.1 任务导入 72
  2.4.2 任务实施 72
  2.4.3 任务拓展 84
2.5 计数器指令 84
  2.5.1 加计数器 84
  2.5.2 减计数器 87
  2.5.3 加减计数器 87
2.6 习题与思考 90

第 3 章　功能指令及编程 … 92

- 3.1　数制与数据类型 …………………… 92
  - 3.1.1　数制 ……………………………… 92
  - 3.1.2　数制间的转换 …………………… 93
  - 3.1.3　数据类型 ………………………… 94
  - 3.1.4　寻址方式 ………………………… 100
- 3.2　移动指令 …………………………… 101
  - 3.2.1　移动值指令 ……………………… 101
  - 3.2.2　交换指令 ………………………… 103
  - 3.2.3　块移动指令 ……………………… 104
  - 3.2.4　填充块指令 ……………………… 105
  - 3.2.5　域读写指令 ……………………… 106
- 3.3　案例 4　天塔之光控制 …………… 107
  - 3.3.1　任务导入 ………………………… 107
  - 3.3.2　任务实施 ………………………… 107
  - 3.3.3　任务拓展 ………………………… 109
- 3.4　比较指令 …………………………… 109
  - 3.4.1　指令介绍 ………………………… 109
  - 3.4.2　范围比较指令 …………………… 111
  - 3.4.3　有效性检查指令 ………………… 112
- 3.5　移位指令和循环移位指令 ………… 112
  - 3.5.1　移位指令 ………………………… 112
  - 3.5.2　循环移位指令 …………………… 114
- 3.6　转换指令 …………………………… 115
- 3.7　数学运算指令 ……………………… 118
  - 3.7.1　整数运算指令 …………………… 118
  - 3.7.2　浮点数运算指令 ………………… 120
- 3.8　案例 5　倒计时控制 ……………… 122
  - 3.8.1　任务导入 ………………………… 122
  - 3.8.2　任务实施 ………………………… 123
  - 3.8.3　任务拓展 ………………………… 126
- 3.9　逻辑运算指令 ……………………… 126
  - 3.9.1　字逻辑运算指令 ………………… 126
  - 3.9.2　编码与解码指令 ………………… 127
  - 3.9.3　其他逻辑运算指令 ……………… 127
- 3.10　程序控制指令 ……………………… 128
  - 3.10.1　跳转及标签指令 ……………… 128
  - 3.10.2　运行时控制指令 ……………… 131
- 3.11　其他指令 …………………………… 133
  - 3.11.1　日期和时间指令 ……………… 133
  - 3.11.2　字符串指令与字符指令 ……… 134
- 3.12　习题与思考 ………………………… 137

第 4 章　程序结构及编程 … 139

- 4.1　函数与函数块 ……………………… 139
  - 4.1.1　块 ………………………………… 139
  - 4.1.2　数据块 …………………………… 139
  - 4.1.3　函数 ……………………………… 140
  - 4.1.4　函数块 …………………………… 145
  - 4.1.5　多重背景数据块 ………………… 148
  - 4.1.6　PLC 的编程方式 ………………… 151
- 4.2　案例 6　多台电动机有序起停
  系统的控制 ………………………… 152
  - 4.2.1　任务导入 ………………………… 152
  - 4.2.2　任务实施 ………………………… 152
  - 4.2.3　任务拓展 ………………………… 158
- 4.3　组织块 ……………………………… 158
  - 4.3.1　事件和组织块 …………………… 159
  - 4.3.2　程序循环组织块 ………………… 160
  - 4.3.3　启动组织块 ……………………… 161
  - 4.3.4　循环中断组织块 ………………… 162
  - 4.3.5　延时中断组织块 ………………… 164
  - 4.3.6　时间中断组织块 ………………… 165
  - 4.3.7　硬件中断组织块 ………………… 167
  - 4.3.8　时间错误中断组织块 …………… 170
  - 4.3.9　诊断错误中断组织块 …………… 170
- 4.4　案例 7　流水灯系统的控制 ……… 171
  - 4.4.1　任务导入 ………………………… 171
  - 4.4.2　任务实施 ………………………… 171
  - 4.4.3　任务拓展 ………………………… 174
- 4.5　顺序控制系统 ……………………… 174
  - 4.5.1　顺序控制系统简介 ……………… 174
  - 4.5.2　顺序功能图 ……………………… 175
  - 4.5.3　顺序控制系统的编程方法 ……… 178

4.6 案例 8 剪板机系统的 PLC 控制 …… 184
　4.6.1 任务导入 …… 184
4.6.2 任务实施 …… 185
4.6.3 任务拓展 …… 188
4.7 习题与思考 …… 188

第 5 章 工艺指令及编程 …… 191

5.1 模拟量 …… 191
　5.1.1 模拟量模块 …… 191
　5.1.2 模拟量模块的地址分配 …… 192
　5.1.3 模拟量模块的组态 …… 192
　5.1.4 模拟值的表示 …… 194
5.2 过程控制指令 …… 196
　5.2.1 PID 控制原理 …… 196
　5.2.2 PID 指令及组态 …… 198
5.3 案例 9 恒液位系统的控制 …… 204
　5.3.1 任务导入 …… 204
　5.3.2 任务实施 …… 205
　5.3.3 任务拓展 …… 208
5.4 运动控制指令 …… 208
　5.4.1 编码器 …… 208
　5.4.2 高速计数器 …… 209
　5.4.3 高速脉冲输出 …… 219
　5.4.4 运动控制 …… 228
5.5 案例 10 自动送料系统的控制 …… 248
　5.5.1 任务导入 …… 248
　5.5.2 任务实施 …… 249
　5.5.3 任务拓展 …… 253
5.6 习题与思考 …… 254

第 6 章 通信指令及编程 …… 255

6.1 通信简介 …… 255
　6.1.1 通信基础知识 …… 255
　6.1.2 S7-1200 PLC 支持的通信类型 …… 256
6.2 自由口通信 …… 257
　6.2.1 自由口通信指令及通信模块组态 …… 257
　6.2.2 S7-1200 PLC 之间的自由口通信 …… 259
6.3 基于以太网的开放式用户通信 …… 262
　6.3.1 以太网通信简介及开放式用户通信指令 …… 262
　6.3.2 S7-1200 PLC 之间的基于以太网的开放式用户通信 …… 266
6.4 S7 通信 …… 271
　6.4.1 S7 通信简介及指令 …… 271
　6.4.2 S7-1200 PLC 之间的 S7 通信 …… 272
6.5 案例 11 两台电动机的同时运行控制 …… 277
　6.5.1 任务导入 …… 277
　6.5.2 任务实施 …… 277
　6.5.3 任务拓展 …… 281
6.6 Modbus 通信 …… 281
　6.6.1 Modbus 通信简介 …… 281
　6.6.2 Modbus 通信指令 …… 282
6.7 USS 通信 …… 289
　6.7.1 USS 通信简介 …… 289
　6.7.2 USS 通信指令 …… 289
6.8 案例 12 物料传送链的运行速度控制 …… 293
　6.8.1 任务导入 …… 293
　6.8.2 任务实施 …… 293
　6.8.3 任务拓展 …… 297
6.9 习题与思考 …… 297

参考文献 …… 298

第1章 S7-1200 PLC 的编程基础

本章主要对 PLC 的一些基础知识、S7-1200 PLC 的硬件模块及其装卸、TIA Portal V16 编程及仿真软件的安装、离线和在线创新工程项目等知识进行介绍。通过本章的学习,读者可以了解 PLC 的一些基础知识,也可以尽快掌握 S7-1200 PLC 硬件模块的安装与拆卸、博途(Portal)编程与仿真软件的安装及使用。

1.1 PLC 概述

1.1.1 PLC 的产生及定义

1. PLC 的产生

20 世纪 60 年代的工业控制是以继电器-接触器为主的控制系统。但该系统设备体积大、调试和维护工作量大、通用性及灵活性差、可靠性低、功能简单,且不具有现代工业控制所需要的数据通信、运动控制及网络控制等功能。

1968 年,美国通用汽车制造公司为了适应汽车型号的不断翻新,试图寻找一种新型的工业控制器,以解决继电器-接触器控制系统普遍存在的问题。其设想把计算机的完备功能、灵活及通用等优点与继电器控制系统的简单易懂、操作方便和价格便宜等优点结合起来,制成一种适于工业环境的通用控制装置,并把计算机的编程方法和程序输入方式加以简化,使不熟悉计算机的人也能方便地使用。

1969 年,美国数字设备公司根据美国通用汽车制造公司的要求研制成功了第一台可编程序控制器,称为可编程序逻辑控制器(Programmable Logic Controller,PLC),并在美国通用汽车制造公司的自动装配线上试用成功,从而开创了工业控制的新局面。

2. PLC 的定义

1985 年,国际电工委员会(IEC)给出了 PLC 的定义:"可编程序控制器是一种数字运算操作的电子系统,专为工业环境下的应用而设计。它作为可编程序的存储器,用来在其内部存储并执行逻辑运算、顺序控制、定时、计数和算术运算等操作的指令,且通过数字式、模拟式的输入和输出,控制各种类型的机械或生产过程。可编程序控制器及其有关设备,都应按使工业控制系统易于形成一个整体,易于扩充其功能的原则设计。"

PLC 是可编程序逻辑控制器的英文缩写,随着科技的不断发展,现已远远超出逻辑控制范畴,称为可编程序控制器(PC)更合适。为了与个人计算机(Personal Computer,PC)区别,故仍将可编程序控制器简称为 PLC。几款常见的 PLC 外形如图 1-1 所示。

码 1-1 PLC 产生与发展——微课视频

图 1-1　几款常见的 PLC 外形

1.1.2　PLC 的结构及特点

1. PLC 的结构

PLC 一般由 CPU（中央处理器）、存储器和输入/输出模块等部分组成。PLC 的结构框图如图 1-2 所示。

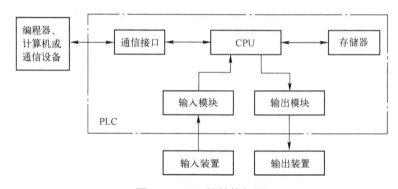

图 1-2　PLC 的结构框图

（1）CPU

CPU 的功能是完成 PLC 内所有的控制和监视操作。中央处理器一般由控制器、运算器和寄存器组成。CPU 通过控制总线、地址总线和数据总线与存储器、输入/输出接口电路连接。

（2）存储器

存储器主要用来存储系统和用户程序以及程序执行过程中的结果和数据等。存储器主要有三种类型，分别为只读存储器（ROM）、随机存取存储器（RAM）和可随时读写的快闪存储器（Flash）。

（3）输入/输出模块

PLC 的输入/输出模块是 PLC 与工业现场设备相连接的端口。PLC 的输入信号和输出信号可以是开关量或模拟量，其接口是 PLC 内部弱电信号和工业现场强电信号联系的桥梁。PLC 的输入/输出模块主要起到隔离保护作用（电隔离电路使工业现场和 PLC 内部进行隔离）和信号调整作用（把不同的信号调整成 CPU 可以处理的信号）。

2. PLC 的特点

1）编程简单，容易掌握。

梯形图是使用最多的 PLC 编程语言，其电路符号和表达式与继电器电路的原理图相似。梯形图形象直观，易学易懂，熟悉继电器电路图的电气技术人员很快就能学会梯形图，并用来编制用户程序。

2）功能强，性价比高。

PLC 内有成百上千个可供用户使用的编程元件，可以实现非常复杂的控制功能。与相同功能的继电器控制系统相比，PLC 具有很高的性价比。

3）硬件配套齐全，用户使用方便，适应性强。

PLC 产品已经标准化、系列化和模块化，并配备有品种齐全的硬件装置供用户选用，用户能灵活方便地进行系统配置，组成不同功能、不同规模的系统。硬件配置确定后，可以通过修改用户程序，方便、快速地适应工艺条件的变化。

4）可靠性高，抗干扰能力强。

传统的继电器控制系统使用了大量的中间继电器、时间继电器，但其触点接触不良，容易出现故障。PLC 用软件代替大量的中间继电器和时间继电器，PLC 外部仅剩下与输入和输出有关的少量硬件元件，因触点接触不良造成的故障大为减少。

5）系统的设计、安装、调试及维护工作量少。

由于 PLC 采用了软件来取代继电器控制系统中大量的中间继电器、时间继电器等器件，因而控制柜的设计、安装和接线工作量大为减少。同时，PLC 的用户程序可以模拟调试并通过后，再到生产现场进行联机调试，这样可减少现场的调试工作量，缩短设计、调试周期。

6）体积小、重量轻、功耗低。

复杂的控制系统使用 PLC 后，可以减少大量的中间继电器和时间继电器。PLC 的体积较小、结构紧凑、坚固、重量轻、功耗低，且其抗干扰能力强，易于装入设备内部，是实现机电一体的理想控制设备。

1.1.3 PLC 的分类及应用

1. PLC 的分类

PLC 发展很快，类型很多，可以从不同的角度进行分类。

1）按控制规模分：微型、小型、中型和大型。

微型 PLC 的 I/O 点数一般在 64 以下，其特点是体积小、结构紧凑、重量轻和以数字量控制为主，有些产品具有模拟量信号处理能力。

小型 PLC 的 I/O 点数一般在 256 以下，除数字量 I/O 接口，一般都有模拟量控制功能和高速控制功能。有的产品还有多种特殊功能模板或智能模块，有较强的通信能力。

中型 PLC 的 I/O 点数一般在 1024 以下，指令系统更丰富，内存容量更大，一般都有可供选择的系列化特殊功能模板，有较强的通信能力。

大型 PLC 的 I/O 点数一般在 1024 以上，软、硬件功能极强，运算和控制功能丰富。具有多种自诊断功能，一般都有多种网络功能，有的还可以采用多 CPU 结构，具有冗余能力等。

2）按结构特点分：整体式、模块式。

整体式 PLC 多为微型、小型，其特点是将电源、CPU、存储器、I/O 接口等部件都集中装在一个机箱内，结构紧凑、体积小、价格低且安装简单，输入/输出点数通常为 10~60。

模块式 PLC 是将 CPU、输入单元和输出单元、电源单元以及各种功能单元集成为一体。各模块结构上相互独立，构成系统时，则根据要求搭配组合，灵活性强。

3）按控制性能分：低档、中档和高档。

低档 PLC 具有基本的控制功能和一般运算能力，工作速度比较低，可配置的输入模块和输出模块数量比较少，种类也比较少。

中档 PLC 具有较强的控制功能和较强的运算能力，不仅能完成一般的逻辑运算，也能完成比较复杂的数据运算，工作速度比较快。

高档 PLC 具有强大的控制功能和较强的数据运算能力，可配置的输入模块和输出模块数量很多，种类也很全面。这类 PLC 不仅能完成中等规模的控制工程，也可以完成规模很大的控制任务，在联网中一般作为主站使用。

2. PLC 的应用

（1）数字量控制

PLC 用"与""或""非"等逻辑控制指令来实现触点和电路的串、并联，代替继电器进行组合逻辑控制、定时控制与顺序逻辑控制。

（2）运动控制

PLC 使用专用的运动控制模块，对直线运行或圆周运动的位置、速度和加速度进行控制，可以实现单轴、双轴、三轴和多轴位置控制。

（3）闭环过程控制

闭环过程控制是指对温度、压力和流量等连续变化的模拟量的闭环控制。PLC 通过模拟量 I/O 模块，实现模拟量和数字量之间的相互转换，并对模拟量实行闭环的 PID 控制。

（4）数据处理

现代的 PLC 具有数学运算、数据传送、转换、排序、查表和位操作等功能，可以完成数据的采集、分析与处理。

（5）通信联网

PLC 可以实现 PLC 与外设、PLC 与 PLC、PLC 与其他工业控制设备、PLC 与上位机、PLC 与工业网络设备等的通信，实现远程的 I/O 控制。

1.1.4　PLC 的工作过程

PLC 是采用循环扫描的工作方式，其工作过程主要分为 3 个阶段：输入采样阶段、程序执行阶段和输出刷新阶段。PLC 的工作过程如图 1-3 所示。

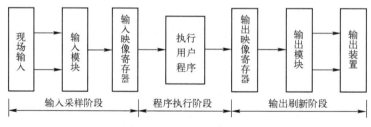

图 1-3　PLC 的工作过程

（1）输入采样阶段

PLC 在开始执行程序之前，首先按顺序将所有输入端子信号读入寄存输入状态的输入映像寄存器中存储，这一过程称为采样。PLC 在运行程序时，所需要的输入信号不是取自当时输入端子上的信息，而是取自输入映像寄存器中的信息。在本工作周期内这个采样结果的内容不会改变，只有到下一个输入采样阶段才会被刷新。

（2）程序执行阶段

PLC 按顺序进行扫描，即从上到下、从左到右地扫描每条指令，并分别从输入映像寄存器、输出映像寄存器以及辅助继电器中获得所需的数据进行运算和处理，再将程序执行的结果写入输出映像寄存器中保存。但这个结果在全部程序未被执行完毕之前不会送到输出端子上。

（3）输出刷新阶段

在执行完用户所有程序后，PLC将输出映像寄存器中的内容送到寄存输出状态的输出锁存器中进行输出，驱动用户设备。

PLC重复执行上述3个阶段，每重复一次的时间称为一个扫描周期。PLC在一个工作周期中，输入采样阶段和输出刷新阶段的时间一般为毫秒级，而程序执行时间因用户程序的长度而不同，一般容量为1KB的程序扫描时间为10 ms左右。

1.1.5　PLC的编程语言

PLC常用以下5种编程语言：梯形图（Ladder Diagram，LD），西门子公司将梯形图简称为LAD（Ladderlogic Programming Language）；语句表（Statement List，STL）；功能块图（Function Block Diagram，FBD）；顺序功能图（Sequential Function Chart，SFC）；结构文本（Structured Text，ST）。最常用的是梯形图和语句表，如图1-4所示。

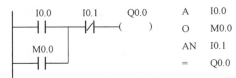

图1-4　梯形图和语句表

1. 梯形图

梯形图是使用最多的PLC图形编程语言。梯形图与继电器控制系统的电路图相似，具有直观易懂的优点，很容易被工程技术人员所熟悉和掌握。梯形图程序设计语言具有以下特点：

1）梯形图由触点、线圈和用方框表示的功能块组成。

2）梯形图中触点只有常开和常闭，触点可以是PLC输入点接的开关，也可以是PLC内部继电器的触点或内部寄存器、计数器等的状态。

3）梯形图中的触点可以任意串、并联。

4）内部继电器、寄存器等均不能直接控制外部负载，只能作为中间结果使用。

5）PLC工作时按循环扫描事件工作方式，沿梯形图先后顺序执行，在同一扫描周期中的结果留在输出状态寄存器中，所以输出点的值在用户程序中可以作为条件使用。

2. 语句表

语句表是使用助记符来书写程序的，又称为指令表，类似于汇编语言，但它比汇编语言通俗易懂，属于PLC的基本编程语言。它具有以下特点：

1）利用助记符号表示操作功能，容易记忆，便于掌握。

2）在编程设备的键盘上就可以进行编程设计，便于操作。

3）一般PLC程序的梯形图和语句表可以互相转换。

4）部分梯形图及另外几种编程语言无法表达的PLC程序，必须使用语句表才能编程。

3. 功能块图

功能块图采用类似逻辑门电路的图形符号，逻辑直观、使用方便，如图1-5所示。该编程语

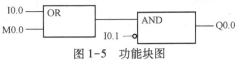

图1-5　功能块图

言中的方框左侧为逻辑运算的输入变量，右侧为输出变量，输入、输出端的小圆圈表示"非"运算，方框被"导线"连接在一起，信号从左向右流动，图1-5的控制逻辑与图1-4的相同。

功能块图程序设计语言有如下特点：

1) 以功能模块为单位，从控制功能入手，使控制方案的分析和理解变得容易。
2) 功能模块是用图形化的方法描述功能，它的直观性大大方便了设计人员的编程和组态，有较好的易操作性。
3) 对控制规模较大、控制关系较复杂的系统，由于控制功能的关系可以较清楚地表达出来，因此编程和组态时间可以缩短，调试时间也能减少。

4. 顺序功能图

顺序功能图也称为流程图或状态转移图，是一种图形化的功能性说明语言，专用于描述工业顺序控制程序，使用它可以对具有并行、选择等复杂结构的系统进行编程。顺序功能图程序设计语言有如下特点：

1) 以功能为主线，条理清楚，便于对程序操作的理解和沟通。
2) 对大型程序，可分工设计，采用较为灵活的程序结构，可节省程序设计时间和调试时间。
3) 常用于系统规模较大、程序关系较复杂的场合。
4) 整个程序的扫描时间较其他程序设计语言编制的程序的扫描时间大大缩短。

5. 结构文本

结构文本是一种高级的文本语言，可以用来描述功能、功能块和程序的行为，还可以在顺序功能图中描述步、动作和转换的行为。结构文本程序设计语言有如下特点：

1) 采用高级语言进行编程，可以完成较复杂的控制运算。
2) 需要有计算机高级程序设计语言的知识和编程技巧，对编程人员要求较高。
3) 直观性和易操作性较差。
4) 常被用于采用功能块图等其他语言较难实现的一些控制场合。

本书以西门子公司新一代小型 PLC S7-1200 为讲授对象，它主要使用梯形图和功能块图这两种编程语言，在新建的块中还可以选择使用结构化控制语言（Structured Control Language，SCL）。SCL 是一种基于 Pascal 的高级编程语言，对编程者的水平要求较高，故应用相对较少。

1.1.6　PLC 的物理存储器

存储器分为系统程序存储器和用户程序存储器。系统程序相当于个人计算机的操作系统，它使可编程序控制器具有基本的智能，能够完成可编程序控制器设计者规定的各种工作。系统程序由可编程序控制器生产厂家设计并固化在 ROM 中，用户不能读取。用户程序由用户设计，它使可编程序控制器完成用户要求的特定功能。存储器的容量以字节为单位。可编程序控制器使用以下物理存储器。

1. 随机存取存储器（RAM）

用户可以用编程装置读出 RAM 的内容，也可以将用户程序写入 RAM，因此 RAM 又叫读写存储器，它是易失性的存储器，它的电源中断后，存储的信息将会丢失。RAM 的工作速度快，价格便宜，改写方便。在关断 PLC 的外部电源后，可用锂电池保存 RAM 中的用户程序和某些数据，锂电池可用 2~5 年，需要更换锂电池时，PLC 发出信号，通知用户。现在部分 PLC 仍用 RAM 来存储用户程序。

2. 只读存储器（ROM）

ROM 的内容只能读出，不能写入。它是非易失性的，断电后仍能保存存储的内容。ROM 一般用来存放可编程控制器的用户程序。

3. 可电擦除可编程的只读存储器（E^2PROM）

它是非易失性的，可以用编程装置对它编程；它兼有 ROM 的非易失性和 RAM 的随机存取的优点，但是信息写入时间比 RAM 长得多。E^2PROM 用来存放用户程序和断电时需要保存的重要数据。

1.1.7 S7-1200 PLC 的存储器

S7-1200 PLC 提供了用于存储用户程序、数据和组态的存储器，如表 1-1 所示。

表 1-1 S7-1200 PLC 的存储器

类 型	作 用
装载存储器	用于动态装载存储器（RAM）
	用于可保持装载存储器（E^2PROM）
工作存储器（RAM）	用于用户程序，如逻辑块等
系统存储器（RAM）	用于过程映像输入/输出表
	用于位存储器
	用于临时存储器（L）
	用于数据块（DB）

1. 装载存储器

装载存储器用于存储用户程序、数据和组态。项目被下载到 CPU 后，首先存储在装载存储器中。每个 CPU 都具有内部装载存储器，其大小取决于 CPU 的型号。内部装载存储器也可以用外部存储卡来替代。如果未插入外部存储卡，CPU 将使用内部装载存储器；如果插入外部存储卡，CPU 将使用该存储卡作为装载存储器。但是，可使用的外部存储卡的大小不能超过内部装载存储器的大小。该非易失性存储器能够在断电后继续保持数据。

2. 工作存储器

工作存储器是易失性 RAM，用于执行用户程序时存储用户项目的某些内容。CPU 会将一些项目的内容从装载存储器复制到工作存储器中。存储在 RAM 的数据在断电后消失。

3. 系统存储器

系统存储器是 CPU 为用户程序提供的存储组件，被划分为若干个地址区域，具体如表 1-2 所示。使用指令可以在相应的地址区内对数据进行直接寻址。系统存储器用于存放用户程序的操作数据，如过程映像输入/输出、位存储器、数据块等。

表 1-2 系统存储器的存储区

存 储 区	描 述	强 制	保 持
过程映像输入区（I）	在扫描循环开始时，从物理输入复制的输入值	Yes（可以）	No（不可以）
物理输入（I_:P）	通过该区域立即读取物理输入	No	No
过程映像输出区（Q）	在扫描循环开始时，将输出值写入物理输出	No	No
物理输出（Q_:P）	通过该区域立即写物理输出	No	No
位存储区（M）	用于存储用户程序的中间运算结果或标志位	No	Yes
临时存储区（L）	块的临时局部数据，只能供块内部使用	No	No
数据块（DB）	数据存储器与 FB 的参数存储器	No	Yes

（1）过程映像输入区

过程映像输入区在用户程序中的标识符为 I，它是 PLC 接收外部输入的数字量信号的窗口。输入端可以接常开触点或常闭触点，也可以接多个触点组成的串并联电路。

在每次扫描循环开始时，CPU 读取数字量输入模块的外部输入电路的状态，并将它们存入过程映像输入区。

（2）过程映像输出区

过程映像输出区在用户程序中的标识符为 Q，每次循环周期开始时，CPU 将过程映像输出区的数据传送给输出模块，再由后者驱动外部负载。

用户程序访问 PLC 的输入和输出地址区时，不是去读、写数字量模块中信号的状态，而是访问 CPU 的过程映像区。在扫描循环中，用户程序计算输出值，并将它们存入过程映像输出区。在下一循环扫描开始时，将过程映像输出区的内容写到数字量输出模块。

I 和 Q 均可以按位、字节、字和双字来访问，如 I0.0、QB1、IW2 和 QD4。

（3）外设输入

在 I/O 点的地址或符号地址的后边加":P"，可以立即访问外设输入（即物理输入）或外设输出（即物理输出）。通过给输入点的地址附加":P"，如 I0.3:P 或 Start:P，可以立即读取 CPU、信号板和信号模块的数字量输入和模拟量输入。访问时使用 I_:P 取代 I 的区别在于，前者的数据直接来自被访问的输入点，而不是来自过程映像输入区。因为数据从信号源被立即读取，而不是从最后一次被刷新的过程映像输入区中复制，这种访问被称为"立即读"访问。

由于外设输入点从直接连接在该点的现场设备接收数据值，因此写外设输入点是被禁止的，即 I_:P 访问是只读的。

I_:P 访问还受到硬件支持的输入长度的限制。以被组态为从 I4.0 开始的 2DI/2DQ 信号板的输入点为例，可以访问 I4.0:P、I4.1:P 或 IB4:P，但是不能访问 I4.2:P~I4.7:P，因为没有使用这些输入点；也不能访问 IW4:P 和 ID4:P，因为它们超过了信号板使用的字节范围。

用 I_:P 访问物理输入不会影响存储在过程映像输入区中的对应值。

（4）外设输出

在输出点的地址后面附加":P"，如 Q0.0:P，可以立即写 CPU、信号板或信号模块的数字量和模拟量输出。访问时使用 Q_:P 取代 Q 的区别在于，前者的数据直接写给被访问的外设输出点，同时写入过程映像输出区。这种访问被称为"立即写"，因为数据被立即写给目标点，不用等到下一次刷新时将过程映像输出区中的数据传送给目标点。

由于外设输出点直接控制与该点连接的现场设备，因此读外设输出点是被禁止的，即 Q_:P 访问是只写的。与此相反，可以读写 Q 区的数据。

Q_:P 访问还受到硬件支持的输出长度的限制。以被组态为从 Q4.0 开始的 2DI/2DQ 信号板的输入点为例，可以访问 Q4.0:P、Q4.1:P 或 QB4:P，但是不能访问 Q4.2:P~Q4.7:P，因为没有使用这些输出点；也不能访问 QW4:P 和 QD4:P，因为它们超过了信号板使用的字节范围。

用 Q_:P 访问物理输出会同时影响物理输出点和存储在过程映像输出区中的对应值。

（5）位存储区

位存储区（或 M 存储区、标志位存储区）用来存储运算的中间操作状态或其他控制信息；可以用位、字节、字或双字读/写该存储区，如 M0.0、MB2、MW10 和 MD200。

CPU 1211C 和 CPU 1212C 位存储区的容量为 4096B，CPU 1214C 及以上型号的 CPU 位存储区的容量为 8192B。

位存储区与过程映像输出区的异同：相同点是位存储区与过程映像输出区都有线圈和触点（系统和时钟存储器除外），触点在程序中可无限制使用，都可以通过位、字节、字或双字读/写存储区；不同点是过程映像输出区可以通过 CPU 的输入端口驱动所连接的负载，而位存储区不可以。

（6）数据块

数据块（Data Block，DB）用来存储代码块使用的各种类型的数据，包括中间操作状态、其他控制信息，以及某些指令（如定时器、计数器）需要的数据结构。可以设置数据块有写保护功能。

数据块关闭后，或有关代码的执行开始或结束后，数据块中存放的数据不会丢失。有两种类型的数据块：

全局数据块，即存储的数据可以被所有的代码块访问。

背景数据块，即存储的数据供指定的功能块（FB）使用，其结构取决于 FB 的界面区的参数。

（7）临时存储区

临时存储区用于存储代码块被处理时使用的临时数据。PLC 为启动和程序循环组织块提供了 16 KB 的临时存储区；为标准的中断事件和时间错误的中断事件均提供了 4 KB 的临时存储区。

临时存储区类似于 M 存储区，二者的主要区别在于 M 存储区是全局的，而临时接口区是局部的。

1.2 S7-1200 PLC 的硬件模块

S7-1200 PLC 是西门子公司的新一代小型 PLC，它将微处理器、集成电源、输入和输出电路组合到一个设计紧凑的外壳中以形成强大的功能，它具有集成的 PROFINET 接口、强大的工艺集成性和灵活的可扩展性等特点，可为各种小型设备提供简单的通信和有效的解决方案。

1.2.1 CPU 模块

S7-1200 PLC 目前有 8 种型号的 CPU 模块：CPU 1211C、CPU 1212C、CPU 1214C、CPU 1215C、CPU 1217C、CPU 1212FC、CPU 1214FC、CPU 1215FC。CPU 模块类型如图 1-6 所示。

S7-1200 PLC 的外形及结构（已拆卸上、下两盖板）如图 1-7 所示，其中①是 3 个指示 CPU 运行状态的 LED（发光二极管）；②是集成 I/O（输入/输出）的状态 LED；③是信号板安装处（安装时拆除盖板）；④是 PROFINET 接口的 RJ-45 连接器；⑤是存储器插槽（在盖板下面）；⑥是可拆卸的接线端子板。

1. CPU 面板

S7-1200 PLC 不同型号的 CPU 面板是类似的，此处以 CPU 1214C 为例进行介绍。CPU 有 3 类运行状态指示灯，用于提供 CPU 模块的运行状态信息。

（1）STOP/RUN 指示灯

STOP/RUN 指示灯的颜色为纯黄色时指示 STOP 模式，为纯绿色时指示 RUN 模式，绿色和黄色交替闪烁时指示 CPU 正在启动。

（2）ERROR 指示灯

ERROR 指示灯为红色闪烁状态时表示有错误，如 CPU 内部错误、存储卡错误或组态错误

（模块不匹配）等，一直为红色则表示硬件出现故障。

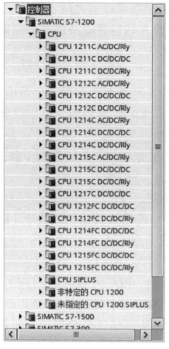

图 1-6　CPU 模块类型

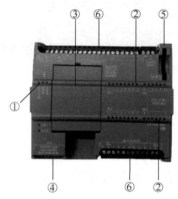

图 1-7　S7-1200 PLC 的外形及结构

（3）MAINT 指示灯

MAINT 指示灯在每次插入存储卡时闪烁。

CPU 模块上的 I/O 状态指示灯用来指示各数字量输入或输出的信号状态。

CPU 模块上提供了一个以太网通信接口用于实现以太网通信，还提供了两个可指示以太网通信状态的指示灯。其中"Link"（绿色）点亮表示连接成功，"Rx/Tx"（黄色）点亮表示进行传输活动。

拆卸下 CPU 上的挡板可以安装一个信号板（Signal Board，SB），通过信号板可以在不增加空间的前提下给 CPU 增加数字量或模拟量的 I/O 点数。

2. CPU 的技术性能指标

S7-1200 PLC 是西门子公司于 2009 年推出的面向离散自动化系统和独立自动化系统的紧凑型自动化产品，定位在 S7-200 PLC 和 S7-300 PLC 之间。表 1-3 给出了目前 S7-1200 PLC 系列不同型号 CPU 的性能指标。

表 1-3　S7-1200 PLC 系列不同型号 CPU 的性能指标

型　　号	CPU 1211C	CPU 1212C	CPU 1214C	CPU 1215C	CPU 1217C
3 种 CPU	DC/DC/DC，AC/DC/Rly，DC/DC/Rly				DC/DC/DC
物理尺寸（长×宽×高）（mm×mm×mm）	90×100×75		110×100×75	130×100×75	150×100×75
工作存储器 装载存储器 保持性存储器	50 KB 1 MB 10 KB	75 KB 1 MB 10 KB	100 KB 4 MB 10 KB	125 KB 4 MB 10 KB	150 KB 4 MB 10 KB
本机集成 I/O（数字量） 本机集成 I/O（模拟量）	6 输入/4 输出 2 路输入	8 输入/6 输出 2 路输入	14 输入/10 输出 2 路输入	14 输入/10 输出 2 路输入/2 路输出	

(续)

过程映像大小	1024B 输入（I）和 1024B 输出（Q）				
位存储区（M）大小/B	4096			8192	
信号模块扩展/个	无	2		8	
信号板/个	1				
最大本地 I/O（数字量）/个	14	82		284	
最大本地 I/O（模拟量）/个	3	19	67		69
通信模块/个	3（左侧扩展）				
高速计数器	3 路	5 路	6 路	6 路	6 路
单相	3 个, 100 kHz	3 个, 100 kHz 1 个, 30 kHz	3 个, 100 kHz 3 个, 30 kHz	3 个, 100 kHz 3 个, 30 kHz	4 个, 1 MHz 2 个, 100 kHz
正交相位	3 个, 80 kHz	3 个, 80 kHz 1 个, 20 kHz	3 个, 80 kHz 3 个, 20 kHz	3 个, 80 kHz 3 个, 20 kHz	3 个, 1 MHz 3 个, 100 kHz
脉冲输出	最多 4 路，CPU 本体 100 kHz，通过信号板可输出 200 kHz（CPU 1217C 最多支持 1 MHz）				
存储卡	SIMATIC 存储卡（选件）				
实时时钟保持时间	通常为 20 天，40℃时最少为 12 天				
PROFINET	1 个以太网通信端口			2 个以太网通信端口	
实数数学运算执行速度	2.3 μs/指令				
布尔运算执行速度	0.08 μs/指令				

CPU 1211C、CPU 1212C、CPU 1214C、CPU 1215C 这 4 款 CPU 根据电源信号、输入信号、输出信号的类型又有 3 种版本，分别为 DC/DC/DC、DC/DC/Rly 和 AC/DC/Rly。其中，DC 表示直流、AC 表示交流、Rly（Relay）表示继电器，如表 1-4 所示。

表 1-4 S7-1200 PLC CPU 的 3 种版本

版本	电源电压	DI 输入电压	DQ 输出电压	DQ 输出电流
DC/DC/DC	DC 24 V	DC 24 V	DC 24 V	0.5 A, MOSFET
DC/DC/Rly	DC 24 V	DC 24 V	DC 5~30 V, AC 5~250 V	2 A, DC 30 W/AC 200 W
AC/DC/Rly	AC 85~264 V	DC 24 V	DC 5~30 V, AC 5~250 V	2 A, DC 30 W/AC 200 W

1.2.2 信号板与信号模块

S7-1200 PLC 可提供多种 I/O 信号板和信号模块，用于扩展其 CPU 能力。各种 CPU 的正面都可以增加一块信号板，信号模块连接到 CPU 的右侧，各种 CPU 连接扩展模块的数量可参见表 1-3。

1. 信号板

信号板（见图 1-8）可以用于只需要少量附加 I/O，又不增加硬件的安装空间的情况。安装时，将信号板直接插入 S7-1200 PLC CPU 正面的槽内，安装信号板如图 1-9 所示。信号板有可拆卸的端子，因此很容易更换。

图 1-8 信号板

图 1-9 安装信号板

信号板有多种，主要包括数字量输入、数字量输出、数字量输入/输出、模拟量输入/输出等类型，如表 1-5 所示。

表 1-5　S7-1200 PLC 数字量/模拟量输入/输出模块对应的信号板

SB 1221 DC 对应的 DI 信号板	SB 1222 DC 对应的 DQ 信号板	SB 1223 DC/DC 对应的 DI/DQ 信号板	SB 1231 对应的 AI 信号板	SB 1232 对应的 AQ 信号板
DI 4×DC 24 V	DQ 4×DC 24 V	DI 2×DC 24 V / DQ 2×DC 24 V	AI 1×12 bit 2.5 V、5 V、10 V、0~20 mA	AQ 1×12 bit DC −10~10 V/0~20 mA
DI 4×DC 5 V	DQ 4×DC 5 V	DI 2×DC 5 V / DQ 2×DC 5 V	AI 1×RTD（热电阻）	
			AI 1×TC（热电偶）	

2. 信号模块

相对于信号板，信号模块可以为 CPU 系统扩展更多的 I/O 点数。信号模块包括数字量输入模块、数字量输出模块、数字量输入/输出模块、模拟量输入模块、模拟量输出模块、模拟量输入/输出模块等，如图 1-10 所示，其参数如表 1-6 所示。

图 1-10　信号模块

表 1-6　S7-1200 PLC 信号模块参数

信号模块	SM 1221 DC	SM 1221 DC		
数字量输入	DI 8×DC 24 V	DI 16×DC 24 V		
信号模块	SM 1222 DC	SM 1222 DC	SM 1222 Rly	SM 1222 Rly
数字量输出	DQ 8×DC 24 V 0.5 A	DQ 16×DC 24 V 0.5 A	DQ 8×Rly DC 30 V / AC 250 V 2 A	DQ 16×Rly DC 30 V / AC 250 V 2 A

(续)

信号模块	SM 1223 DC/DC	SM 1223 DC/DC	SM 1223 DC/Rly	SM 1223 DC/Rly
数字量输入/输出	DI 8×DC 24 V/DO 8×DC 24 V 0.5 A	DI 16×DC 24 V/DQ 16×DC 24 V 0.5 A	DI 8×DC 24 V/DQ 8×Rly DC 30 V/AC 250 V 2 A	DI 16×DC 24 V/DQ 16×Rly DC 30 V/AC 250 V 2 A
信号模块	SM 1231 AI	SM 1231 AI		
模拟量输入	AI 4×13 bit DC −10~10 V/0~20 mA	AI 8×13 bit DC −10~10 V/0~20 mA		
信号模块	SM 1232 AQ	SM 1232 AQ		
模拟量输出	AQ 2×14 bit DC −10~10 V/0~20 mA	AQ 4×14 bit DC −10~10 V/0~20 mA		
信号模块	SM 1234 AI/AQ			
模拟量输入/输出	AI 4×13 bit DC −10~10 V/0~20 mA AQ 2×14 bit DC −10~10 V/0~20 mA			

  各数字量信号模块还提供了指示模块状态的诊断指示灯。其中，绿色指示模块处于运行状态，红色指示模块有故障或处于非运行状态。

  各模拟量信号模块为各路模拟量输入和输出提供了 I/O 状态指示灯。其中，绿色指示通道已组态且处于激活状态，红色指示个别模拟量输入或输出处于错误状态。此外，各模拟量信号模块还提供了指示模块状态的诊断指示灯，绿色指示模块处于运行状态，而红色指示模块有故障或处于非运行状态。

1.2.3 集成的通信接口与通信模块

1. 集成的 PROFINET 接口

  工业以太网是现场总线发展的趋势，已经占有现场总线的半壁江山。PROFINET 是基于工业以太网的现场总线，是开放式的工业以太网标准，它使工业以太网的应用扩展到了控制网络最底层的现场设备。

  通过以太网通信协议 TCP/IP，S7-1200 PLC 提供的集成 PROFINET 接口可用于编程软件 STEP 7 通信，以及与 SIMATIC HMI 精简系列面板通信，或与其他 PLC 通信。此外 PROFINET 接口还通过开放的以太网通信协议 TCP/IP 和 ISO-on-TCP 支持与第三方设备的通信。PROFINET 接口的 RJ-45 连接器具有自动交叉网线功能，数据传输速率为 10 Mbit/s 或 100 Mbit/s，支持最多 16 个以太网连接。该接口能实现快速、简单、灵活的工业通信。

  CSM 1277 是一个 4 端口的紧凑型交换机，用户可以通过它使 S7-1200 PLC 连接到最多 3 个附加设备。此外，如果将 S7-1200 PLC 和 SIMATIC NET 工业无线局域网组件一起使用，还可以构建一个全新的网络。

2. 通信模块

  S7-1200 PLC 最多可以增加 3 个通信模块和 1 个通信信号板，如 CM 1241 RS232、CM 1241 RS485、CP1241 RS232、CP1241 RS485、CB1241 RS485，它们安装在 CPU 模块的左侧和 CPU 的面板上。通信模块如图 1-11 所示。

  RS-485 和 RS-232 通信模块为点对点（PtP）的串行通信提供连接。STEP 7 工程组态系统提供了扩展指令或库功能、USS 驱动协议、Modbus RTU 主站协议和 Modbus RTU 从站协议，用于串行通信的组态和编程。

码 1-2 S7-1200 PLC 硬件模块——微课视频

图 1-11 通信模块

1.3 案例 1 S7-1200 PLC 的硬件安装与拆卸

1.3.1 任务导入

对于新研发的 S7-1200 PLC 控制系统，或对老旧的 S7-1200 PLC 控制系统进行功能升级改造，都应先掌握 S7-1200 PLC 硬件模块的安装与拆卸，即在保证硬件系统装卸完成后才能进行后期线路的连接、功能程序的编写与调试等工作。

本案例的任务是对 S7-1200 PLC 的硬件模块进行安装与拆卸，包括 CPU 模块、信号模块、通信模块、信号板和端子板。

1.3.2 任务实施

S7-1200 PLC 在安装时应注意以下几点：

1) 可以将 S7-1200 PLC 水平或垂直安装在面板或标准导轨上。

2) S7-1200 PLC 采用自然冷却方式，因此要确保其安装位置的上、下部分与邻近的设备之间至少留出 25 mm 的空间，并且 S7-1200 PLC 与控制柜外壳之间的距离至少为 25 mm（安装深度）。

3) 当采用垂直安装方式时，其允许的最大环境温度要比水平安装方式降低 10℃，此时要确保 CPU 被安装在最下面。

1. 安装与拆卸 CPU

通过导轨卡夹可以很方便地安装 CPU 到标准 DIN 导轨或面板上。安装 CPU 模块如图 1-12 所示。首先，将全部通信模块连接到 CPU 上；其次，将它们作为一个单元来安装。

图 1-12 安装 CPU 模块

将 CPU 安装到 DIN 导轨上的步骤如下：
1）安装 DIN 导轨，将导轨按照每隔 75 mm 的距离分别固定到安装板上。
2）将 CPU 挂到 DIN 导轨上方。
3）拉出 CPU 下方的 DIN 导轨卡夹，以便将 CPU 安装到导轨上。
4）向下转动 CPU，使其在导轨上就位。
5）推入卡夹，将 CPU 锁定到导轨上。

若要准备拆卸 CPU，先断开 CPU 的电源及其 I/O 连接器、接线或电缆。将 CPU 和所有相连的信号模块作为一个整体单元拆卸。所有信号模块应保持安装状态。如果信号模块已连接到 CPU，则需要使用螺钉旋具先缩回总线连接器。拆卸 CPU 模块如图 1-13 所示。

图 1-13　拆卸 CPU 模块

拆卸步骤如下：
1）将螺钉旋具放到信号模块上方的小接头旁。
2）向下按，使连接器与 CPU 分离。
3）将小接头完全滑到右侧。
4）拉出 DIN 导轨卡夹，从导轨上松开 CPU。
5）向上转动 CPU，使其脱离导轨，然后从系统中卸下 CPU。

2. 安装与拆卸信号模块

在安装 CPU 之后才能安装信号模块（SM），如图 1-14 所示。

图 1-14　安装信号模块

安装信号模块的具体步骤如下：
1）卸下 CPU 右侧的连接器盖。将螺钉旋具插入盖上方的插槽中，将其上方的盖轻轻撬出并卸下，收好以备再次使用。
2）将 SM 挂到 DIN 导轨上方，拉出下方的 DIN 导轨卡夹，以便将 SM 安装到导轨上。
3）向下转动 CPU 旁的 SM，使其就位，并推入下方的卡夹，将 SM 锁定到导轨上。
4）伸出总线连接器，即为信号模块建立了机械和电气连接。

可以在不卸下 CPU 或其他信号模块处于原位时卸下 SM，如图 1-15 所示。若要准备拆卸 SM，断开 CPU 的电源并卸下 SM 的 I/O 连接器和接线即可。

拆卸信号模块的具体步骤如下：
1）使用螺钉旋具缩回总线连接器。

图 1-15　拆卸信号模块

2）拉出 SM 下方的 DIN 导轨卡夹，从导轨上松开 SM，向上转动 SM，使其脱离导轨。
3）盖上 CPU 的总线连接器。

3. 安装与拆卸通信模块

要安装通信模块（CM），首先将 CM 连接到 CPU 上，然后将整个组件作为一个单元安装到 DIN 导轨或面板上。安装通信模块如图 1-16 所示。

图 1-16　安装通信模块

安装通信模块的具体步骤如下：
1）卸下 CPU 左侧的总线盖。将螺钉旋具插入总线盖上方的插槽中，并轻轻撬出上方的盖。
2）使 CM 的总线连接器和接线柱与 CPU 上的孔对齐。
3）用力将两个单元压在一起，直到接线柱卡入到位。
4）将通信模块和 CPU 安装到 DIN 导轨或面板上。

拆卸时，将 CPU 和 CM 作为一个完整单元，从 DIN 导轨或面板上卸下。

4. 安装与拆卸信号板

要安装信号板（SB），首先断开 CPU 的电源并卸下 CPU 上部和下部的端子板盖子，如图 1-17 所示。

图 1-17　安装信号板

安装信号板的具体步骤如下：
1）将螺钉旋具插入 CPU 上部接线盒盖背面的插槽中。
2）轻轻将盖撬起，并从 CPU 上卸下。
3）将 SB 直接向下放至 CPU 上部的安装位置中。
4）用力将 SB 压入该位置，直到卡入就位。

5)重新装上端子板盖子。

从 CPU 上准备拆卸 SB,要断开 CPU 的电源并卸下 CPU 上部和下部的端子板盖子,拆卸信号板如图 1-18 所示。

图 1-18 拆卸信号板

拆卸信号板的具体步骤如下:
1)将螺钉旋具插入 SB 上部的槽中。
2)轻轻将 SB 撬起,使其与 CPU 分离。
3)将 SB 直接从 CPU 上部的安装位置中取出。
4)重新装上 SB 盖。
5)重新装上端子板盖子。

5. 安装与拆卸端子板

安装端子板如图 1-19 所示。

图 1-19 安装端子板

安装端子板的具体步骤如下:
1)断开 CPU 的电源并打开端子板的盖子,准备端子板安装的组件。
2)使连接器与单元上的插针对齐。
3)将连接器的接线边对准连接器座边沿的内侧。
4)用力按下并转动连接器,直到卡入到位。
5)仔细检查,以确保连接器已正确对齐并完全啮合。

拆卸 S7-1200 PLC 端子板之前要断开 CPU 的电源,拆卸端子板如图 1-20 所示。

图 1-20 拆卸端子板

拆卸端子板的具体步骤如下：
1) 打开连接器上方的盖子。
2) 查看连接器的顶部并找到可插入螺钉旋具头的槽。
3) 将螺钉旋具插入槽中。
4) 轻轻撬起连接器顶部，使其与 CPU 分离，连接器从夹紧位置脱离。
5) 抓住连接器并将其从 CPU 上卸下。

1.3.3 任务拓展

按 1.3.2 小节介绍方法，对 CPU 模块、信号模块、通信模块、信号板、端子板进行安装与拆卸训练，以达到熟练安装与拆卸的效果。

1.4 TIA Portal 软件的安装

博途（Portal）是西门子最新的全集成自动化（Totally Integrated Automation，TIA）软件平台，是未来西门子软件编程的方向。它将 PLC 编程软件、运动控制软件、可视化的组态软件集成在一起，形成了功能强大的自动化软件。其 SIMATIC STEP 7 Basic 版本只能对 S7-1200 PLC 编程，而 SIMATIC STEP 7 Professional 版本既能对 S7-1200 PLC 编程，还支持对 S7-300 PLC、S7-400 PLC、S7-1500 PLC 的编程。本书使用 TIA Portal V16 对 S7-1200 PLC 进行编程。

1.4.1 安装环境及注意事项

1. TIA Portal V16 的安装环境

安装 TIA Portal V16 对计算机软硬件的最低要求如下。
- 处理器：CoreTM i5-3320M 3.3 GHz 或者与该处理器相当的配置标准。
- 内存：至少 8 GB。
- 硬盘：300 GB SSD（固态硬盘）。
- 图形分辨率：最小为 1920×1080 像素。
- 显示器：15.6 in 宽屏显示（1920×1080 像素）。
- 网络：10 Mbit/s 或 100 Mbit/s 以太网卡。
- 安装 TIA Portal V16 需要管理员权限。
- 操作系统：西门子 TIA Portal V16（专业版）对计算机操作系统的要求比较高，Windows 专业版、企业版或旗舰版的操作系统是必备条件，不兼容家庭版操作系统；Windows 7（64 位）及以上的专业版、企业版或旗舰版都可以安装 TIA Portal V16；不支持 32 位的操作系统。

在安装过程中，自动安装自动化许可证。卸载 TIA Portal V16 时，自动化许可证也被自动卸载。

2. 安装 TIA Portal V16 的注意事项

1) Windows 7、Windows Server 和 Windows 10 操作系统的家庭版和教育版都与 TIA Portal V16（专业版）不兼容。
2) 安装 TIA Portal V16 时，建议关闭所有打开的软件（包括监控和杀毒软件）。
3) 安装 TIA Portal V16 时，软件的存放目录中不能有汉字，否则会弹出错误信息。
4) 在安装 TIA Portal V16 过程中如果出现提示"You must restart your computer before you can run setup. Do you want to reboot your computer now?"，可尝试重启计算机，但有时会重复提

示重启计算机,这种情况可通过以下方法解决:

在提示重新启动时,选择"否",然后在运行对话框中输入 regedit,按〈Enter〉键后进入注册表编辑器,定位至\HKEY_LOCAL_MACHINE\SYSTEM\ControlSet001\Control\Session Manager,选中 Pending File Rename Operations 并删除便可。

1.4.2 软件的安装

1. 安装 TIA Portal V16 编程软件

打开安装软件文件夹,双击文件夹中的"TIA_Portal_STEP7_Prof_Safety_WINCC_Prof_V16"应用程序,开始安装软件。

最先出现初始化窗口,告知用户初始化可能需要几分钟。在选择安装语言对话框中,选择"简体中文",单击"下一步"按钮。解压完压缩包后,在产品语言对话框中,选择"中文",单击"下一步"按钮。在产品组态对话框中,给出了 C:盘默认的安装路径。单击"浏览"按钮,可以设置安装软件的目标文件夹,如图 1-21 所示。

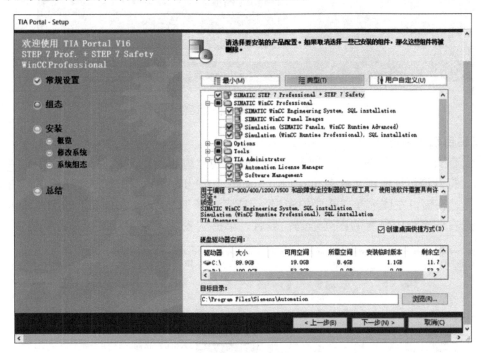

图 1-21 选择安装路径

在接受所有许可证条款对话框中,勾选"本人接受所列出的许可协议中的所有条款"和"本人特此确认,已阅读并理解了有关产品安全操作的安全信息",然后单击"下一步"按钮。

在安全控制对话框,勾选"接受此计算机上的安全和权限设置",然后单击"下一步"按钮。

在概览对话框中给出了前面设置的产品配置、产品语言和安装路径,然后单击"安装"按钮开始安装。安装过程对话框如图 1-22 所示。

安装完成后,弹出是否重新启动计算机信息,默认的设置是立即重新启动计算机,单击"重新启动"按钮,重新启动计算机。

2. 安装 TIA Portal V16 仿真软件

安装完 TIA Portal V16 编程软件后(该款编程软件包括编程软件和西门子触摸屏组态软

件），用户可以选择安装 SIMATIC_S7PLCSIM_V16（仿真软件），安装步骤同上。

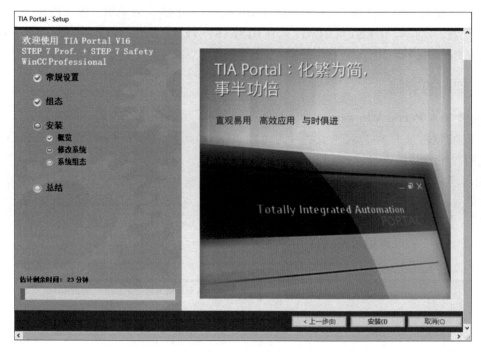

图 1-22　安装过程对话框

3. 安装自动化许可证

如果没有安装自动化许可证，即安装软件的密钥，编程及仿真软件只能短期（14 天或 21 天）试用。打开许可证密钥文件夹 Sim_EKB_Install_2019_12_13，双击打开应用程序，如图 1-23 所示。首先，在窗口左侧选择"需要的密钥"（或者选择 TIA Portal 文件夹下的 TIA Portal V16）；其次，勾选右侧窗口中所有的序列号码；最后，单击"安装长密钥"按钮进行安装。

图 1-23　安装密钥

双击桌面上的图标，打开自动化许可证管理器，如图 1-24 所示，双击左边窗口中的 Windows（C:），在右边窗口可以看到自动安装的没有时间限制的许可证。

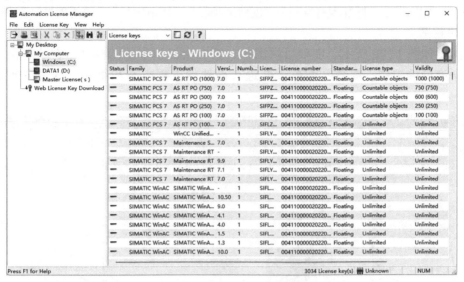

图 1-24　自动化许可证管理器

1.4.3　编程软件的基本介绍

STEP 7 Professional V16 为用户提供两种视图：Portal 视图和项目视图。用户可以在这两种不同的视图中选择一种最适合的视图，这两种视图还可以相互切换。

1. Portal 视图

Portal 视图如图 1-25 所示，在 Portal（门户）视图中可以概览自动化项目的所有任务。初学者可以借助面向任务的用户指南（类似于向导操作，可以一步一步进行相应的选择），以及最适合其自动化任务的编辑器来进行工程组态。

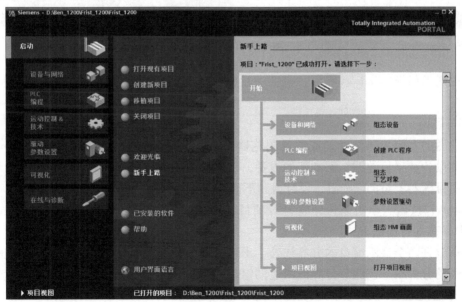

图 1-25　Portal 视图

选择不同的"入口任务"可处理启动、设备与网络、PLC 编程、运动控制与技术、可视化、在线与诊断等各种工程任务。在已经选择的入口任务中可以找到相应的操作,如选择"启动"任务后,可以进行"打开现有项目""创建新项目""移植项目""关闭项目"等操作。

2. 项目视图

项目视图如图 1-26 所示。在项目视图中,整个项目按多层结构显示在项目树中,可以直接访问所有的编辑器、参数和数据,并进行高效的工程组态和编程。本书主要使用项目视图。

图 1-26 项目视图

项目视图类似于 Windows 界面,包括项目树、详细视图、工作区、巡视窗口、编辑器栏、任务卡等。

(1) 项目树

项目视图的左侧为项目树(或项目浏览器),即图 1-26 中标有①的区域。可以用项目树访问所有的设备和项目数据,添加新的设备,编辑已有的设备,打开处理项目数据的编辑器。

单击项目树右上角的◀按钮,项目树和下面标有②的详细视图消失,同时在最左边的垂直条的上端出现▶按钮。单击该按钮将打开项目树和详细视图。可以用类似的方法隐藏和显示图 1-26 中标有⑥的任务卡。

将光标放到两个显示窗口的分界线处,出现带双向箭头的光标时,按住鼠标的左键移动鼠标,可以移动分界线,以调节分界线两边的窗口大小。

(2) 详细视图

项目树窗口下面标有②的区域是详细视图,详细视图显示项目树被选中的对象下一级的内容。图 1-26 中的详细视图显示的是项目树的"PLC 变量"文件夹中的内容。详细视图中若为已打开项目中的变量，可以将此变量直接拖放到梯形图中。

单击详细视图左上角的 ∨ 按钮，详细视图被关闭，只剩下紧靠最下端"Portal 视图"的标题，标题左边的按钮变为 >。单击该按钮将重新显示详细视图。可以用类似的方法显示和隐藏图 1-26 中标有⑤的巡视窗口和标有⑦的信息窗口。

（3）工作区

图 1-26 中标有③的区域为工作区，可以同时打开几个编辑器，但是一般只在工作区显示一个当前打开的编辑器。打开的编辑器在图 1-26 最下面标有⑧的编辑器栏中显示。没有打开编辑器时，工作区是空的。

单击工具栏上的 ▭、▭ 按钮，可以垂直或水平拆分工作区，同时显示两个编辑器。

在工作区同时打开程序编辑器和设备视图，将设备视图中的 CPU 放大到 200%以上，可以将 CPU 上的 I/O 点拖放到程序编辑器中指令的地址域，这样不仅能快速设置指令的地址，还能在 PLC 变量表中创建相应的条目。也可以用上述方法将 CPU 上的 I/O 点拖放到 PLC 变量中。

单击工作区所在窗口右上角上的 ▭ 按钮，将工作区最大化，将会关闭其他所有的窗口。最大化工作区后，单击工作区所在窗口右上角的 ▭ 按钮，工作区将恢复原状。

图 1-26 中的工作区显示的是硬件与程序编辑器的"设备视图"选项卡，可以组态硬件。选中"网络视图"选项卡，将打开网络视图。

可以将硬件列表（标有⑥的部分）中需要的设备或模块拖放到工作区的设备视图和网络视图中。

显示设备视图或网络视图时，图 1-26 中标有④的区域为设备概览区或网络概览区。

（4）巡视窗口

图 1-26 中标有⑤的区域为巡视窗口，用来显示选中的工作区中的对象附加的信息，还可以用巡视窗口来设置对象的属性。巡视窗口有 3 个选项卡。

1)"属性"选项卡用来显示和修改选中的工作区中的对象的属性。该选项卡下的左边窗口是浏览窗口，选中某个参数组，在右边窗口就可显示和编辑相应的信息或参数。

2)"信息"选项卡显示已所选对象和操作的详细信息，以及编译的报警信息。

3)"诊断"选项卡显示系统诊断事件和组态的报警事件。

（5）编辑器栏

巡视窗口下面标有⑧的区域是编辑器栏，用于显示打开的所有编辑器，可以用编辑器栏在打开的编辑器之间快速地切换。

（6）任务卡

图 1-26 中标有⑥的区域为任务卡，任务卡的功能与编辑器有关，可以通过任务卡进行进一步的或附加的操作。例如，从库或硬件目录中选择对象，搜索与替换项目中的对象，将预定义的对象拖放到工作区等。

可以用任务卡最右边竖条上的按钮来切换显示的内容。图 1-26 中任务卡显示的是硬件目录，任务卡的下面标有⑦的区域是选中的硬件对象的信息窗口，包括对象的图形、名称、版本号、订货号和简要的描述。

码 1-3 博途软件的视窗介绍——微课视频

1.5 创建工程项目

1.5.1 创建项目

使用 TIA Portal V16 创建项目可通过以下三个方法。

(1) 方法 1

打开 TIA Portal V16，如图 1-27 所示，选择"启动"→"创建新项目"，在"项目名称"中输入新建的项目名称，如 First_1200；可单击"路径"后面的"浏览"按钮修改项目保存的路径；"作者"中用户可根据需要更改；"注释"中用户可以输入与本项目相关的注释性文字；最后单击"创建"按钮，完成新项目的创建。

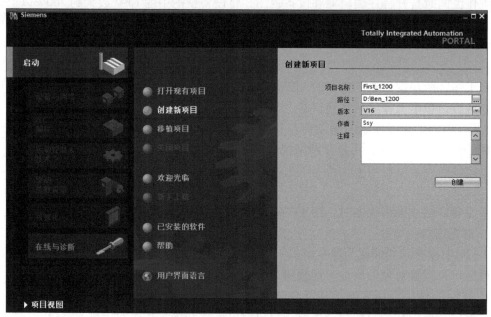

图 1-27 新建项目——方法 1

(2) 方法 2

如果 TIA Portal V16 处于打开状态，在项目视图中，在菜单栏中选择"项目"→"新建"，会弹出"创建新项目"对话框，如图 1-28 所示。在"创建新项目"对话框中输入新建项目的名称、保存路径等信息，然后单击"创建"按钮，完成新项目的创建。

(3) 方法 3

如果 TIA Portal V16 处于打开状态，且在项目视图中，单击工具栏中"新建项目"按钮，弹出"创建新项目"对话框，如图 1-28 中的中间部分所示。在"创建新项目"对话框中输入新建项目的名称、保存路径等信息，然后单击"创建"按钮，完成新项目的创建。

1.5.2 添加设备

添加设备的方法有两种，即离线和在线。这里先介绍离线方法。在用户已掌握所使用的 S7-1200 PLC 硬件配置的情况下，在项目中添加一个与实物 PLC 相同的硬件，使用这种方法添加的 PLC 即为离线组态。

图 1-28 新建项目——方法 2

使用 1.5.1 小节方法 1 创建新项目时，当单击"创建"按钮后，将在"启动"窗口右侧弹出"新手上路"对话框，在该对话框中选择"组态设备"，将在"启动"窗口右侧弹出"设备与网"对话框（或选择"启动"窗口左侧的"设备与网络"），在该对话框中选择"添加新设备"，会在其右侧弹出"添加新设备"对话框，如图 1-29 所示。

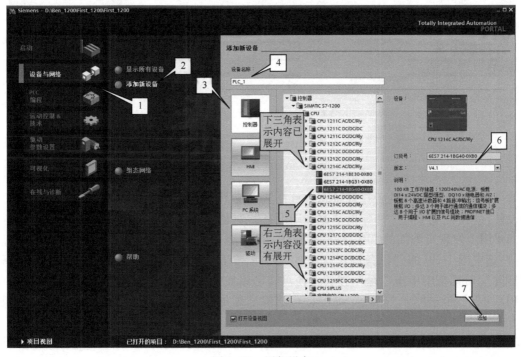

图 1-29 添加设备

在图 1-29 中，选择"控制器"，在"设备名称"中输入设备名称，若不输入设备名称将采用默认名称，如 PLC_1，再次添加 PLC 时，设备名称将为 PLC_2，依次递增。选择实际使用 PLC 的 CPU 类型，如 CPU 1214C AC/DC/Rly，在打开的文件夹中选择实际所使用 CPU 的订货号，如 6ES7 214-1BG40-0XB0，然后在右侧窗口中选择 CPU 的版本号，如 V4.1（注意：在此选择的订货和版本号必须与所使用的 CPU 相同），最后单击右下角的"添加"按钮，完成新设备的添加。

设备添加完成后，由于已勾选图 1-29 中左下角的"打开设备视图"，将弹出如图 1-30 所示的项目编辑窗口。

图 1-30 项目编辑窗口

如果 TIA Portal V16 处于打开状态，且在项目视图中，双击项目树中项目名称下方的"添加新设备"（见图 1-30），将弹出"添加新设备"对话框，与图 1-29 右侧部分相同。

如果用户发现所添加的 CPU 与实物不符，则可通过以下方法更改。

1）选中图 1-30 的"设备视图"中的 CPU，按下计算机键盘上的〈Delete〉键，在弹出的"删除"对话框中单击"是"按钮，便可将已添加的 CPU 删除（或选中项目树中 PLC 的名称"PLC_1"，右击执行"删除"命令，可删除已添加的 CPU）。之后可双击项目树中项目名称下方的"添加新设备"，重新添加 CPU。

2）选中项目树中 PLC 的名称"PLC_1"，右击执行"更改设备"命令，在弹出的"更改设备"对话框中重新选择用户所使用的 CPU。

1.5.3 设备组态

1. 设备组态的任务

设备组态（Configuring，配置/设置，常被译为"组态"）的任务就是在设备和网络编辑器中生成一个与实际的硬件系统对应的虚拟系统，模块的安装位置和设备之间的通信连接，都应与实际的硬件系统完全相同。在自动化系统起动时，CPU 将比对两系统，如果两系统不一致，将会采取相应的措施。

此外还应设置模块的参数，即给参数赋值，或称为参数化。

2. 在设备视图中添加模块

打开项目树中的"PLC_1"文件夹，双击其下的"设备组态"，打开设备视图，可以看到 1 号槽中的 CPU 模块。

在硬件组态时，需要将 I/O 模块或通信模块放置在工作区的机架插槽内，有两种放置硬件对象（模块）的方法。

（1）用"拖放"的方法放置硬件对象

选择图 1-31 中最右边竖条上的"硬件目录"，打开"硬件目录"窗口。选中"DI"→"DI 8×24 V DC"→"6ES7 221-1BF30-0XB0"，即 8 点 DI 模块，其背景变为深色，如图 1-31 所示。

所有可以插入该模块的插槽四周出现深蓝色的方框，只能将该模块插入这些插槽。用鼠标左键按住该模块不放，移动鼠标，将选中的模块"拖"到机架中 CPU 右边的 2 号槽，该模块浅色的图标和订货号随着光标一起移动。没有移动到允许放置该模块的工作区时，光标的形状为 ⊘（禁止放置）；反之，光标的形状为（允许放置）。当允许放置时，松开鼠标左键，被拖动的模块被放置到工作区。

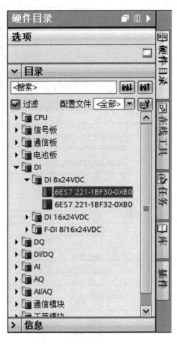

图 1-31 "硬件目录"窗口

（2）用双击的方法放置硬件对象

单击机架中需要放置模块的插槽，使它的四周出现深蓝色的边框。双击目录中要放置的模块，该模块便出现在选中的插槽中。

放置通信模块和信号板的方法与放置信号模块的方法相同，信号板安装在 CPU 模块内，通信模块安装在 CPU 左侧的 101～103 号槽。

可以将信号模块插入已经组态的两个模块中间（只能用拖放的方法放置）。插入点右边的模块将向右移动一个插槽的位置，新的模块会被插入空出来的插槽上。

码 1-4 项目的创建——微课视频

码 1-5 硬件组态——微课视频

1.5.4 参数配置

选中"设备视图"中的 CPU，可以看到巡视窗口中 CPU 的属性。如果读者看不到巡视窗口中 CPU 的属性，则双击"设备视图"中的 CPU；若还看不到巡视窗口中 CPU 的属性，则单击巡视窗口右上角的向上的三角形按钮，这时可展开 CPU 的巡视窗口。

在 CPU 的巡视窗口中，可以配置 CPU 的各种参数，如 CPU 的启动特性、组织块以及存储区的设置等，如图 1-32 所示。

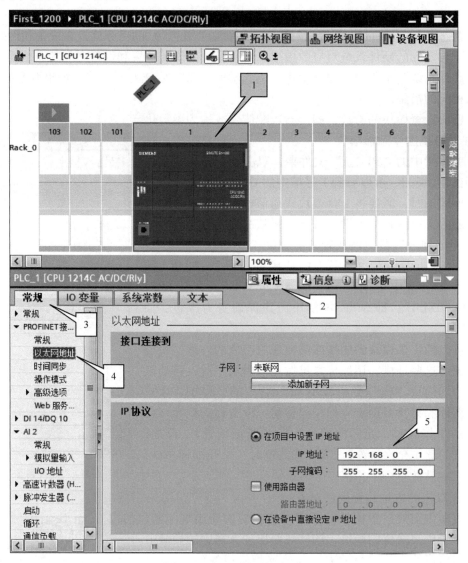

图 1-32 CPU 的属性窗口

1. PROFINET 接口

S7-1200 PLC 集成有以太网接口，CPU 是通过以太网与运行 TIA Portal V16 的计算机进行通信，或 CPU 通过以太网与其他设备进行通信时，也要正确设置 CPU 的 PROFINET 接口。

在此，主要介绍设置 CPU 的 IP 地址。选择 CPU 巡视窗口的"属性"选项卡，在"常规"选项卡中选择"PROFINET 接口"→"以太网地址"，可以更改或采用（见图 1-32）右边窗口默认的 IP 地址和子网掩码，设置的地址在下载后才起作用。

子网掩码的值通常为 255.255.255.0，CPU 与编程设备的 IP 地址中的子网掩码应完全相同。同一个子网中各设备的子网内的地址不能重叠。如果在同一个网络中有多个 CPU，除了一台 CPU 可以保留出厂时默认的 IP 地址，其他 CPU 默认的 IP 地址必须更改为网络中唯一的 IP 地址，以避免与其他网络用户冲突。

2. 启动

选择"常规"→"启动",可打开"启动"参数设置窗口,如图1-33所示。

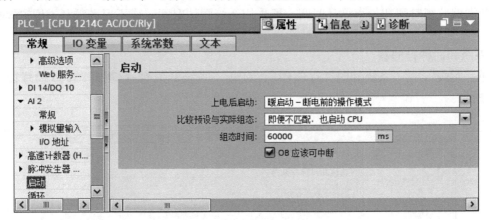

图1-33 "启动"参数设置窗口

CPU 的"上电后启动"有3个选项:不重新启动(保持为 STOP 模式)、暖启动-断电前的操作模式和暖启动-RUN 模式。一般选择"暖启动-断电前的操作模式"。暖启动将非断电保持存储器复位为默认的初始值,但是断电保持存储器中的值不变。

"比较预设与实际组态"有两个选项:仅在兼容时,才启动 CPU 和即便不匹配,也启动 CPU。如果选择第一种,表示组态预设与实际组态是否一致,都不影响 CPU 的启动,即 CPU 均启动;如果选择第二种,表示组态预设和实际组态一致时 CPU 才启动。

在 CPU 启动过程中,如果中央 I/O 或分布式 I/O 在组态时间段内没有准备就绪(默认时间为 1 min),则 CPU 的启动特性取决于"比较预设与实际组态"的设置。

如果勾选了图 1-33 中的"OB 应该可中断",优先级高的 OB(组织块)可以中断优先级低的 OB 的执行。

3. 循环

选择"常规"→"循环",打开"循环"参数设置窗口,如图1-34所示。

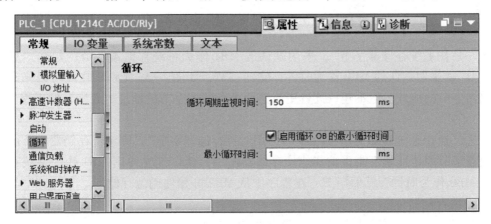

图1-34 "循环"参数设置窗口

在图 1-34 中,有两个参数:循环周期监视时间(即最大循环时间,设置范围为 1~6000 ms)和最小循环时间(设置范围为 0~6000 ms)。循环周期监视时间默认值为 150 ms,如果 CPU 的循环时间超出循环周期监视时间，CPU 将转入 STOP 模式；如果 CPU 的循环时间小于最小循环时间，CPU 将处于等待状态，直到达到最小循环时间，之后再重新循环扫描。

循环周期监视时间和最小循环时间一般采用系统默认时间，或不启动循环 OB 的最小循环时间。

4. 系统和时钟存储器

选择"常规"→"系统和时钟存储器"，打开"系统和时钟存储器"参数设置窗口，如图 1-35 所示。

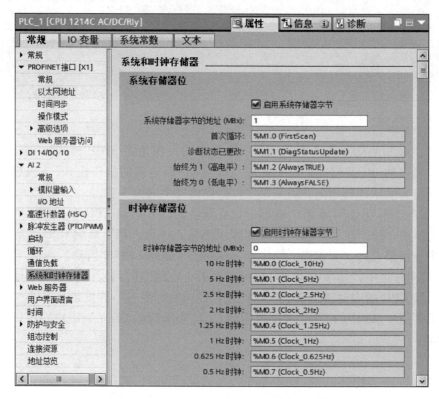

图 1-35 "系统和时钟存储器"参数设置窗口

勾选"启用系统存储器字节"，采用默认的 MB1 作为系统存储器字节；勾选"启用时钟存储器字节"，采用默认的 MB0 作为时钟存储器字节，如图 1-35 所示。在此可以修改系统和时钟存储器字节的地址，但不建议读者更改这两个存储器字节的地址，否则不便于程序的阅读和调试。

若勾选"启用系统存储器字节"或"启用时钟存储器字节"，则系统存储器字节的地址或时钟存储器字节的地址就不能再被其他位存储器使用，建议优先使用 MB1 作为系统存储器字节和使用 MB0 作为时钟存储器字节，在程序中从 MB2 开始使用位存储器。

(1) 系统存储器位

将 MB1 设置为系统存储器字节后，该字节的 M1.0~M1.3 的意义如下。

- M1.0（首次循环）：仅在进入 RUN 模式的首次扫描时为"1"状态，以后为"0"状态。
- M1.1（诊断状态已更改）：CPU 登录了诊断事件时，在一个扫描周期内为"1"状态。
- M1.2（始终为1）：总是为"1"状态，其常开触点总是闭合的。

- M1.3（始终为0）：总是为"0"状态，其常闭触点总是闭合的。

(2) 时钟存储器位

时钟存储器是CPU内部集成的，它为用户提供8种系统时钟脉冲。时钟脉冲是一个周期内"0"状态和"1"状态所占的时间各为50%的方波信号，时钟存储器字节各位对应的时钟脉冲的周期和频率如表1-7所示。CPU在扫描循环开始时初始化这些位。

表1-7 时钟存储器字节各位对应的时钟脉冲的周期与频率

位	7	6	5	4	3	2	1	0
周期/s	2	1.6	1	0.8	0.5	0.4	0.2	0.1
频率/Hz	0.5	0.625	1	1.25	2	2.5	5	10

注意：如果启用了以上功能，仍然不起作用，则应检查是否有变量冲突，若无变量冲突，则选中"设备视图"中的CPU，单击工具栏上的"编译"按钮 进行编译，之后选中项目树中的设备名称，如PLC_1，再单击工具栏上的"编译"按钮进行编译，再将项目下载到CPU中，此时存储器位会起作用。建议存储器位先定义后使用。

1.5.5 项目下载

使用以太网电缆（网线）将CPU上的PROFINET接口与计算机上的以太网接口相连接，计算机直接连接单台CPU时，可以使用标准的以太网电缆，也可以使用交叉以太网电缆。一对一的通信不需要交换机，两台以上的设备通信则需要交换机。

通过以太网端口下载PLC的项目时，建议将计算机网卡的IP地址设置为与CPU的IP地址在同一网段中，且地址不能重叠，这样才能保证项目成功下载。

1. 计算机网卡的IP设置

用以太网电缆连接计算机和CPU，并接通PLC电源。以Win 10系统为例，打开"控制面板"，单击"查看网络状态和任务"（或右击桌面上的"网络"图标，选择"属性"），再单击连接中的"以太网"，打开"以太网状态"对话框，单击"属性"按钮，在"以太网属性"对话框中（见图1-36的左侧），选中"此连接使用下列项目（O）："列表框中的"Internet协议版本4（TCP/IPv4）"，单击"属性"按钮，打开"Internet协议版本4（TCP/IPv4）属性"对话框，如图1-36右侧所示。

选中图1-36中的"使用下面的IP地址"，输入与PLC以太网端口默认的子网地址192.168.0.×在同一网段中的IP地址，IP地址的第4个字节是子网内设备的地址，可以取0~255的某个值，如10，但是不能与网络中其他设备的IP地址重叠。单击"子网掩码"输入框，自动出现默认的子网掩码255.255.255.0。一般不需要设置网关的IP地址。设置结束后，单击各级对话框中的"确定"按钮，最后关闭"以太网状态"对话框。

2. 项目下载

做好上述准备后，选中项目树中的设备名称"PLC_1"，单击工具栏上的"下载"按钮 ，（或执行菜单栏中的"在线"→"下载到设备"命令）打开"扩展下载到设备"对话框，如图1-37所示。将"PG/PC接口的类型"设置为"PN/IE"，如果计算机上有不止一块以太网卡（如笔记本式计算机一般有一块有线网卡和一块无线网卡），则将"PG/PC接口"选择为实际使用的网卡。

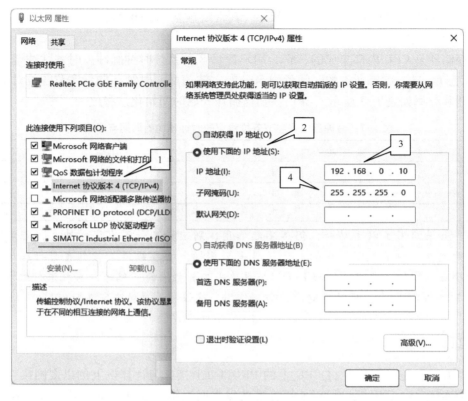

图 1-36 设置计算机网卡的 IP 地址

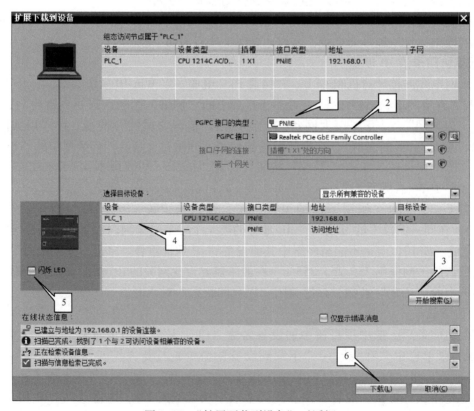

图 1-37 "扩展下载到设备"对话框

选择"显示所有兼容的设备",单击"开始搜索"按钮,经过一段时间后,在下面的"选择目标设备"列表中,出现网络上的 S7-1200 PLC 的 CPU 和它的以太网地址,计算机与 PLC 之间的连线由断开变为接通。CPU 所在方框的背景色变为实心的橙色,表示 CPU 进入在线状态,此时"下载"按钮变为亮色,即有效状态。

如果同一个网络上有多个 CPU,为了确认列表中的 CPU 与硬件设备中哪个 CPU 相对应,可选中列表中的某个 CPU,勾选图 1-37 左边的 CPU 图标下的"闪烁 LED"(标注为 5 处),对应的硬件设备 CPU 上的 3 个运行状态指示灯闪烁,取消勾选"闪烁 LED",3 个运行状态指示灯停止闪烁。

选中列表中的 PLC_1,单击图 1-37 的"下载"按钮,编程软件首先对项目进行编译,并进行装载前检查(见图 1-38)。如果检查有问题,应先解决问题,然后下载。在图 1-38 中单击"无动作"后的倒三角按钮,选择"全部停止",此时"装载"按钮会变为亮色。单击"装载"按钮,开始装载组态。完成装载后,单击"下载结果"对话框中的"完成"按钮,即下载完成。

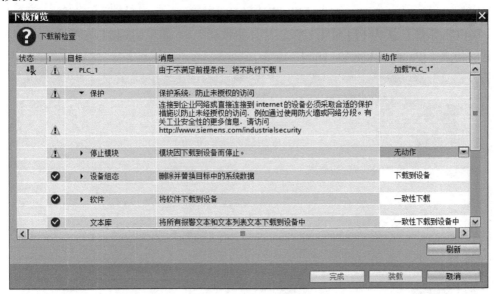

图 1-38 "下载预览"对话框

单击工具栏上的"启动 CPU"按钮,将 PLC 切换到 RUN 模式,RUN/STOP LED 变为绿色。
打开以太网接口上面的盖板,通信正常时 Link LED(绿色)亮,Rx/Tx LED(黄色)周期性闪动。

1.5.6 项目仿真

学习 PLC 相关知识,一定要动手操作和使用,如果读者没有 PLC,可使用 TIA Portal 的仿真软件,S7-1200 PLC 中绝大多数知识点都可以仿真。

S7-1200 PLC 对仿真的硬件和软件要求如下:固件版本为 V4.0 或更高版本的 S7-1200,S7-PLCSIM 的版本为 V13 SP1 及以上。

S7-PLCSIM V16 不支持计数、PID 和运动控制工艺模块,不支持 PID 和运动控制工艺对象,支持通信指令 PUT、GET、TSEND、TRCV、TSEND_C 和 TRCV_C,不支持受专有技术保护的块的程序进行仿真。

1. 启动仿真和下载程序

选中项目树中的设备名称，如 PLC_1，单击工具栏上的"启动仿真"按钮，S7-PLCSIM V16 被启动（或者执行菜单栏中"在线"→"仿真"→"启动"命令），弹出"启用仿真支持"对话框，提醒用户该项目包含的块可能无法使用 S7-PLCSIM 进行仿真，是否在项目属性中启用"在块编译过程中支持仿真"。若项目包含无法仿真的块，用户可根据提示进行相关操作，在此单击"确定"按钮跳过。随后弹出"自动化许可证管理器"对话框，显示"启动仿真将禁用所有其他的在线接口"。若勾选"不要再显示此消息"，下次启动时将不会再显示该对话框。单击"确定"按钮，弹出 S7-PLCSIM 的精简视图，如图 1-39 所示。

打开仿真软件后，在出现的"扩展下载到设备"对话框（见图 1-40）中，"PG/PC 接口的类型"系统默认为 PN/IE，"PG/PC 接口"系统默认为 PLCSIM。单击"开始搜索"按钮，"选择目标设备"列表中显示出搜索到的仿真 CPU 的以太网接口的 IP 地址。

图 1-39 S7-PLCSIM 的精简视图

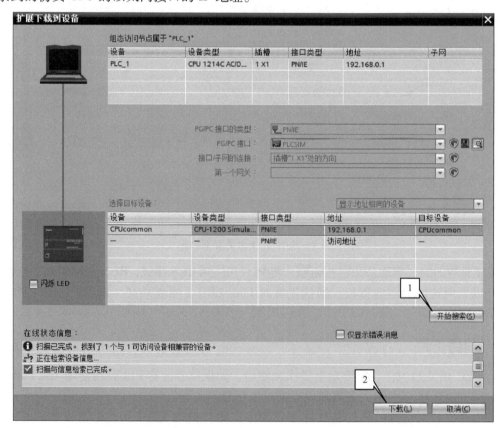

图 1-40 "扩展下载到设备"对话框

单击"下载"按钮，出现与图 1-38 基本相同的"下载预览"对话框，编译组态成功后，再单击"装载"按钮，将程序下载到仿真 PLC 中。

下载结束后，出现"下载结果"对话框。用选择框将"无动作"改为"启动模块"，单击"完成"按钮，仿真 PLC 被切换到 RUN 模式（RUN/STOP 模式指示灯呈绿色）。若在"下载结果"对话框中，没有将"无动作"改为"启动模块"，直接单击"完成"按钮完成下载，则仿真 PLC 将处于 STOP 模式（RUN/STOP 模式指示灯呈黄色），这时可单击仿真 PLC 面板上的"RUN"按钮将仿真 PLC 切换到 RUN 模式。

 注意：如果读者已将实物 PLC 与计算机相连，启动仿真器后，再次下载项目，则项目会优先下载到仿真器中。

2. 用精简视图调试程序

打开待仿真的程序块，在此选择主程序 OB1，单击程序编辑器工具栏中的"启用/禁用监视"按钮，使程序处在监控状态。此时，程序编辑器最上面的标题栏变为橘黄色，项目树中项目名称及设备名称后面将显示绿色带有勾的方框及绿色实心圆形，被监控的程序接通部分（或称状态满足）用绿色连续线表示，即有能流流过；未接通的部分（或称状态不满足）用蓝色虚线表示，即没有能流流过，如图 1-41 所示。用灰色连续线表示状态未知或程序没有执行，黑色表示没有连接。

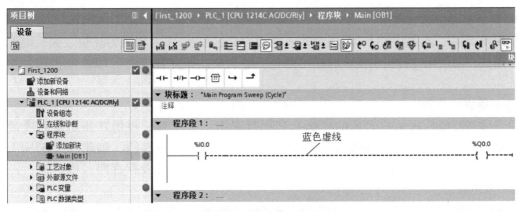

图 1-41　项目仿真界面

如果主程序 OB1 在监视状态下显示灰色状态，则单击工具栏上的"启动 CPU"按钮，启动 CPU。

选中程序块中位变量触点或位变时地址，右键单击选择"修改"→"修改为1"，可将位变量的状态更改为 ON 状态；若选择"修改"→"修改为 0"，则可将位变量的状态更改为 OFF 状态（见图 1-42）。

仿真图 1-42 所示程序的读者会发现，位变量 I0.0 的状态无法进行修改，因为输入映像存储区的状态来自实时扫描的外部端口所连接的元件状态。若想仿真图 1-42 中的程序，使用精简模式进行仿真时，应将输入映像存储区的位变量地址更改为 CPU 中未占用的物理地址，如 CPU 1214C 的物理输入地址为 I0.0~I0.7 和 I1.0~I1.5，将图 1-42 中 I0.0 的地址更改为 I2.0 及以后的地址即可（注意：不可改成 I1.6 和 I1.7），读者可在退出"监控"状态后自行更改再下载进行仿真调试。

 注意：修改组态或程序后再次下载（仿真器已启动），只需单击程序编辑器工具栏中的"下载到设备"按钮便可。若再次单击"启动仿真"按钮，将会打开另一个仿真器。

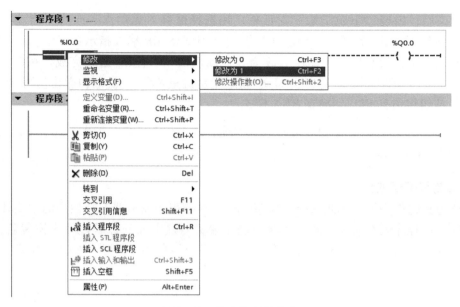

图 1-42　修改位变量状态

3. 用项目视图调试程序

使用精简视图调试程序时，若遇到输入映像存储区 CPU 所占用的物理输入区，则不能进行程序调试，而使用项目视图调试程序可避免上述现象，即可直接使用 CPU 所占用的物理输入地址。

（1）生成仿真表

单击仿真器精简视图右上角的"切换到项目视图"按钮，将仿真器切换到项目视图（图 1-43）。单击项目视图编辑器工具栏中最左边"新项目"按钮，创建一个 S7-PLCSIM 的新项目（在弹出的"创建新项目"对话框中，输入项目名称及保存路径等信息，再单击"创建"按钮）。

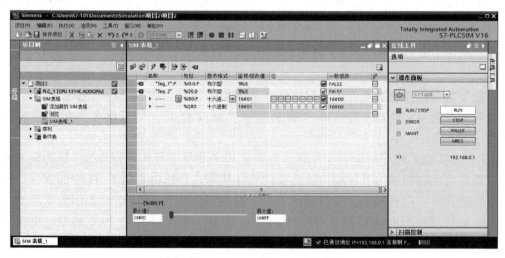

图 1-43　S7-PLCSIM 的项目视图

双击仿真器项目视图编辑器左侧项目树中的"SIM 表格"（仿真表）文件夹中的"SIM 表格_1"，打开该仿真表。在该表的"地址"列输入程序中需要改变或监视的变量地址，如 I0.0

(当输入地址 I0.0 后,将显示 I0.0:P,即为外设输入)、Q0.0、IB0 和 QB0。如果在 SIM 表中生成 IB0,则可以用一行来分别设置和显示 I0.0~I0.7 的状态。

(2) 用仿真表调试程序

两次单击图 1-43 中"位"列第一行中的小方框,方框中出现"√",I0.0 变为 TRUE 后又变为 FALSE,即模拟按钮的按下和释放。梯形图中 I0.0 的常开触点闭合后又断开。当 I0.0 常开触点接通时,由于 OB1 中程序的作用,Q0.0 变为 TRUE,即梯形图中 Q0.0 的线圈得电,SIM 表格_1 中,QB0 所在行右边 Q0.0 对应的小方框中出现"√",此时"监视/修改值"列中 QB0 的监视值为 16#01;当 I0.0 常开触点断开时,QB0 的监视值为 16#00。

如果选中 SIM 表格_1 中第一行,此时在 SIM 表格_1 下方的控制视图中会出现位变量 I0.0 的名为"Tag_1"(I0.0 的符号地址)按钮,也可单击该按钮来控制 I0.0 的状态。

如果选中 SIM 表格_1 中第三行,此时在 SIM 表格_1 下方的控制视图中会出现一个滚动条,它的两边显示该变量的最小值和最大值,可通过拖动滚动条上的滑块来调节此变量的大小。

单击 S7-PLCSIM 项目视图工具栏最右边的"切换到精简视图"按钮,可以返回图 1-39 所示的精简视图。

1.5.7 项目上载

完成了计算机与 PLC 通信的准备工作后,为了上载 PLC 中的程序,首先要生成一个新的项目。选中项目树中的项目名称后,执行菜单栏中"在线"→"将设备作为新站上传(硬件和软件)"命令,出现"将设备上传到 PG/PC"对话框,如图 1-44 所示。设置"PG/PC 接口的类型"为"PN/IE",在"PG/PC 接口"中选择实际使用的网卡,如果只有一块网卡,则在此选择计算机的网卡,如 Realtek PCIe GbE Family Controller。

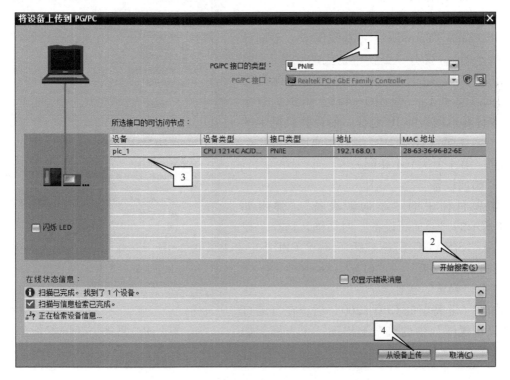

图 1-44 "将设备上传到 PG/PC"对话框

单击图 1-44 中的"开始搜索"按钮，经过一段时间后，在"所选接口的可访问节点"列表中，出现连接的 CPU 和它的 IP 地址，计算机与 PLC 之间的连线由断开变为接通。CPU 所在方框的背景色变为实心的橙色，表示 CPU 进入在线状态。

选中可访问节点列表中的 CPU，单击图 1-44 中的"从设备上传"按钮，上传成功后可以获得 CPU 完整的硬件配置和用户程序。

S7-1200 和 S7-200、S7-300/400 不同，它在项目下载时，将项目中的 PLC 变量表和程序中的注释也一同下载到 CPU 中。因此，在上传时可以得到 CPU 中的变量表和程序中的注释，它们对于程序的阅读是非常有帮助的。

1.5.8 在线创建项目

用在线检测方法创建 TIA Portal 项目，在工程中也比较常用，其优点是硬件组态快捷、高效，特别适用于用户不知道所有模块的订货号和版本号的情况下，但前提是必须有硬件，并处于在线状态。

1. 创建新项目

首先打开 TIA Portal V16，并切换到项目视图，单击编辑器窗口工具栏上的"新建项目"按钮，在弹出的"创建新项目"对话框中输入项目名称（如 1200_zaixian）及保存路径等信息（可参考 1.5.1 小节），然后单击"创建"按钮，完成新项目的创建。

2. 检测在线设备

将 PLC 和计算机通过以太网网线相连，并且将 CPU 模块接通电源。

（1）更新可访问的设备

在项目树中选择"在线访问"→"Realtek PCIe GbE Family Controller"（有线网卡，不同计算机可能不同），双击"更新可访问的设备"，将显示能访问到设备的设备名和 IP 地址，此处为 plc_1[192.168.0.1]（见图 1-45），可根据这个地址修改计算机网卡的 IP 地址，使计算机网卡的 IP 地址与之在同一个网段中（即 IP 地址的前 3 个字节相同，第 4 个字节不相同）。

（2）添加设备

双击项目树中的"添加新设备"，弹出如图 1-46 所示的"添加新设备"对话框，选择"控制器"→"SIMATIC S7-1200"→"CPU"→"非特定的 CPU 1200"→"6ES7 2××-×××××-××××"，单击"确定"按钮。

添加好"非特定的 CPU 1200"后，在自动打开的"设备视图"中的机架上出现一个方框，如图 1-47 所示。

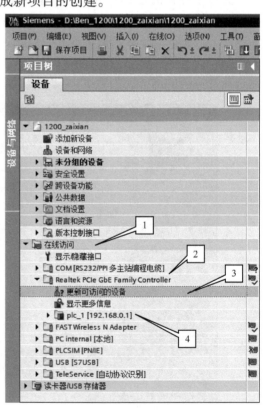

图 1-45 更新可访问的设备

第 1 章 S7-1200 PLC 的编程基础

图 1-46 "添加新设备"对话框

图 1-47 已添加非特定的 CPU 1200 界面

单击图 1-47 中的"获取"按钮，弹出如图 1-48 所示的"对 PLC_1 进行硬件检测"对话框，将"PG/PC 接口的类型"选择为"PN/IE"，将"PG/PC 接口"选择为读者所使用计算机的有线以太网网卡，在此为 Realtek PCIe GbE Family Controller，不要选择无线网卡。单击"开始搜索"按钮，选择搜索到的设备"plc_1"，单击"检测"按钮，此时硬件组态全部"检测"到 TIA Portal V16 中。在"设备视图"中可以看到已检测到的所有硬件，而且硬件的订货号和版本号都是匹配的（已检测到的硬件模块的订货号及版本号可在硬件模块的"常规"选项卡中查看）。

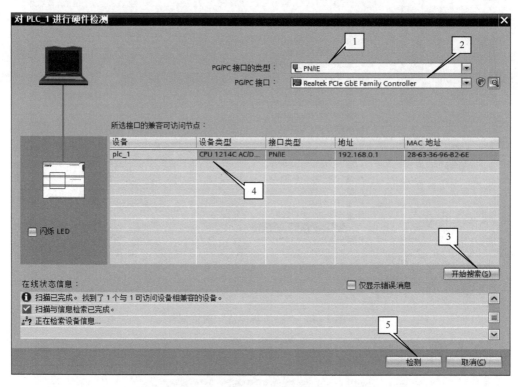

图 1-48 "对 PLC_1 进行硬件检测"对话框

1.6 习题与思考

1. 美国数字设备公司于_____年研制出世界上第一台 PLC。
2. PLC 主要由_____、_____、_____和_____等组成。
3. PLC 的常用语言有_____、_____、_____、_____、_____等，而 S7-1200 PLC 的编程语言有_____、_____和_____。
4. PLC 是通过周期扫描工作方式来完成控制的，每个周期包括_____、_____和_____。
5. 若设置系统存储器字节，则第_____位在首次扫描时为 ON，第_____位一直为 ON。
6. PLC 内部的"软继电器"能提供_____个触点供编程使用。
7. 列举 S7-1200 PLC 的常用的 CPU 型号。CPU 1214C 有多少个输入和输出端口？

8. 创建 S7-1200 PLC 项目有几种方法？分别如何创建？
9. 如何添加 S7-1200 PLC 控制系统的硬件？
10. 如何更改软件中已添加的 CPU 的 IP 地址？
11. S7-1200 PLC 上电后，有几种启动方式？
12. 如何更改计算机网卡的 IP 地址？
13. 如何下载 S7-1200 PLC 项目？
14. S7-1200 PLC 仿真器有哪几种视图模式？
15. 如何上载 S7-1200 PLC 项目？
16. 如何使用在线方法创建 S7-1200 PLC 项目？

第 2 章 基本指令及编程

本章主要介绍 S7-1200 PLC 的位逻辑指令、定时器指令和计数器指令,并通过两个典型的案例介绍 PLC 的输入/输出元器件的确定原则、如何连接 I/O 端口的外围线路、程序编辑和程序调试的方法等。通过本章学习,读者能掌握 S7-1200 PLC 的位逻辑指令、定时器指令和计数器指令的应用,并能编写和调试典型控制系统的程序。

2.1 位逻辑指令

2.1.1 触点指令

触点分为常开触点和常闭触点,常开触点在指定的位为 1 状态 (ON) 时闭合,为 0 状态 (OFF) 时断开;常闭触点在指定的位为 1 状态 (ON) 时断开,为 0 状态 (OFF) 时闭合。触点符号中间的"/"表示常闭,触点指令中变量的数据类型为位 (Bool) 型,在编程时触点可以并联和串联使用,但不能放在梯形图的最后。触点和线圈指令及其应用举例如图 2-1 所示。

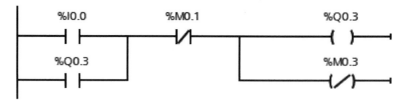

图 2-1 触点和线圈指令及应用举例

 注意: 在使用绝对寻址方式时,绝对地址前面的"%"是编程软件自动添加的,不需要用户输入。

2.1.2 赋值指令

赋值指令又称线圈指令,是输出指令,是将线圈的状态写入指定的地址。驱动线圈的触点电路接通时,线圈流过"能流"对指定位对应的映像寄存器为 1,未流过"能流"时该寄存器为 0。如果是 Q 区地址,CPU 将输出的值传送给对应的过程映像输出,PLC 在 RUN (运行) 模式时,接通或断开连接到相应输出点的负载。线圈指令可以放在梯形图的任意位置,其变量类型为 Bool 型。线圈指令既可以多个串联使用,也可以多个并联使用。

建议初学时将线圈指令单独或并联使用(很多型号的 PLC 不支持线圈指令串联使用),并且放在每个电路的最后,即梯形图的最右侧,如图 2-1 所示。

取反线圈中间有"/",如果有能流经过图 2-1 中 M0.3 的取反线圈,则 M0.3 的输出位为 0 状态,其常开触点断开;反之 M0.3 的输出位为 1 状态,其常开触点闭合。

【例 2-1】用 S7-1200 PLC 实现单按钮控制一台电动机的起停（也称乒乓控制）。按钮的常开触点连接在 PLC 的输入端 I0.0，接触器的线圈连接在 PLC 的输出端 Q0.0。

当按钮按下时，其常开触点闭合，因为按钮与 PLC 的 I0.0 端口相连，故程序中的 I0.0 常开触点接通；当松开按钮时，其常开触点断开，因为按钮与 PLC 的 I0.0 端口相连，故程序中的 I0.0 常开触点也会断开。当程序使得 Q0.0 得电时，与 PLC 输出端口 Q0.0 相连的接触器线圈也会得电（具体的负载连接电路见 2.2.2 小节），接触器的主触点闭合使得电动机起动并运行；当程序使得 Q0.0 失电时，与 PLC 输出端口 Q0.0 相连接的接触器线圈也会失电，接触器的主触点断开使得电动机停止运行。

根据控制要求，单按钮实现一台电动机的起停控制的程序如图 2-2 所示（为简单起见，程序未考虑电动机的过载保护环节）。

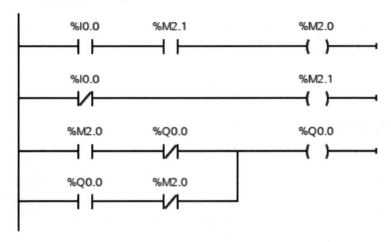

图 2-2 单按钮实现一台电动机的起停控制的程序

控制程序原理分析：

当按钮没有按下时，图 2-2 的第二行中 I0.0 常闭触点接通，M2.1 线圈得电，使得第一行中 M2.1 常开触点接通。当按钮首次被按下时，第一行中 I0.0 常开触点接通，此时由于 M2.1 的常开触点在 PLC 的上一个扫描周期内也是接通的，使得 M2.0 线圈得电；但是，由于按钮被按下，第二行中的 I0.0 常闭触点断开，M2.1 线圈失电，使得第一行的 M2.1 常开触点断开，从而使得 M2.0 线圈失电，即 M2.0 线圈仅得电一个扫描周期，使得 M2.0 的常开触点也仅接通一个扫描周期。此时由于第三行中的 Q0.0 常闭触点接通，使得 Q0.0 的线圈得电，当 PLC 进入下一个扫描周期时，由于上一个扫描周期内 Q0.0 的线圈得电，使得第 4 行中的 Q0.0 常开触点接通，由于 M2.0 的常闭触点在下一扫描周期里也接通，故使得 Q0.0 的线圈一直得电，即实现了电动机的起动并运行。

当按钮松开后第二次被按下时，同上所述，M2.0 线圈仅得电一个扫描周期，图 2-2 的第 4 行中，因 M2.0 线圈得电使得 M2.0 的常闭触点断开，从而使得 Q0.0 的线圈失电；在下一个扫描周期里，因 M2.0 线圈仅得电一个扫描周期，使第三行的 M2.0 常开触点在下一

码 2-1 触点与赋值指令——微课视频

扫描周期里也断开，Q0.0 线圈失电，电动机停止运行；当 Q0.0 线圈失电时，第三行中的 Q0.0 常闭触点接通，为下一次起动电动机做好准备。

读者可根据上述分析绘制出 I0.0、M2.0、M2.1 和 Q0.0 的工作时序图。

注意：与 S7-200 PLC 和 S7-300/400 PLC 不同，S7-1200 PLC 的梯形图允许在一个程序段内输入多个独立电路，建议初学者在一个程序段中只输入一个独立电路。

2.1.3 取反指令

取反（NOT）指令是用来转换能流（又称信号流）流入的逻辑状态。如果没有能流流入 NOT 触点，则有能流流出；如果有能流流入 NOT 触点，则没有能流流出。在图 2-3 中，若 I0.0 为 1，Q0.1 为 0，则有能流流入 NOT 触点，经过 NOT 触点后，则无能流流向 Q0.5；或 I0.0 为 1，Q0.1 为 1，或 I0.0 为 0，Q0.1 为 0（或为 1），则无能流流入 NOT 触点，经过 NOT 触点后，则有能流流向 Q0.5。

图 2-3 取反（NOT）指令及其应用举例

2.1.4 置位/复位指令

1. 置位/复位指令

S（Set，置位或置 1）指令将指定的地址位置位（变为 1 状态并保持，一直保持到它被另一个指令复位为止）。

R（Reset，复位或置 0）指令将指定的地址位复位（变为 0 状态并保持，一直保持到它被另一个指令置位为止）。

置位指令和复位指令最主要的特点是其具有记忆和保持功能。在图 2-4 中，若 I0.0 = 1，M0.0 = 0 时，Q0.0 被置位，此时即使 I0.0 和 M0.0 不再满足上述关系，Q0.0 仍然保持为 1，直到 Q0.0 对应的复位条件满足，即当 I0.2 = 1，Q0.3 = 0 时，Q0.0 被复位为 0。

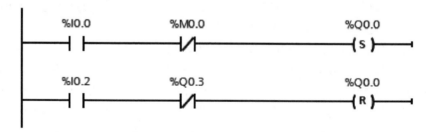

图 2-4 置位/复位指令及其应用举例

2. 置位/复位位域指令

置位/复位位域指令也称多点置位/复位指令。

SET_BF（Set Bit Field，置位位域）指令将指定的地址开始的连续若干个（n，有效范围为 0~65535）位地址置位（变为 1 状态并保持，一直保持到它被另一个指令复位为止）。

RESET_BF（Reset Bit Field，复位位域）指令将指定的地址开始的连续若干个（n）位地址复位（变为 0 状态并保持，一直保持到它被另一个指令置位为止）。

在图 2-5 中，若 I0.1 = 1，则从 Q0.3 开始的 4 个连续的位被置位并保持为 1 状态，即

Q0.3~Q0.6 一起被置位；当 M0.2=1 时，则从 Q0.3 开始的 4 个连续的位被复位并保持为 0 状态，即 Q0.3~Q0.6 一起被复位。若置位位域指令和复位位域指令线圈下方的 n 值为 1 时，功能等同于置位指令和复位指令。

```
        %I0.1                                    %Q0.3
    ─────┤ ├─────────────────────────────────( SET_BF )─┤
                                                  4

        %M0.2                                    %Q0.3
    ─────┤ ├─────────────────────────────────( RESET_BF )─┤
                                                  4
```

图 2-5　置位/复位位域指令及其应用举例

2.1.5　触发器指令

触发器指令有置位触发器指令和复位触发器指令两种。置位/复位触发器指令及其应用举例如图 2-6 所示。可以看出，触发器有置位输入和复位输入两个输入端，用于根据输入端的逻辑运算结果（RLO）=1，分别对存储器位置位和复位。当 I0.0=1，I0.1=0 时，Q0.0 被复位，Q0.1 被置位；当 I0.0=0，I0.1=1 时，Q0.0 被置位，Q0.1 被复位。若两个输入端信号的逻辑运算结果全为 1，则触发器输入端字母后面带有 1 的有效，即置位/复位触发器指令分为置位优先和复位优先两种。

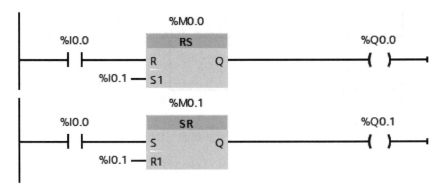

图 2-6　置位/复位触发器指令及其应用举例

触发器指令上的 M0.0 和 M0.1 称为标志位，R、S 输入端首先对标志位进行复位和置位，其次将标志位的状态送到输出端。如果用置位指令把输出置位，则当 CPU 全启动时输出被复位。若在图 2-6 中，将 M0.0 声明为保持，则当 CPU 全启动时，它就一直保持置位状态，被起动复位的 Q0.0 再次赋值为 1（ON）状态。

后面介绍的诸多指令通常也带有标志位，其含义类似。

2.1.6　边沿指令

1. 扫描操作数的信号边沿指令

扫描操作数的信号边沿指令包括扫描操作数的信号上升沿指令（图 2-7 中有 P 的触点指令）和扫描操作数的信号下降沿指令（图 2-7 中有 N 的触点指令）。

扫描操作数的信号边沿指令是当触点地址位的值从"0"到"1"（上升沿或正边沿，Positive）或从"1"到"0"（下降沿或负边沿，Negative）变化时，该触点地址保持一个扫描周期的高电平，即对应常开触点接通一个扫描周期。扫描操作数的信号边沿指令可以放置在程序段中除分支结尾外的任何位置。在图 2-7 中，当 I0.0 为 1，且当 I0.1 有从 0 到 1 的上升沿时，Q0.6 接通一个扫描周期。当 I0.2 有从 1 到 0 的下降沿时，Q1.0 接通一个扫描周期。

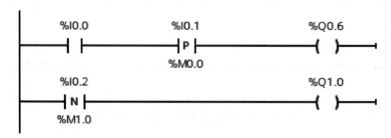

图 2-7　扫描操作数的信号边沿指令及其应用举例

【例 2-2】使用扫描操作数的信号边沿指令实现【例 2-1】中单按钮实现一台电动机的起停控制。

使用扫描操作数的信号边沿指令实现的一台电动机的起停控制的程序如图 2-8 所示。

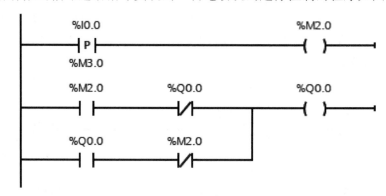

图 2-8　使用扫描操作数的信号边沿指令实现的一台电动机的起停控制的程序

图 2-8 中的程序控制的原理同图 2-2 的，都是使得线圈 M2.0 得电一个扫描周期。相对来说，图 2-8 的程序比图 2-2 的程序略显简单些。

【例 2-3】用 S7-1200 PLC 实现一台电动机的过载故障显示控制。从故障信号 I0.5 的上升沿开始，故障显示灯 Q0.3 以频率 1 Hz 闪烁直到操作员按下复位按钮 I0.4。如果故障已经消失，则故障显示灯熄灭；若故障仍然存在，则故障显示灯常亮，直至故障消失。

根据控制要求编写的电动机过载故障显示控制程序如图 2-9 所示。图中，M0.5 为频率 1 Hz 的时钟脉冲信号，需在 CPU 的系统和时钟存储器字节中组态。

【例 2-4】用扫描操作数的信号边沿指令和触发器指令实现【例 2-1】中单按钮实现一台电动机的起停控制。

使用扫描操作数的信号边沿指令和触发器指令实现的一台电动机的起停控制的程序如图 2-10 所示。

在此，使用 SR 触发器指令实现单按钮起停一台电动机。当然，使用 RS 触发器指令也可实现单按钮起停一台电动机，方法同【例 2-4】。

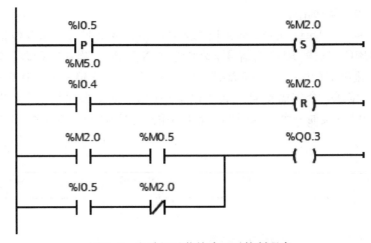

图 2-9　电动机过载故障显示控制程序

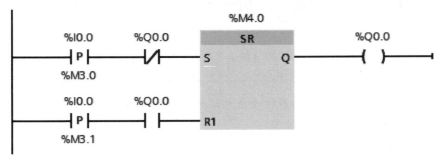

图 2-10　使用扫描操作数的信号边沿指令和触发器指令
实现的一台电动机的起停控制的程序

 注意：【例 2-4】中出现两处扫描操作数 I0.0 的信号上升沿指令，虽然都是同一个操作数 I0.0，但两处上升沿的边沿存储位（M3.0 和 M3.1）不能使用同一个存储位地址。

码 2-3　扫描操作数的信号边沿指令（边沿检测触点指令）——微课视频

2. 在信号边沿置位操作的指令

在信号边沿置位操作的指令又称边沿检测线圈指令，包括在信号上升沿置位操作的指令（P 线圈指令）和在信号下降沿置位操作的指令（N 线圈指令），是在进入线圈的能流中检测到上升沿或下降沿变化时，线圈对应的位地址接通一个扫描周期。在信号边沿置位操作的指令可以放置在程序段中的任何位置。在图 2-11 中，线圈输入端的信号状态从"0"切换到"1"时，Q0.0 接通一个扫描周期。当 M0.3=0，I0.1=1 时，Q0.2 被置位，此时 M0.2=0；当 I0.1 从"1"到"0"时，M0.2 接通一个扫描周期，Q0.2 仍为 1。

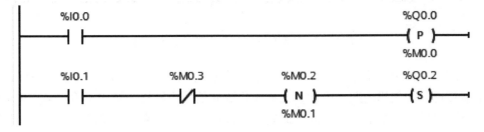

图 2-11　在信号边沿置位操作的指令及其应用举例

3. 扫描 RLO 的信号边沿指令

扫描 RLO（Result of Logic Operation，逻辑运算结果）的信号边沿指令包括扫描 RLO 的信号上升沿指令 P_TRIG 和扫描 RLO 的信号下降沿指令 N_TRIG。当在"CLK"输入端检测到上升沿或下降沿时，输出端接通一个扫描周期。在图 2-12 中，当 I0.0 和 M0.0 相与的结果有一个上升沿时，Q0.3 接通一个扫描周期，I0.0 和 M0.0 相与的结果保存在 M1.0 中。当 I1.2 从"1"到"0"时，M2.0 接通一个扫描周期，此行中的 N_TRIG 指令功能与 I1.2 下边沿检测指令相同。

![ladder diagram with P_TRIG and N_TRIG]

图 2-12 扫描 RLO 的信号边沿指令及其应用举例

 注意：P_TRIG 和 N_TRIG 指令不能放在电路的开始处和结束处。

4. 检测信号边沿指令

检测信号边沿指令包括检测信号上升沿指令 R_TRIG 和检测信号下降沿指令 F_TRIG。检测信号边沿指令是函数块，在调用时应为它们指定背景数据块。

检测信号边沿指令是将输入 CLK 的当前状态与背景数据块中的边沿存储位保存的上一个扫描周期的 CLK 的状态进行比较，如果指令检测到 CLK 的上升沿或下降沿，将会通过 Q 端输出一个扫描周期的脉冲。

在图 2-13 中，当检测信号边沿指令 CLK 端检测到上升沿或下降沿时，将 Q0.0 置位或复位。

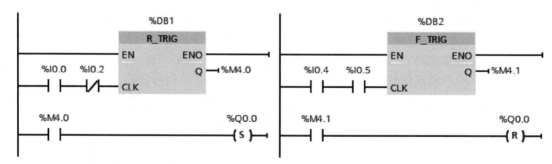

图 2-13 检测信号边沿指令及其应用举例

以上介绍的 4 种边沿指令，其中扫描操作数的信号边沿指令在触点上面的地址出现边沿时，该触点接通一个扫描周期。因此，扫描操作数的信号边沿指令是用于检测触点上面地址的边沿，并且直接输出一个上升沿脉冲，而其他 3 种指令都是用来检测 RLO（流入它们的能流）的边沿。

以上介绍的 4 种边沿指令中，在信号边沿置位操作的指令是在能流流过该指令线圈时，线圈上面的地址在一个扫描周期内为 1 状态。因此，在信号边沿置位操作的指令是用来检测能流的边沿，并且线圈上面的地址输出上升沿脉冲，而其他 3 种指令都是直接输出检测结果。

【例 2-5】使用 S7-1200 PLC 及检测信号边沿指令实现一台电动机的点动控制。

根据控制要求，使用检测信号边沿指令实现一台电动机的点动控制的程序如图 2-14 所示。

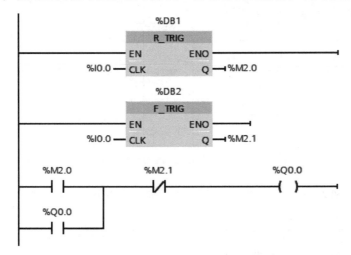

图 2-14　使用检测信号边沿指令实现一台电动机的点动控制的程序

2.2　案例 2　电动机的点连复合控制

2.2.1　任务导入

电动机的点动和连续在工程设备中的应用最为普遍，而要求由电动机驱动的设备既能点动控制又能连续（或称连动）控制（点连复合控制）也较为常见。本案例要求使用 S7-1200 PLC 实现一台电动机的点连复合控制，即按下点动按钮，电动机点动运行，若按下连续起动按钮，电动机连续运行，直到按下停止按钮。

2.2.2　任务实施

1. 点连复合控制的继电器-接触器控制

所谓点动控制是指按下点动按钮，电动机运行；若松开点动按钮，电动机停止运行。点动控制常用于机床模具的对模、工件位置的微调、电动葫芦的升降及机床维护调试时对电动机的控制。所谓连续控制是按下起动按钮，电动机起动并连续运行；当按下停止按钮时，电动机停止运行。图 2-15 为电动机的点连复合控制的继电器-接触器控制原理图。

从图 2-15 中不难发现，FU1 和 FU2 为熔断器，实现电动机主电路和控制电路的短路保护；SB1 为停止按钮，SB2 为连续起动按钮，SB3 为点动按钮；FR 为热继电器，实现电动机的过载保护；KM 为接触器，其主触点的接通或断开可以实现电动机的起动和停止。图 2-15 的控制原理读者可自行分析，这里不再赘述。

本案例是通过 S7-1200 PLC 实现电动机点连复合控制。PLC 是一个控制器，它只能实现对控制线路的控制，所以使用 PLC 实现的设备控制，其主电路应保持不变。

使用 PLC 实现的控制系统，主要涉及以下几个方面内容：主电路、PLC 控制系统的 I/O 地址分配、PLC 的 I/O 端口线路的连接、硬件的组态及控制程序的编写、控制系统的调试等。

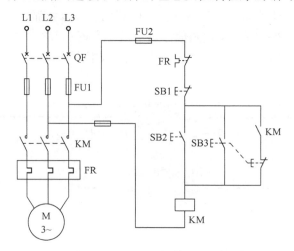

图 2-15　电动机的点连复合控制的继电器-接触器控制原理图

注意：本书如不特殊说明，均采用 CPU 1214C AC/DC/Rly（交流电源/直流输入/继电器输出）实现示例或案例中的控制要求。

2. I/O 地址分配

PLC 的数字量（或称开关量）I/O 地址分配时，对于初学者来说可遵循以下原则：具有"开关类"触点的元器件均可作为 PLC 的输入元器件（如旋转开关、按钮、继电器的触点、传感器等），需要得电的元器件均可作为 PLC 的输出元器件（如指示灯、接触器、电磁阀等）。

根据本案例的控制要求，并参考图 2-15，可将停止按钮 SB1、连续运行的起动按钮 SB2、点动按钮 SB3、热继电器 FR 作为 PLC 的输入元器件；而将需要得电的交流接触器 KM（线圈）作为 PLC 的输出元器件。因此，电动机的点连复合控制 I/O 地址分配表如表 2-1 所示。

表 2-1　电动机的点连复合控制 I/O 地址分配表

输	入	输	出
输入继电器	元　器　件	输出继电器	元　器　件
I0.0	停止按钮 SB1	Q0.0	交流接触器 KM（线圈）
I0.1	起动按钮 SB2		
I0.2	点动按钮 SB3		
I0.3	热继电器 FR		

3. I/O 接线图

图 2-16 为 CPU 1214C AC/DC/Rly 型 PLC 的电源端子、输入/输出端子的分布及常用接线图（如果是其他型号的 CPU，可参考操作手册或说明书进行各个端子的连接），而本书中均采用类似图 2-17 所示的 I/O 接线图。

根据控制要求并参照图 2-16 及表 2-1 的 I/O 地址分配表，电动机的点连复合控制的 I/O 接线图可绘制如图 2-17 所示，主电路与图 2-15 相同。

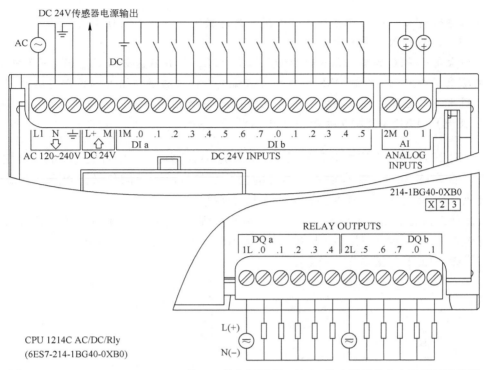

图 2-16 CPU 1214C AC/DC/Rly 型 PLC 的电源端子、输入/输出端子的分布及常用接线图

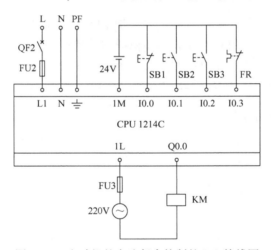

图 2-17 电动机的点连复合控制的 I/O 接线图

注意：

（1）输入元器件所用的触点类型

原则上 PLC 的输入端所连接的元器件，既可用常开触点，也可用常闭触点。本案例为了同图 2-15 保持一致，停止按钮 SB1 和热继电器 FR 均使用常闭触点，而连续运行的起动按钮 SB2 和点动按钮 SB3 使用常开触点（工程应用中连接在 PLC 输入端的所有保护性的元器件均使用其常闭触点，如停止按钮、热继电器、限位开关等）。

（2）输出负载的电压类型及等级

对于继电器输出型 PLC 的输出端子来说，允许额定电压为 AC 5~250 V，或 DC 5~30 V，若接触器直接与 PLC 的输出端相连接，其线圈额定电压应为 AC 220 V 及以下；

对于晶体管输入型 PLC 的输出端子来说，允许额定电压为 DC 20.4~28.8 V。

(3) PLC 输入信号的电源极性

绝大部分 PLC 的输入信号使用 DC 24 V 电源，而且不区分极性。图 2-17 中输入信号电源采用的上正下负的 PNP 型接法（直流电源的负极性与输入端的公共端子 1M 相连接，所有输入元器件的公共端与直流电源的正极性相连接，即高电平有效，电流流入 CPU 模块），PNP 型连接又称源型连接。

如果在图 2-17 中输入信号电源采用下正上负的 NPN 型接法，则直流电源的正极性应与输入端的公共端子 1M 相连，所有输入元器件的公共端与直流电源的负极性相连，即低电平有效，电流从 CPU 模块流出，NPN 型连接又称漏型连接。

那么在什么情况下需要区分输入信号的电源极性呢？当输入元器件中含有感应开关时，用户需注意输入信号的电源极性。因为感应开关有 NPN 和 PNP 之分，它们的区别在于输出信号的类型不一样，如图 2-18 和图 2-19 所示。

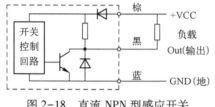
图 2-18　直流 NPN 型感应开关

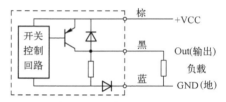
图 2-19　直流 PNP 型感应开关

图 2-18 中 NPN 型感应开关与 PLC 相连时，把 PLC 作为负载，电流经过负载后从黑线流入感应开关中，相当于电流从 PLC 的输入端流出后流入感应开关中，如图 2-20 所示。

图 2-19 中 PNP 型感应开关与 PLC 相连时，把 PLC 作为负载，电流经过感应开关后从黑线流入 PLC 中，相当于电流从感应开关流出后流入 PLC 中，如图 2-21 所示。

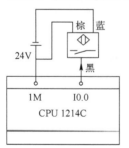
图 2-20　NPN 型感应开关与 PLC 的连接

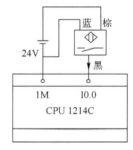
图 2-21　PNP 型感应开关与 PLC 的连接

如果采用西门子 S7-1200 PLC 作为控制器，因为 CPU 模块只有一个输入信号公共端 1M，则在选用多个感应开关时，一定选用同一输出类型的感应开关，否则无法一起接入 CPU 模块，除非再扩展其他信号模块。

(1) 直流电源的选用

图 2-16 中电源端子右侧有两个 DC 24 V 电源输出端（L+和 M），是 CPU 集成的输出直流电源，此直流电源可供外部传感器使用，当然也可以供其他输入信号使用。但是如果外接的传感器较多，CPU 集成的电源容量不够时，则必须使用外部 DC 24 V。在此，从 PLC 使用安全及保证输入元器件能够正常工作的情况考虑，建议读者优先使用外部直流电源。

如果使用 CPU 集成的 DC 24 V，若按图 2-17 所示的输入信号的连接方法（漏型连接），将输入信号公共端与集成电源 DC 24 V 的 M 端相连，集成电源 DC 24 V 的 L+ 与输入元器件的公共端相连，如图 2-22 所示。

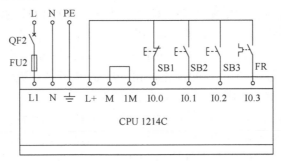

图 2-22　使用 CPU 集成 DC 24 V 电源输入信号的连接

（2）输入信号的连接

原则上在 PLC 输入端子数量充足的情况下，每一个输入元器件占用 PLC 的一个输入端口。当然，根据控制要求，多个输入元器件的触点可串联、并联、混联后接入 PLC 的一个输入端子上。建议初学者将每一个输入元器件单独接入 PLC 的每一个端子上。

（3）输出负载的连接

PLC 的输出负载在连接时，除了要满足 CPU 对负载类型的要求，还要考虑负载的容量，如继电器输出型负载容量为 2A，晶体管输出型负载容量为 0.5A。如果负载容量较小，可以并联后接入 PLC 的输出端，但其总容量必须低于 PLC 对输出负载的容量值，否则将会烧毁 CPU 中的输出电路。

建议读者在连接 PLC 的负载时，使用 DC 24 V 中间继电器过渡，即将 DC 24 V 中间继电器直接与 PLC 的输出端口相连，再用中间继电器的触点驱动控制系统中的所有负载。在很多工程应用中，都采用这种连接方法。

本案例若使用中间继电器过渡的负载连接方法，图 2-17 可更改为图 2-23（右边为转换电路）。

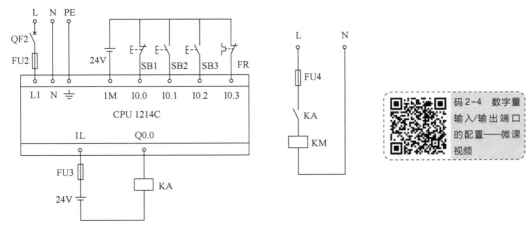

图 2-23　电动机的点连复合控制 I/O 接线图及转换电路

4. 硬件连接

主电路连接：首先，使用导线将三相断路器 QF1 的出线端与熔断器 FU1 的进线端相连接；其次，使用导线将熔断器 FU1 的出线端与交流接触器 KM 主触点的进线端相连接；再次，使用导线将交流接触器 KM 主触点的出线端与热继电器的热元件进线端相连接，再用导线将热继电器的热元件出线端与电动机 M 的电源输入端相连接，电动机连接成星形或三角形，取决于所选用电动机铭牌上的连接标注。

控制电路连接：在连接控制电路之前，必须断开 S7-1200 PLC 的电源（假设 PLC 的电源已连接好）。为了减少接线工作量，本案例采用图 2-17 所示的连接。首先进行 PLC 输入元器件线路的连接：使用导线将外部 DC 24 V 负极性端与 PLC 的输入信号公共端 1M 相连接，使用导线将外部 DC 24 V 正极性端与 PLC 的停止按钮 SB1 的常闭触点进线端相连接，将停止按钮 SB1 的常闭触点出线端与 PLC 的输入端口 I0.0 相连接。

按照这个方法，将连续运行的起动按钮 SB2 的常开触点出线端、点动按钮 SB3 常开触点的出线端和热继电器 FR 常闭触点的出线端分别与 PLC 的输入端口 I0.1、I0.2 和 I0.3 相连接，将热继电器 FR 常闭触点的进线端与点动按钮 SB3 常开触点的进线端相连接，将点动按钮 SB3 常开触点的进线端与连续运行的起动按钮 SB2 常开触点的进线端相连接，将连续运行的起动按钮 SB2 常开触点的进线端与停止按钮 SB1 的常闭触点进线端相连接。

下面再进行 PLC 的输出端负载线路的连接：使用导线将交流电源 220 V 的相线端 L 经熔断器 FU3 后与 PLC 输出点内部电路的公共端 1L 相连接，将交流电源 220 V 的中性线端 N 与交流接触器 KM 线圈的出线端相连接，将交流接触器 KM 线圈的进线端与 PLC 输出端 Q0.0 相连接。

 注意：S7-1200 PLC 的电源端在左上方，以太网接口在左下方，输入端在上方，输出端在下方。

5. 编写及调试程序

（1）创建项目

双击桌面上的 图标，打开博途编程软件，在 Portal 视图中选择"创建新项目"，输入项目名称"M_Dianlian"，选择项目保存路径，然后单击"创建"按钮，创建项目完成。

（2）硬件组态

参照 1.5.2 小节添加设备，"CPU"选择 CPU 1214C AC/DC/Rly，版本为 V4.1（在此，用户必须选择与硬件一致的 CPU 型号及版本号），添加设备成功后，会弹出已创建的项目编辑窗口。

（3）编写程序

在项目编辑窗口中，在左侧项目树下选择"程序块"，并双击其下的主程序"Main [OB1]"，在项目树的右侧，即编程窗口中显示程序编辑器窗口。打开程序编辑器窗口时，自动选择程序段 1（程序行出现蓝色长方框），如图 2-24a 所示。

在程序编辑器窗口的"块标题"栏上方为常用编程元件收藏夹（如果在此处未显示收藏夹，读者可在程序编辑器窗口右侧的"收藏夹"处右击勾选"在编辑器中显示收藏"便可显示该常用编程元件收藏夹）。可以将常用的编程元件拖放到指令列表的"收藏夹"文件夹中，在编程时方便使用。还可在"块标题"栏中输入项目所实现的功能，如电动机的点连复合控制（见图 2-24a）。

在图 2-24a 程序段 1 中编写电动机点动控制程序：

在"程序段 1："右侧可输入此行的注释性文字，如点动控制，如图 2-24b 所示。

单击程序段 1 中程序行（程序行出现蓝色长方框），单击程序编辑器工具栏上的"常开触点"按钮 ⊣⊢，（或打开指令树中"基本指令"→"位逻辑运算"文件夹后，双击文件夹中"常开触点"按钮 ⊣⊢），在程序行的最左边出现一个常开触点，触点上面红色的问号<??.?>表示地址未赋值，同时在"程序段 1"的左边出现 符号，表示此程序段正在编辑中，或有

第 2 章　基本指令及编程

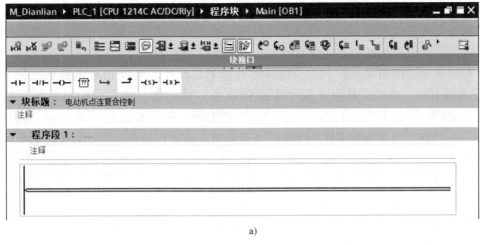

图 2-24　点动控制程序
a) 程序行　b) 输入触点和线圈　c) 输入地址

错误，如图 2-24b 所示。继续单击程序编辑器工具栏上的"赋值"按钮 ─( )─（或打开指令树中"基本指令"→"位逻辑运算"文件夹后，双击文件夹中的"线圈"按钮 ─( )─，在梯形图的最右端出现一个线圈（见图 2-24b）。

单击或双击常开触点上方<??.?>，并输入常开触点的地址 I0.2（不区分大小写）。输入完成后，按〈Enter〉键，或单击或双击线圈上方<??.?>，或输完地址 I0.2 后连续按两次〈Enter〉键，光标会自动移至下一需要输入地址处，可输入线圈的地址 Q0.0，如图 2-24c 所示。或在生成触点或线圈时，输入相应的地址。程序段编辑正确后，左边的 ❌ 符号自动消失。

在 I0.2 和 Q0.0 的地址前，系统将自动添加绝对地址符号"%"，在绝对地址下方自动出现标识"Tag_n"，Tag 是标签的意思，"Tag_n"是绝对地址相对应的符号地址（也称符号名），读者可在 PLC 的变量表中对各地址的符号名进行更改。读者可通过多次单击程序编辑器工具栏上的"绝对/符号操作"按钮，在显示变量的绝对地址，或符号地址，或绝对及符号地址共同显示之间切换。

程序编写后，需要对其进行编译。单击工具栏上的"编译"按钮，对项目进行编译。如果程序错误，编译后在编辑器下面巡视窗口中将会显示错误的具体信息。必须改正程序中所有的错误才能下载。如果没有编译程序，在下载之前博途编程软件将会自动对程序进行编译。

用户编写完或修改程序后，应对其进行保存，即使程序块没有输入完整，或者有错误，也可以保存项目，单击工具栏上的"保存项目"按钮 保存项目 即可。

可首先验证点动控制程序及 PLC 外围线路连接的正确性。接通 PLC 电源后，选中项目树中 PLC 设备的名称，单击工具栏上的"下载到设备"按钮，将点动控制程序下载到 PLC 中。下载完成后，单击工具栏上的"启动 CPU"按钮，使 PLC 处在 RUN 模式。按住点动按钮 SB3 不放，观察交流接触器 KM（线圈）是否得电，电动机是否运行。如果电动机运行，则松开点动按钮 SB3，观察交流接触器 KM（线圈）是否失电，电动机是否停止运行。如果电动机停止运行，则说明程序及 PLC 的相关外围线路连接正确。

初学者可能不太明白，为什么按下点动按钮 SB3，电动机能实现点动控制，而点动按钮 SB3 与交流接触器 KM（线圈）并没有通过线路相连接？学习了下面介绍的点动操作的控制过程后，读者定会明白其中的奥妙。

上述点动操作的控制过程分析如下：如图 2-25 所示（将 PLC 的输入电路等效为一个输入继电器线路），合上断路器 QF1→接通点动按钮 SB3→输入继电器 I0.2 线圈得电→其常开触点接通→线圈 Q0.0 中有信号流流过→输出继电器 Q0.0 线圈得电→其常开触点接通→交流接触器 KM（线圈）得电→其常开主触点接通→电动机起动并运行。

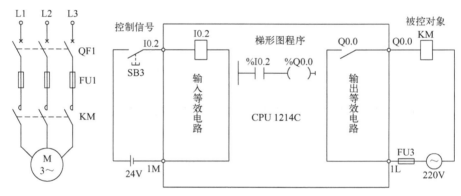

图 2-25 控制过程分析图

松开点动按钮 SB3→输入继电器 I0.2 线圈失电→其常开触点复位断开→线圈 Q0.0 中没有信号流流过→输出继电器 Q0.0 线圈失电→其常开触点复位断开→交流接触器 KM（线圈）失电→其常开主触点复位断开→电动机停止运行。

下面在程序段 2 中编写电动机连续运行控制程序：

参照点动控制程序，先编写连续运行控制程序的第一行，如图 2-26a 所示。

单击程序段 2 程序行最左侧的竖线（出现蓝色长方框），再单击"块标题"上方常用编程元件收藏夹中的"打开分支"按钮，在程序段 2 的第二行中最左侧出现一个双箭头符号，双击添加 Q0.0 的常开触点，再单击常用编程元件收藏夹中的"嵌套闭合"按钮（或者按住 Q0.0 常开触点右侧的双箭头将其拖至上一行程序 I0.1 常开触点的右侧，也能实现分支合并操作），此时 Q0.0 的常开触点与 I0.1 的常开触点实现了并联，Q0.0 的常开触点起"自锁"作用，如图 2-26b 所示。

然后验证连续运行控制程序及 PLC 外围线路连接的正确性。删除程序段 1，将程序下载到 PLC 中。按下连续运行的起动按钮 SB2 后又松开，观察交流接触器 KM（线圈）是否一直得

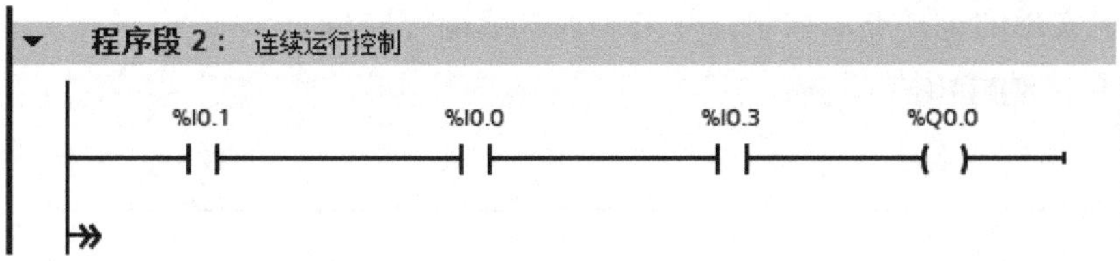

图 2-26 连续运行控制程序
a）输入第一行程序　b）添加"并联"触点

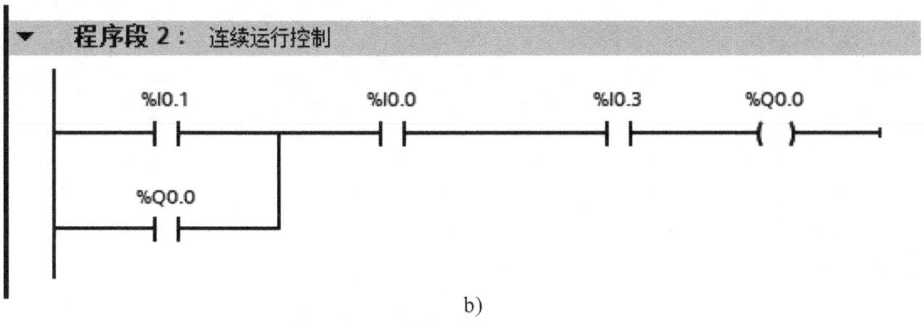

电，电动机是否起动并运行，按下停止按钮 SB1 后又松开或人为按下热继电器 FR 的测试按钮，观察交流接触器 KM（线圈）是否立即失电，电动机是否立即停止运行。如果电动机起动和停止运行均符合控制要求，则说明连续运行的控制程序及 PLC 的相关外围线路连接正确。

接下来验证点连复合控制程序的正确性：在程序段 1 中输入电动机的点动控制程序，然后将程序下载到 PLC 中。单击程序编辑器工具栏上的"启用/禁用监视"按钮，使程序处于监控状态，如图 2-27 所示。

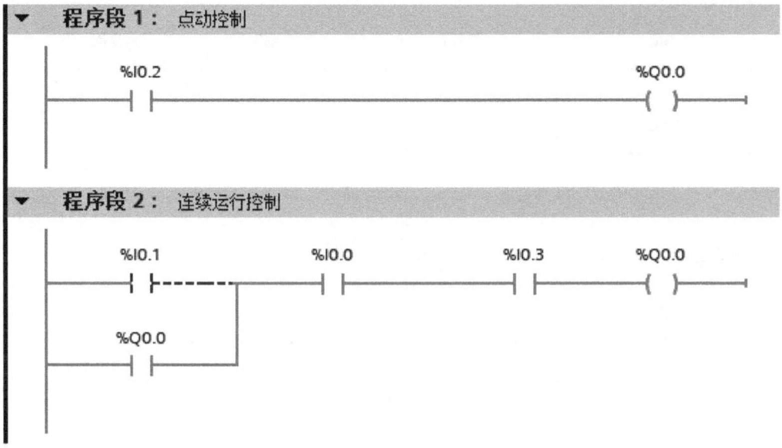

图 2-27　点连复合控制程序 1

按住点动按钮 SB3 时，从图 2-27 的监视图中可以看到程序段 1 和程序段 2 中的 Q0.0 线圈均已得电，此时 PLC 的输出端 Q0.0 的指示灯被点亮，电动机运行；当松开点动按钮 SB3 时，程序段 1 和程序段 2 中的 Q0.0 线圈均失电，电动机停止运行，即电动机的点动控制功能已实现。

按住连续运行的起动按钮 SB2 时，从图 2-28 的监视图中可以看到程序段 1 中的 Q0.0 线圈未得电，而程序段 2 中的 Q0.0 线圈均已得电，但起到自锁作用的 Q0.0 常开触点未接通，此时 PLC 的输出端 Q0.0 的指示灯被点亮，电动机运行；当松开连续运行的起动按钮 SB2 时，程序段 1 和程序段 2 中的 Q0.0 线圈均失电，电动机停止运行，即按下连续运行的起动按钮

SB2 时，电动机实现的也是点动控制，并未实现连续运行控制。

图 2-28　连续起动操作程序监视状态 1

图 2-27 所编写的程序并没有实现电动机的点连复合控制功能，只实现了点动控制，且按下点动按钮 SB3 或者按下连续运行的起动按钮 SB2 实现的都是点动控制。下面将图 2-27 中的程序段 1 和程序段 2 的位置对调，如图 2-29 所示，再将点连复合控制程序下载到 PLC 中。

通过验证可知，按下点动按钮 SB3 可实现电动机的点动控制，而按下连续运行的起动按钮 SB2 时，其程序监视状态如图 2-29 所示。程序段 1 中 Q0.0 线圈得电，但起自锁作用的常开触点未接通，程序段 2 中的 Q0.0 线圈未得电，PLC 的输出端 Q0.0 的指示灯也没被点亮，电动机没有运行。

图 2-29　连续起动操作程序监视状态 2

图 2-27 和图 2-29 所示的程序均未能实现电动机的点连复合控制，且电动机的动作现象也不相同。这说明程序的前后位置对程序的执行有影响，PLC 的程序是按照先上后下、先左后右的方式执行的。

图 2-27 和图 2-29 均出现了一个初学者易犯的错误，即双线圈。双线圈是指在程序中赋值线圈出现了两次及以上，而 PLC 程序的执行方式决定了赋值线圈是否得电以最后一次出现的赋值线圈程序逻辑控制结果为主（图 2-29 中，程序段 1 中 Q0.0 线圈得电，而最后一次出现的程序段 2 中的 Q0.0 线圈按逻辑控制并没有得电，因此最后 Q0.0 的线圈不能得电）。切记，PLC 程序中

不能出现双线圈，轻则程序功能不正确，重则可能会引起设备损坏或人员伤亡事故。

下面采用移植法（将继电器-接触器系统中的控制原理移植到 PLC 中）编写电动机的点连复合控制程序，如图 2-30 所示。

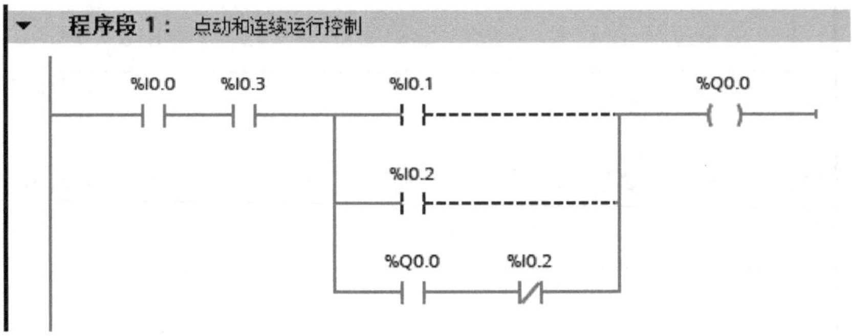

图 2-30　点连复合控制程序 2

验证程序：当按下连续运行的起动按钮 SB2 时，电动机实现连续运行。按下停止按钮 SB1，使电动机停止运行，再按住点动按钮 SB3 时，电动机运行，当松开点动按钮 SB3 时，电动机仍然在运行（监视程序见图 2-30），即电动机实现的也是连续运行。问题在哪儿？为什么继电器-接触器系统就能实现电动机的点连复合控制，而移植过来的程序就不能实现呢？

解释：继电器-接触器系统与 PLC 系统控制原理不同所致。继电器-接触器控制系统当某个线圈得电或失电时，所有的触点同时动作；而 PLC 控制系统是在每个扫描周期里将输入信号的当前采集状态与其他元件的前一个扫描周期里的状态进行逻辑运算，当运算结果 RLO 为 0 时，程序段最后面的线圈不得电，当运算结果 RLO 为 1 时，程序段最后面的线圈得电。

由 PLC 控制原理可知，图 2-30 中当前扫描周期里 I0.2 的常闭触点接通（即点动按钮 SB3 松开时的状态），而前一个扫描周期里 Q0.0 的常开触点是接通的（因为点动按钮 SB3 按下时，Q0.0 线圈得电，其常开触点接通），经逻辑与运算后，Q0.0 线圈的逻辑运算结果为 1，因此 Q0.0 线圈仍然得电。

注意：在很多继电器-接触器系统升级改造成 PLC 控制系统时，最快捷的做法就是采用移植法，但不是每个移植过来的程序都是正确的！

图 2-30 所编写的梯形图虽然看上去和根据图 2-15 所编写的梯形图相似，但在 PLC 的编程中逻辑块宜为上边大，下边小，左边大，右边小，如图 2-31 所示（当然，图 2-31 和图 2-30 的控制功能相同）。

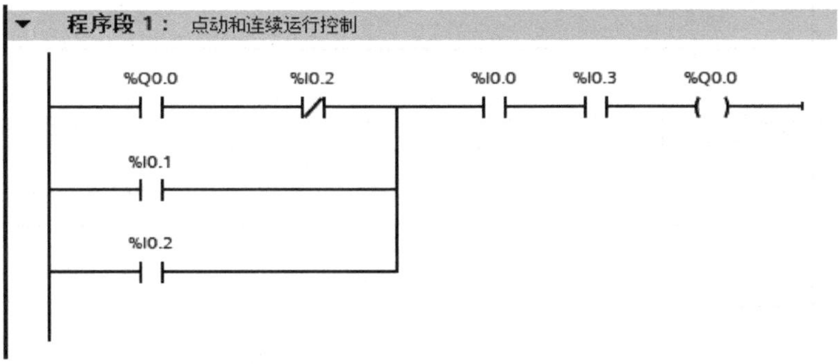

图 2-31　点连复合控制程序 2 的优化

图 2-27 和图 2-30 均未能实现电动机的点连复合控制，在此，可通过两个不一样的输出实现（两个输出继电器均与交流接触器 KM 的线圈的进线端相连），如图 2-32 所示。

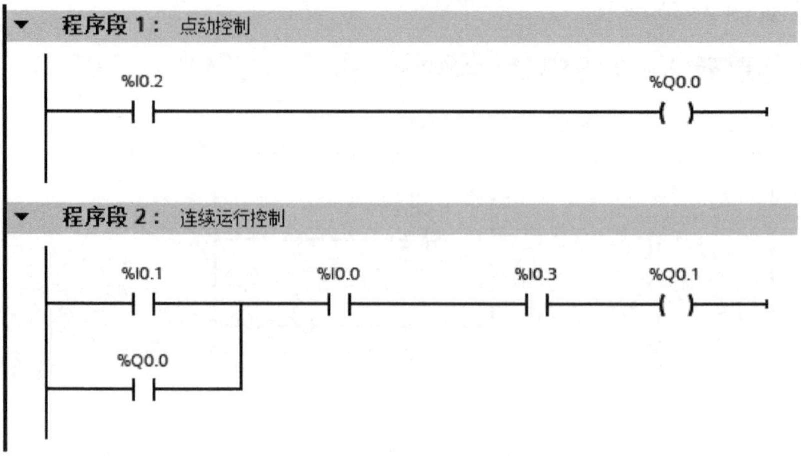

程序段 1： 点动控制
%I0.2
%Q0.0
程序段 2： 连续运行控制
%I0.1
%I0.0
%I0.3
%Q0.1
%Q0.0

图 2-32　点连复合控制程序 3

图 2-32 中，当按下和松开点动按钮 SB3 时，Q0.0 线圈得电和失电，电动机能实现点动控制；当按下和松开连续运行的起动按钮 SB2 时，Q0.1 线圈一直得电，按下停止按钮 SB1，Q0.1 线圈失电，即电动机能实现连续运行控制，但 PLC 的 I/O 接线图应更改为图 2-33。

L
N
PE
QF2
FU2
24V
SB1
SB2
SB3
FR
L1
N
1M
I0.0
I0.1
I0.2
I0.3
CPU 1214C
1L
Q0.0
Q0.1
FU3
220V
KM

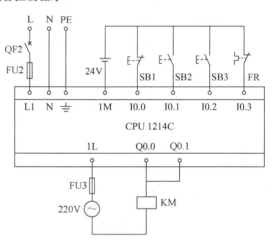

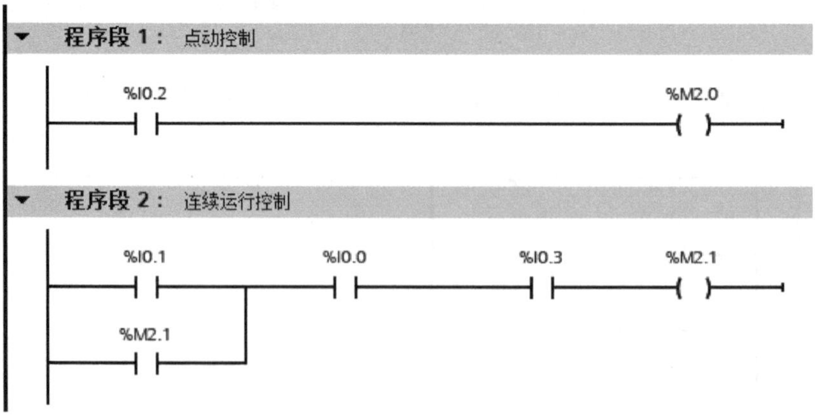

图 2-33　电动机点连复合控制的 I/O 接线图

图 2-33 中使用了 PLC 的两个输出端。PLC 的输出端口数量较少，CPU 模块只有 4 个、6 个和 10 个。在控制系统中若输出端口数量比较充足，如本案例，则可以按图 2-33 方式进行负载连接。建议一个负载只占用一个输出端口，PLC 中有很多个位存储器 M，本案例可以借助位存储器实现其功能，程序如图 2-34 所示（I/O 接线图采用图 2-17）。

程序段 1： 点动控制
%I0.2
%M2.0
程序段 2： 连续运行控制
%I0.1
%I0.0
%I0.3
%M2.1
%M2.1

图 2-34　点连复合控制程序 4

图 2-34 点连复合控制程序 4（续）

图 2-34 中实现的电动机点连复合控制程序原理，读者可自行分析。图 2-34 也是比较典型的电动机点连复合控制程序。

如果是初学者，建议将 PLC 的输入元器件全部采用常开触点接入，这样在编写程序时，程序中作为停止用的所用触点都使用常闭触点，就与继电器-接触器控制系统一样了，基本上都是"起—保—停"的控制逻辑。本案例中，若输入元器件均为常开触点接入，其 PLC 的 I/O 接线图和控制程序读者可自行绘制及编写。

2.2.3 任务拓展

用一个起动按钮、一个转换开关、一个停止按钮实现电动机的点连复合控制，即当转换开关处于"点动"模式时，按下起动按钮便可实现电动机的点动控制；当转换开关处于"连续"模式时，按下起动按钮便可实现电动机的连续运行控制。本任务还要求，在电动机运行过程中，切换转换开关不能影响电动机的运行状态。

2.3 定时器指令

定时器的作用类似于继电器-接触器控制系统中的时间继电器。使用 S7-1200 PLC 的定时器时应注意，每一个定时器都使用一个存储在数据块中的结构来保存其数据。在程序编辑器中放置定时器时即可分配该数据块，可以采用默认设置，也可以手动自行设置。S7-1200 PLC 中共有 4 种定时器指令，即脉冲定时器（SP）、接通延时定时器（TON）、关断延时定时器（TOF）和时间累加器（TONR）。

2.3.1 脉冲定时器

在梯形图中输入定时器指令时，打开右边的指令窗口，将"定时器操作"文件夹中的定时器指令拖放到梯形图中适当的位置。在出现的"调用选项"对话框中，可以修改将要生成的背景数据块的名称，一般采用默认的名称及编号，单击"确定"按钮，自动生成数据块。如何创建数据块的内容将在 2.3.2 小节中介绍。

脉冲定时器类似于数字电路中上升沿触发的单稳态电路，如图 2-35a 所示，图 2-35b 为其时序图。图 2-35a 中，"%DB1"表示定时器的背景数据块（此处只显示了绝对地址，因此背景数据块地址显示为"%DB1"，也可设置显示符号地址），TP 表示脉冲定时器。脉冲定时器的工作原理如下：

启动：当输入端 IN 从"0"状态变为"1"状态时，定时器启动，此时输出端 Q 也置为"1"状态，开始输出脉冲。到达 PT（Preset Time）预置的时间时，输出端 Q 变为"0"状态

（见图 2-35b 波形 A、B、E）。输入端 IN 输入的脉冲宽度可以小于输出端 Q 输出的脉冲宽度。在脉冲输出期间，即使输入端 IN 的输入发生了变化又出现上升沿（见图 2-35b 波形 B），也不影响脉冲的输出。到达预设值后，如果输入端 IN 的输入为"1"，则定时器停止定时且保持当前定时值；若输入端 IN 的输入为"0"，则定时器定时时间清零。

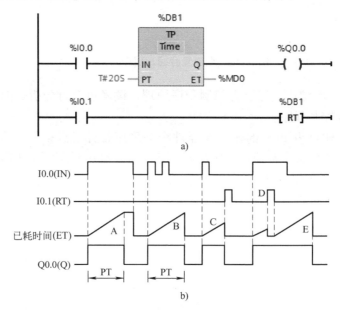

图 2-35　脉冲定时器及其时序图
a）脉冲定时器　b）时序图

输出：在定时器定时时间过程中，输出端 Q 为"1"状态，定时器停止定时，不论是保持当前值还是清零，当前值和输出皆为 0。

复位：当图 2-35a 中的 I0.1 为"1"状态时，定时器复位线圈（RT）通电，定时器被复位。如果此时正在定时，且输入端 IN 的输入为"0"状态，将使已耗时间清零，输出端 Q 的输出也变为 0（见图 2-35b 波形 C）。如果此时正在定时，且输入端 IN 的输入为"1"状态，将使已耗时间清零，输出端 Q 的输出保持为"1"状态（见图 2-35b 波形 D）。如果复位信号 I0.1 变为"0"状态，且输入端 IN 的输入为"1"状态，将重新开始定时（见图 2-35b 波形 E）。

图 2-35a 的 ET（Elapsed Time）为已耗时间，即定时开始后经过的时间，它的数据类型为 32 位的 Time，采用 T#标识符，单位为 ms，最长定时时间为 T#24D_20H_31M_23S_647MS（D、H、M、S、MS 分别为日、小时、分、秒和毫秒），可以不给输出 ET 指定地址。

在程序监控状态下，定时开始后已耗时间会从 0 ms 开始不断增大，达到 PT 预置的时间时，如果输入端 IN 为"1"状态，则已耗时间保持不变。如果输入端 IN 为"0"状态，则已耗时间变为 0 s。

定时器指令可以放在程序段的中间或结束处。IEC 定时器没有编号，在使用对定时器复位的 RT（Reset Time）指令时，可以用背景数据块的编号或符号名来指定需要复位的定时器。如果没有必要，则不需要对定时器使用 RT 指令。

【例 2-6】用脉冲定时器实现电动机的运行时长控制：按下起动按钮 I0.0，电动机 Q0.0 立即起动并运行，工作 2 h 后自动停止。在运行过程中若按下停止按钮 I0.1，或发生故障（如过载 I0.2），电动机立即停止运行。

用脉冲定时器实现电动机的运行时长控制程序如图 2-36 所示（此程序中，停止按钮和热继电器使用的都是常开触点接入 PLC 的输入端口）。

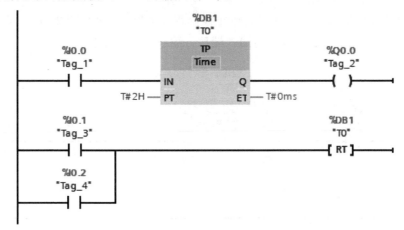

图 2-36 【例 2-6】的控制程序

图 2-36 中，定时器的符号地址被更改为"T0"，在很多型号的 PLC 中，定时器的编号都是从 T0 开始。在 S7-1200 PLC 中定时器都需要使用背景数据块及默认的符号地址，特别是符号地址比较长，不方便后续程序段中的使用，若改为能见名知义的定时器编号则有利于程序的输入和阅读。

更改定时器符号地址的方法如下。

方法 1：右击背景数据块下方的符号地址，执行"重命名数据块"命令，在弹出的"重命名块"对话框的名称栏中输入新的数据块名称，如 T0。

方法 2：打开项目树中"程序块"→"系统块"→"程序资源"文件夹，右击定时器背景数据块，执行"重命名"命令，之后在以前的名称处输入新的数据块名称即可。

方法 3：打开项目树中"程序块"→"系统块"→"程序资源"文件夹，两次单击需要更名的定时器背景数据块（注意：两次单击间隔时间适当长些；若快速双击则会打开该背景数据块，如图 2-37 所示，在以前的名称处输入新的数据块名称即可。）

		名称	数据类型	起始值	保持	可从 HMI/...	从 H...	在 HMI...
		IEC_Timer_0_DB						
1	▼	Static						
2	■	PT	Time	T#0ms	☐	☑	☑	☑
3	■	ET	Time	T#0ms	☐	☑	☑	☑
4	■	IN	Bool	false	☐	☑	☑	☑
5	■	Q	Bool	false	☐	☑	☐	☑

图 2-37 定时器的背景数据块

 注意：输入定时器的设置值时，系统会自动添加"T#"，但应输入设置值的单位，否则系统默认单位为"ms"。初学者很容易忘记输入定时器设置值的单位出现问题后，又不易查出问题所在。

【例2-7】用脉冲定时器实现风扇电动机的延时停止控制：风扇电动机 Q0.0 在运行时，若按下停止按钮 I0.0，风扇电动机再运行 10s 后自动停止。

用脉冲定时器实现风扇电动机的延时停止控制程序如图 2-38 和图 2-39 所示（此程序中，停止按钮使用的是常开触点接入 PLC 的输入端口，后续章节中不再提示）。

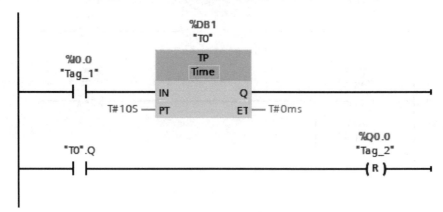

图 2-38 【例 2-7】的控制程序 1

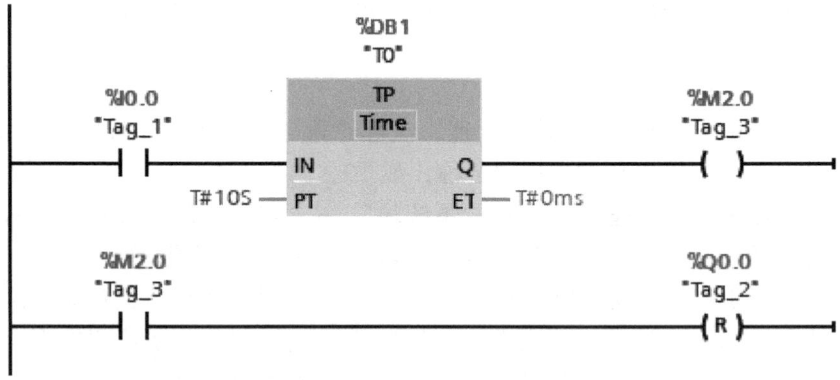

图 2-39 【例 2-7】的控制程序 2

图 2-38 和图 2-39 都能实现【例 2-7】的控制要求，图 2-38 中第二行使用了定时器的输出常开触点"T0".Q，而图 2-39 中第二行使用了位存储器 M2.0，从使用效果上来看，作用是一样的，但使用"T0".Q 更便于阅读。

输入"定时器输出位"的方法：

方法 1：双击（或两次单击）常开或常闭触点上方的红色问号，之后单击出现的按钮 ，会出现地址列表，如图 2-40 所示。单击地址列表的第三行"T0"，然后单击出现的定时器背景数据块中的输入/输出地址列表（见图 2-41），单击"Q"，此时"定时器输入位"出现在常开或常闭触点的上方。

方法 2：单击常开或常闭触点上方的红色问号，输入"T"，会自动弹出地址列表，如图 2-42 所示。单击第一行"T0"，接下来的操作同方法 1。

方法 3：单击常开或常闭触点上方的红色问号，输入 T0.Q，再按下〈Enter〉键，触点上方的符号地址自动显示为"T0".Q。

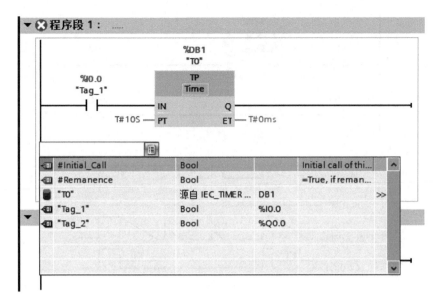

图 2-40 变量选择地址列表

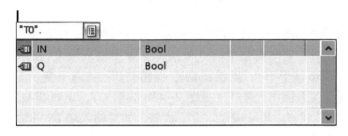

图 2-41 定时器输入/输出地址列表

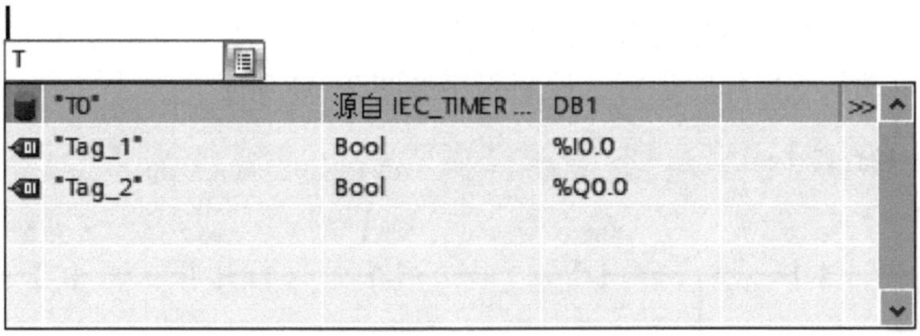

图 2-42 地址列表

2.3.2 接通延时定时器

接通延时定时器如图 2-43a 所示,图 2-43b 为其时序图。在图 2-43a 中,"%DB2"表示定时器的背景数据块,TON 表示接通延时定时器。

接通延时定时器的工作原理如下。

启动:接通延时定时器的输入端 IN 的输入电路由 "0" 状态变为 "1" 状态时开始定时。定时时间等于预置时间 PT 指定的设定值时,定时器停止计时且保持为预设值,即已耗时间 ET 保持不变(见图 2-43b 的波形 A),只要输入端 IN 为 "1" 状态,定时器就一直起作用。

输出:当定时时间到,且输入端 IN 为 "1" 状态时,输出端 Q 变为 "1" 状态。

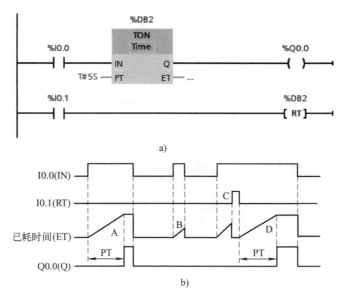

图 2-43 接通延时定时器及其时序图
a) 接通延时定时器　b) 时序图

复位：输入端 IN 的电路断开时，定时器被复位，已耗时间被清零，输出端 Q 变为"0"状态。CPU 第一次扫描时，定时器输出端 Q 被清零。如果输入端 IN 在未达到 PT 设定的时间而变为"0"（见图 2-43b 波形 B），则输出端 Q 保持"0"状态不变。图 2-43a 中的 I0.1 为"1"状态时，定时器复位线圈 RT 通过（见图 2-43b 波形 C），定时器被复位，已耗时间被清零，输出端 Q 变为"0"状态。I0.1 变为"0"状态，如果输入端 IN 的输入为"1"状态，将开始重新定时（见图 2-43b 波形 D）。

【例 2-8】使用接通延时定时器实现电动机的运行时长控制：按下起动按钮 I0.0，电动机 Q0.0 立即起动并运行，工作 3 h 后自动停止。在运行过程中按下停止按钮 I0.1，或发生故障（如过载 I0.2），电动机立即停止运行，控制程序如图 2-44 所示。

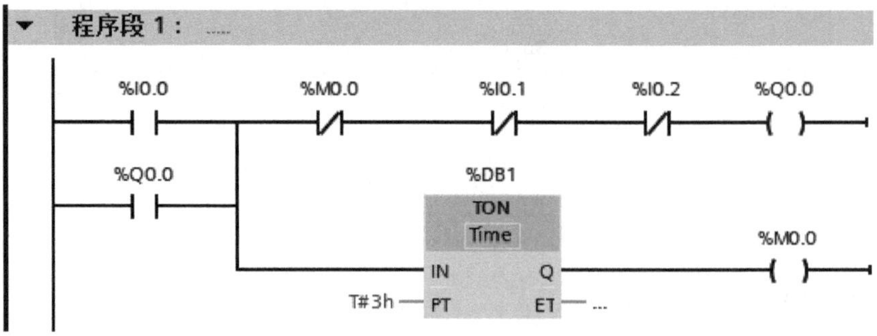

图 2-44 【例 2-8】的控制程序

【例 2-9】使用接通延时定时器实现周期和占空比为 3:5 的振荡电路。

图 2-45 中的串联电路接通后，左边的定时器 T0 的输入端 IN 为"1"状态时，开始定时。3 s 后定时时间到，它的输出端 Q 的能流流入右边的定时器 T1 的输入端 IN，使得右边的定时器 T1 开始定时，同时 Q0.0 的线圈得电。当定时时间 5 s，到它的输出端 Q 为"1"状态，断开定时器 T0 后，定时器 T0 和 T1 均没有能流流过，这使得定时器 T0 和 T1 复位，定时器 T1 的

输出端为"0"状态，这又使得定时器 T0 重新开始定时，就这样周而复始地循环下去，直到触点 I0.0 断开。

图 2-45 【例 2-9】的控制程序 1

分析图 2-45 的程序可以得出：Q0.0 线圈的通电和断电时间分别等于右边和左边的定时器的设置值，即占空比为 3:5，振荡周期为 8s。如果占空比的两个设置值（3s 和 5s）为可调节值，即实现了占空比可调节的振荡电路。

当一个程序中出现多个同类型的定时器时，初学者易犯这样的错误：复制定时器。复制定时器后只修改了设置值，这相当于双线圈，从监视图 2-46 中可以看出，两个定时器均没有工作（定时时间当前值始终为 T#0MS）。

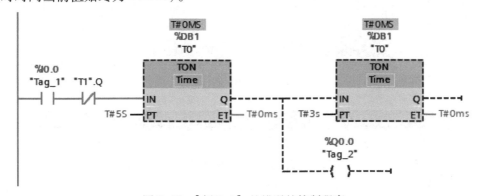

图 2-46 【例 2-9】的错误的控制程序

在项目的控制程序中，一般都会使用若干个定时器，如果为每个定时器都提供一个背景数据块，则需要多个背景数据块。若采用数据类型为 IEC_TIMER 的变量，则只需要为多个定时器提供一个背景数据块，不仅节省系统资源，使用也较方便。

在【例 2-9】生成定时器指令之前，先添加一个全局数据块。双击项目树中的"程序块"→"添加新块"，在弹出的"添加新块"对话框中，选择"数据块"，并输入添加新块的名称，如"定时器_DB"，"类型"为"全局 DB"，"编号"为"自动"，如图 2-47 所示，再单击"确定"按钮便可生成全局数据块。因为勾选了图 2-47 左下角的"新增并打开"，所以生成的全局数据块自动打开，如图 2-48 所示。

将 TON 指令拖放到程序行后，在出现的"调用选项"对话框中单击"取消"按钮，定时器指令上方出现红色的问号<??.?>，再单击出现的小方框右边的按钮，单击出现的地址列表""定时器_DB""，地址域出现""定时器_DB"."。单击地址列表中的"T0"，地址域出现""定时器_DB".T0."，单击地址列表中的"无"，指令列表消失，地址域出现""定时器_DB".T0"（或删除 T0 后面的"点"，然后在地址域外单击），如图 2-49 所示。

图 2-47　生成全局数据块

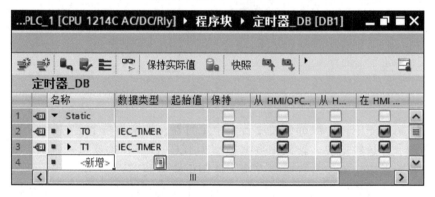

图 2-48　数据块"定时器_DB"

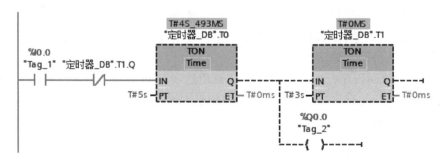

图 2-49　【例 2-9】的控制程序 2

用同样的方法为第二个定时器提供背景数据块（或在地址域直接输入），并生成触点上定时器 T1 的输出 Q 的地址。

【例 2-10】 使用接通延时定时器实现定时器延长定时控制：接通开关 I0.0 后，电动机 Q0.0 在 40 天后才起动并运行。

S7-1200 PLC 中定时器的最长定时时间为 24 d 20 h 31 min 23 s 647 ms，如果需要延时更长的时间，则可采用多个定时器串联来延长定时范围。

在图 2-50 所示的梯形图中，当 I0.0 接通时，定时器 T0 中有信号流流过，定时器开始计时，当计时到 20 天时，定时器 T0 的输出端 M0.0 线圈接通，其常开触点接通使得定时器 T1 开始计时，当计时到 20 天时，定时器 T1 的输出端 M0.1 线圈接通，然后输出继电器 Q0.0 线圈接通。当 I0.0 断开时，定时器 T0 和 T1 因失电而使能信号复位，输出继电器 Q0.0 线圈失电。这种延长定时范围的方法被形象地称为接力定时法。

码 2-5　接通延时定时器指令——微课视频

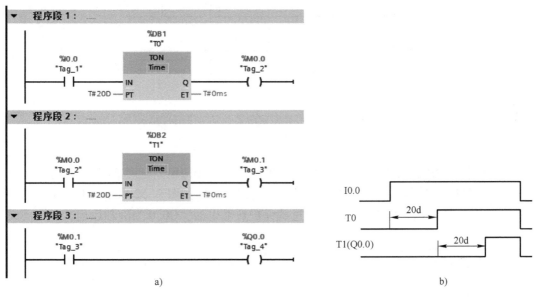

图 2-50　【例 2-10】的控制程序
a）梯形图　b）时序图

2.3.3　关断延时定时器

关断延时定时器如图 2-51a 所示，图 2-50b 为其时序图。在图 2-51a 中，TOF 表示关断延时定时器。关断延时定时器的工作原理如下。

启动：关断延时定时器的输入 IN 由 "0" 状态变为 "1" 状态时，定时器尚未定时且当前定时值清零。当输入 IN 由 "1" 状态变为 "0" 状态时，定时器启动开始定时，已耗时间从 0 逐渐增大。当定时器时间到达预设值时，定时器停止计时并保持当前值（见图 2-51b 波形 A）。

输出：当输入 IN 从 "0" 状态变为 "1" 状态时，输出 Q 变为 "1" 状态，如果输入 IN 又变为 "0" 状态，则输出继续保持 "1"，直到到达预设的时间。如果已耗时间未达到 PT 设定的值，输入 IN 又变为 "1" 状态，输出 Q 将保持 "1" 状态（见图 2-51b 波形 B）。

复位：当I0.1为"1"状态时，定时器复位线圈RT通电。如果输入IN为"0"状态，则定时器被复位，已耗时间被清零，输出Q变为"0"状态（见图2-51b波形C）。如果复位时输入IN为"1"状态，则复位信号不起使用（见图2-51b波形D）。

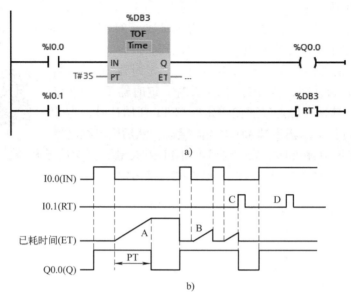

图2-51 关断延时定时器及其时序图
a）关断延时定时器 b）时序图

【例2-11】使用关断延时定时器实现电动机停止后其冷却风扇延时2 min后停止。

使用关断延时定时器实现冷却风扇延时停止的控制程序如图2-52所示，其中I0.0为系统起动按钮，I0.1为系统停止按钮，I0.2为过载保护热继电器，Q0.0为冷却风扇。

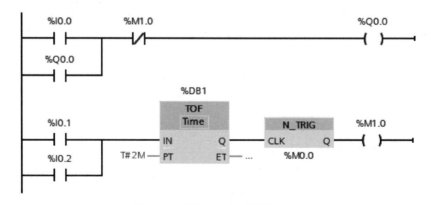

图2-52 【例2-11】的控制程序

【例2-12】使用关断延时定时器实现感应灯延时熄灭的控制。

使用关断延时定时器实现感应灯延时熄灭的控制程序如图2-53所示，其中I0.0为人体感应装置，Q0.0为感应灯。

当感应到人体时，感应灯被点亮。图2-53是人离开后正在延时关灯计时，当前值为2.675 s。

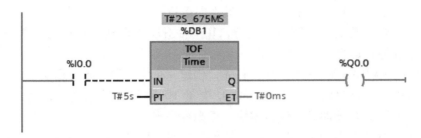

图 2-53 【例 2-12】的控制程序

2.3.4 时间累加器

时间累加器（TONR）又称保持型接通延时定时器，如图 2-54a 所示，图 2-54b 为其时序图。在图 2-54a 中，TONR 表示时间累加器。时间累加器的工作原理如下。

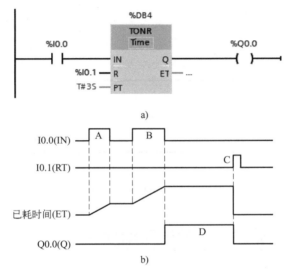

图 2-54 保持型接通延时定时器及其时序图
a) 保持型接通延时定时器 b) 时序图

启动：当定时器的输入 IN 从"0"状态到"1"状态时，定时器启动，开始定时（见图 2-54b 波形 A 和 B），当输入 IN 变为"0"状态时，定时器停止工作并保持当前计时值（累计值）。当定时器的输入 IN 又从"0"状态变为"1"状态时，定时器继续计时，当前值继续增加。如此重复，直到定时器当前值达到预设值时，定时器停止计时。

输出：当定时器计时时间到达预设值时，输出端 Q 变为"1"状态（见图 2-54b 波形 D）。

复位：当复位输入 I0.1 为"1"状态时（见图 2-54b 波形 C），TONR 被复位，它的累计时间变为 0，同时输出 Q 变为"0"状态。

以上介绍了 S7-1200 PLC 中的 4 种定时器，且它们都有相应的线圈指令，线圈指令的上方是背景数据块（在生成线圈指令时不会自动产生，需要用户提前创建），下方是时间设置值，如果需要对其复位，则需使用"复位定时器线圈"指令（RT），见【例 2-13】中的控制程序。

【例 2-13】用 S7-1200 PLC 控制一台鼓风机。鼓风机系统一般由一台引风机和一台鼓风机组成。要求当按下系统起动按钮后，引风机立即运行，工作5s后鼓风机自动投入运行。当按下系统停止按钮时，鼓风机立即停止运行，10s后引风机自动停止运行。若系统发生过载时，两电动机立即停止运行。

鼓风机系统控制程序如图2-55所示。首先，创建一个定时器背景数据块"定时器_DB_2"；其次，在背景数据块中创建两个静态（Static）变量T0和T1，数据类型都为"IEC_TIMER"（可参考2.3.2小节），建议即时编译数据块，否则容易出错。

图2-55中，I0.0为起动按钮，I0.1为停止按钮，I0.2为热继电器；Q0.0为引风机，Q0.1为鼓风机。

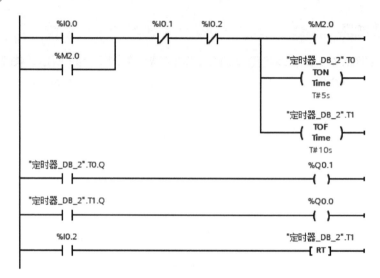

图2-55 【例2-13】的控制程序

2.4 案例3 电动机的Y-△减压起动控制

2.4.1 任务导入

大功率电动机在工程应用中比较普遍，一般大于10kW的电动机在起动时都采用减压起动控制方式，而Y-△减压起动控制方式最为常用，其优点是控制简单、成本低、能耗小。

本案例要求使用S7-1200 PLC实现一台电动机的Y-△减压起动控制，同时要求有起动和运行指示灯，起动切换时间为5s。

2.4.2 任务实施

1. Y-△减压起动接触器线路

图2-56为三相异步电动机Y-△减压起动控制电路原理图。其中，KM1为电源接触器，KM2为三角形接触器，KM3为星形接触器，KT为起动时间继电器。其工作原理是：起动时闭合断路器QF后，按下起动按钮SB2，则KM1、KM3和KT线圈同时得电并自锁，这时电动机定子绕组接成星形起动。随着转速的提高，电动机定子电流下降，KT延时达到设定值，其延时断开的常闭触点断开，延时闭合的常开触点闭合，从而使接触器KM3线圈断电释放，接触器KM2线圈得电吸合并自锁，这时电动机切换成三角形运行。停止时，只要按下停止按钮

SB1，KM1 和 KM2 线圈同时断电，电动机停止运行。

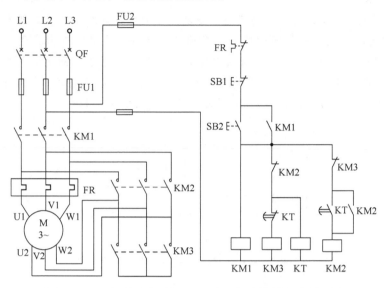

图 2-56　三相异步电动机Y-△减压起动控制电路原理图

图 2-56 中为了防止电源短路，接触器 KM2 和 KM3 线圈不能同时得电，在电路中设置了电气互锁。

2. I/O 地址分配

根据 PLC 的输入输出元器件分配原则，并结合本案例的控制要求，可将停止按钮 SB1、起动按钮 SB2、热继电器 FR 作为 PLC 的输入元器件；而将需要得电的交流接触器 KM1~KM3（线圈）、起动及运行指示灯 HL1~HL2 作为 PLC 的输出元器件（在此，增加电动机起动及运行指示灯）。因此，对本案例 I/O 地址分配表如表 2-2 所示。

表 2-2　电动机Y-△减压起动控制 I/O 地址分配表

输入		输出	
输入继电器	元器件	输出继电器	元器件
I0.0	停止按钮 SB1	Q0.0	电源接触器 KM1
I0.1	起动按钮 SB2	Q0.1	△形接触器 KM2
I0.2	热继电器 FR	Q0.2	Y形接触器 KM3
		Q0.3	起动指示灯 HL1
		Q0.4	运行指示灯 HL2

3. I/O 接线图

根据控制要求及表 2-2 的 I/O 地址分配表，电动机Y-△减压起动控制的 I/O 接线图如图 2-57 所示，主电路与图 2-56 的主电路相同。

注意：（1）电气互锁

虽然在程序中也会编写 Q0.1 和 Q0.2 两个线圈的互锁，但这只能保证 Q0.1 和 Q0.2 在程序运行时不会同时得电，并不能完全杜绝主电路发生短路现象。电动机在减压起动切换过程中，若交流接触器 KM3 主触点发生熔焊现象或被卡堵而不能分离，此时交流接触器 KM2 又因线圈得电主触点闭合就会使得主电路中 U、V 和 W 三相发生短路。

（2）指示灯的连接

在实际使用中，如果指示灯与交流接触器线圈的电压等级不相同，则不能采用图 2-57 所示的输出回路接法。如指示灯额定电压为直流 24 V，交流接触器线圈的额定电压为交流 220 V，则可采用图 2-58 所示的输出接法（此接法适用于不同电源类型和不同电压等级的负载）。CPU 1214C 输出点共有 10 个，分两组，每组 5 个输出点。公共端为 1L 的输出点为 Q0.0~Q0.4，公共端为 2L 的输出点为 Q0.5~Q1.1。

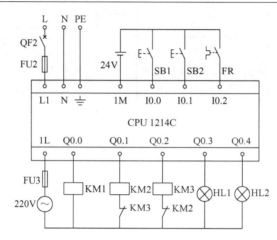

图 2-57 电动机 Y-△ 减压起动控制的 I/O 接线图

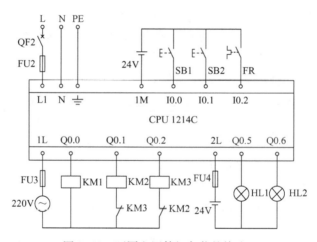

图 2-58 不同电压等级负载的接法 1

如果 PLC 的输出点不够系统分配，系统又需要各种工作状态指示，则可采用图 2-59（负载额定电压不同）和图 2-60（负载额定电压相同）所示的输出接法。

4. 硬件连接

读者可参考 2.2.2 小节进行主电路和 PLC 的 I/O 端口线路的连接，并用万用表检测所连接线路的正确性。

5. 编写程序

（1）创建项目

双击桌面上的 TIA 图标，打开博途编程软件，在 Portal 视图中选择"创建新项目"，输入项目名称"M_Xingjiao",选择项目保存路径,然后单击"创建"按钮完成项目创建。

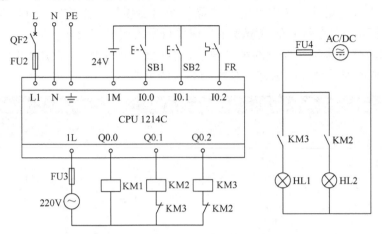

图 2-59 不同电压等级负载的接法 2

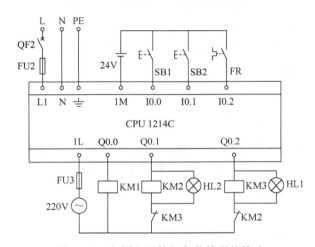

图 2-60 相同电压等级负载并联的接法

(2) 硬件组态

选择"组态设备"→"添加新设备",在"控制器"中选择 CPU 1214C AC/DC/Rly V4.1 版本(用户必须选择与硬件一致的 CPU 型号及版本号),双击选中的 CPU 型号或单击右下角的"添加"按钮,添加新设备成功,并弹出已创建的项目编辑窗口。

(3) 编辑变量表

在软件较为复杂的控制系统中使用的输入/输出点较多,在阅读程序时每个输入/输出点对应的元器件不易熟记,若使用符号地址则便利阅读和调试程序。S7-1200 PLC 提供了变量表功能,可以用变量表来定义地址或常数的符号。可以为存储器类型 I、Q、M、DB 等创建变量表。

1) 生成和修改变量。

打开项目树的"PLC 变量"文件夹,双击其中的"添加新变量表",则会在"PLC 变量"文件夹下生成一个新变量表,名称为"变量表_1[0]",其中"0"表示目前变量表里没有变量。双击打开新生成的变量表,在变量表的"名称"列输入变量的名称;单击"数据类型"列右侧隐藏的按钮,设置变量的数据类型(只能使用基本数据类型),此项目均为"Bool"

型；在“地址”列输入变量的绝对地址，“%”是自动添加的。

也可以双击“PLC 变量”文件夹中的“显示所有变量”，或双击“PLC 变量”文件夹中的“默认变量表[28]”，在打开的变量表中生成项目所需要的变量。

首先，用 PLC 变量表定义变量的符号地址，然后在用户程序中使用它们。也可以在变量表中修改自动生成的符号地址的名称，本案例的变量表如图 2-61 所示。

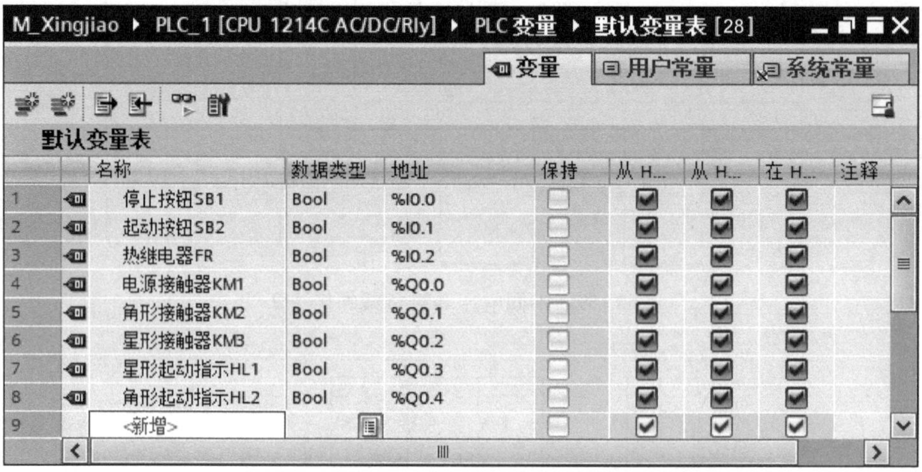
M_Xingjiao ▸ PLC_1 [CPU 1214C AC/DC/Rly] ▸ PLC 变量 ▸ 默认变量表 [28]

变量 | 用户常量 | 系统常量

默认变量表

	名称	数据类型	地址	保持	从 H...	从 H...	在 H...	注释
1	停止按钮SB1	Bool	%I0.0	☐	☑	☑	☑	
2	起动按钮SB2	Bool	%I0.1	☐	☑	☑	☑	
3	热继电器FR	Bool	%I0.2	☐	☑	☑	☑	
4	电源接触器KM1	Bool	%Q0.0	☐	☑	☑	☑	
5	角形接触器KM2	Bool	%Q0.1	☐	☑	☑	☑	
6	星形接触器KM3	Bool	%Q0.2	☐	☑	☑	☑	
7	星形起动指示HL1	Bool	%Q0.3	☐	☑	☑	☑	
8	角形起动指示HL2	Bool	%Q0.4	☐	☑	☑	☑	
9	<新增>			☐	☑	☑	☑	

图 2-61 电动机Y-△减压起动控制的变量表

2）变量表中变量的排序。

单击变量表头中的“地址”，该单元出现向上的三角形，各变量按地址的第一个字母（I、Q 和 M 等）升序排列（从 A 到 Z）。再单击一次该单元，各变量按地址的第一个字母降序排列。可以用同样的方法，根据变量的名称和数据类型等来排列变量。

3）快速生成变量。

选中变量“停止按钮 SB1”左边的标签，用鼠标按住左下角的蓝色小正方形不放，向下拖动鼠标，在空白行生成新的变量，它继承了上一行的变量“停止按钮 SB1”的数据类型和地址，其名称为上一行名称依次增 1；或选中“名称”，然后鼠标按住左下角的蓝色小正方形不放，向下拖动鼠标，也同样生成一个或多个新的相同数据类型和地址的变量。如果选中最下面一行的变量向下拖动，则可以快速生成多个同类型的变量。

4）设置程序中地址的显示方式。

单击程序编辑器工具栏上的按钮，可以在只显示绝对地址、只显示符号地址或同时显示两种地址这 3 种地址显示方式之间切换。

5）全局变量与局部变量。

PLC 变量表中的变量可用于整个 PLC 中所有的代码块，且这些变量在所有代码块中具有相同的意义和唯一的名称。可以在变量表中，为输入 I、输出 Q 和位存储器 M 的位、字节、字和双字定义全局变量。在程序中，全局变量被自动添加双引号，如“停止按钮 SB1”。

局部变量只能在它被定义的块中被使用，而且只能通过符号寻址访问，同一个变量的名称可以在不同的块中被分别使用一次。可以在块的接口区定义块的输入/输出参数（Input、Output 参数和 Inout 参数）和临时数据（Temp），以及定义 FB 的静态变量（Static）。在程序中，局部变量被自动添加符号#，如“#起动按钮 SB1”。

6) 使用详细窗口。

打开项目树下的"详细视图",选中"PLC 变量","详细视图"中将显示出变量表中的符号。可以将"详细视图"中的符号地址或代码块的接口区中定义的局部变量,拖放到程序中需要设置地址的<??.?>处。拖放到已设置的地址上时,原来的地址将会被替换。

(4) 编写程序

在主程序 Main[OB1]中输入如图 2-62 所示的程序,在程序段 2 中定时器右侧的"ET"端输入的 MD10 是为了在程序调试时可对其数据的显示格式进行修改,在此控制程序中可以不输入,因为程序中不使用 MD10 中的数据。

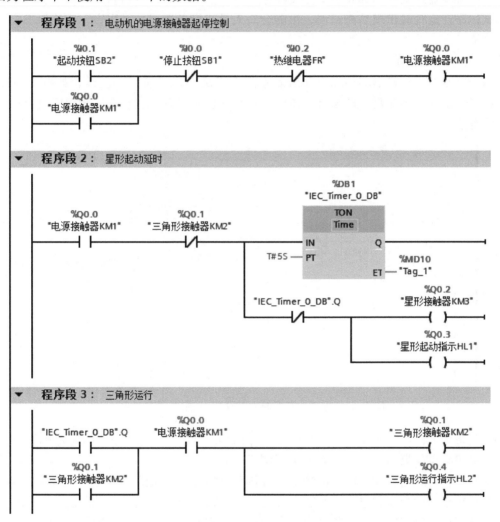

图 2-62 电动机丫-△减压起动控制程序

6. 调试程序

对于相对复杂的程序,需要反复调试才能确定其正确性,确定正确后才可投入使用。S7-1200 PLC 提供了两种调试用户程序的方法:程序状态与监控表(Watch Table)。当然,使用博途软件仿真功能也可以调试用户程序,但要求博途软件版本在 V13 及以上,且 S7-1200 PLC 的硬件版本在 V4.0 及以上。

(1) 使用程序状态功能调试程序

程序状态可以监视程序的运行,显示程序中操作数的值和网络的逻辑运行结果(RLO),查找到用户程序的逻辑错误,还可以修改某些变量的值。

1) 启动程序状态。

与 PLC 建立好在线连接后,打开需要监视的代码块,单击程序编辑器工具栏上的 按钮,启动程序状态。如果在线(PLC 中的)程序与离线(计算机中的)程序不一致,将会出现警告对话框。此时需要重新下载项目。在线、离线程序一致后,才能启动程序状态。进入在线模式后,程序编辑器最上面的标题栏变为橘红色。

测试程序在运行时出现功能错误,可能会对人员或设备造成严重损害,应确保不会出现这样的危险情况。

2) 程序状态的显示。

启动程序状态后,梯形图用绿色实线表示状态满足,即"能流"流过,如图 2-63 所示;用蓝色虚线表示状态不满足,即没有能流流过;用灰色实线表示状态未知或程序没有执行;黑色表示没有连接。

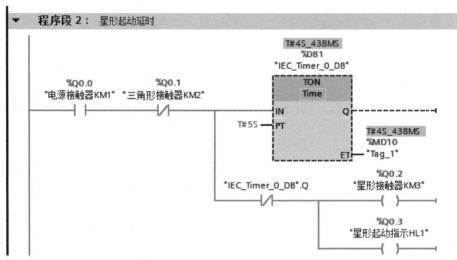

图 2-63 程序状态下的程序段 2——定时器未输出

Bool 变量为"0"状态和"1"状态时,它们的常开触点和线圈分别用蓝色虚线和绿实线来表示,常闭触点的显示与变量状态的关系则反之。

进入程序状态之前,梯形图中的线和元件因为状态未知,全部为黑色。启动程序状态后,梯形图左侧垂直的"电源"线和与它连接的水平线均为绿实线,表示有能流从"电源"线流出。有能流流过的处于闭合状态的触点、指令框、线圈和"导线",均用绿实线表示。

从图 2-63 中可以看出,电动机正处于星形起动延时阶段,TON 的输入端 IN 有能流流入,开始定时。TON 的已耗时间 ET 从 0 开始增大,图 2-63 中已耗时间为 4 s 438 ms。当到达 5 s 时,定时器的输出位 Q 变为"1"状态。

3) 在程序状态修改变量的值。

右击程序状态中的某个变量,执行出现的快捷菜单中的某个命令,可以修改该变量的值:对于 Bool 型变量,执行"修改"→"修改为 1"或"修改"→"修改为 0"命令(不能修改连接外部硬件输入电路的输入过程映像(I)的值),如果被修改的变量同时受到程序的控制

(如受线圈控制的 Bool 型变量),则程序控制的作用优先;对于其他数据类型的变量,执行"修改"→"修改操作数"命令;也可以修改变量在程序段中的显示格式,如图 2-64 所示。

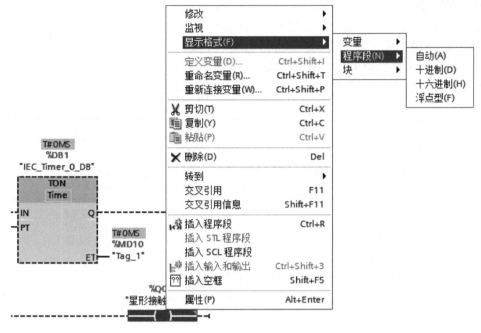

图 2-64 程序状态下修改变量的值

(2) 用监控表监控与强制变量

使用程序状态功能,可以在程序编辑器中形象、直观地监视梯形图程序的执行情况,触点和线圈的状态一目了然。但是程序状态功能只能在屏幕上显示一个或几个程序段,甚至只显示一个程序段的部分,调试较大的程序时,往往不能同时看到与某一程序功能有关的全部变量的状态。

监控表可以有效地解决上述问题。使用监控表可以在工作区同时监控、修改和强制用户感兴趣的全部变量。一个项目可以生成多个监控表,以满足不同的调试要求。

1) 用监控表监视与修改变量。

监控表可以赋值或显示的变量包括过程映像(I 和 Q)、物理输入(I:_P)和物理输出(Q:_P)、位存储器(M)和数据块(DB)内的存储单元。

① 监控表的功能。

● 监控变量:显示用户程序或 CPU 中变量的当前值。

● 修改变量:将固定值赋给用户程序或 CPU 中的变量,这一功能可能会影响程序的运行结果。

● 对物理输出赋值:允许在停止状态下将固定值赋给 CPU 的每一个物理输出点,可用于硬件调试时检查接线。

● 强制变量:给物理输入点/物理输出点赋一个固定值,用户程序的执行不会影响被强制的变量的值。

● 可以选择在扫描循环周期开始、结束或切换到 STOP 模式时读写变量的值。

② 用监控表监控和修改变量的基本步骤。

● 生成新的监控表或打开已有的监控表,生成要监视的变量,编辑和检查监控表的内容。

● 建立计算机与 CPU 之间的硬件连接,将用户程序下载到 PLC。

- 将 PLC 由 STOP 模式切换到 RUN 模式。
- 用监控表监视、修改和强制变量。

③ 生成监控表。

打开项目树中 PLC 的"监控与强制表"文件夹，双击其中的"添加新监控表"，如图 2-65 所示，生成一个新的监控表，并在工作区自动打开它。根据需要，可以为一台 PLC 生成多个监控表，应将有关联的变量放在同一个监控表内。

④ 在监控表中输入变量。

在监控表的"名称"列输入 PLC 变量表中定义过的变量的符号地址，"地址"列将会自动出现该变量的地址。在"地址"列输入 PLC 变量表中定义过的地址，"名称"列将会自动出现它的名称。

如果输入了错误的变量名称或地址，将在出错的单元下面出现红色背景的错误提示方框。

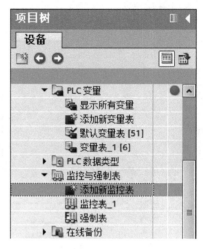

图 2-65 生成监控表

可以使用监控表的"显示格式"列默认的显示格式，也可以右击该列的某个单元，在弹出的快捷菜单中选中需要的显示格式。在监控表中可以用二进制模式显示 QB0，如图 2-66 所示，可以同时显示和分别修改 Q0.0~Q0.7 这 8 个位变量。这一方法用于 I、Q 和 M，可以用字节（8 位）、字（16 位）或双字（32 位）来监控和修改位变量。

	i	名称	地址	显示格式	监视值	修改值	𝓕	注...
1			%QB0	二进制	2#0000_1101			
2		"停止按钮SB1"	%I0.0	布尔型	FALSE			
3		"起动按钮SB2"	%I0.1	布尔型	FALSE			
4		"热继电器FR"	%I0.2	布尔型	FALSE			
5		"电源接触器KM1"	%Q0.0	布尔型	TRUE			
6		"三角形接触器KM2"	%Q0.1	布尔型	FALSE			
7		"星形接触器KM3"	%Q0.2	布尔型	TRUE			
8		"星形起动指示..."	%Q0.3	布尔型	TRUE			
9		"三角形起动指示..."	%Q0.4	布尔型	FALSE			
10		"Tag_1"	%MD10	时间	T#2S_142MS			

图 2-66 在线的监控表

复制 PLC 变量表中的变量名称，然后将它粘贴到监控表的"名称"列，可以快速生成监控表中的变量，具体方法如下。

方法 1：打开项目树中的"PLC 变量"文件夹，单击变量表中某个变量最左边的序号单元，该变量被选中，整个行的背景色加深。按住〈Ctrl〉键，用同样的方法同时选中其他变量。单击右键选中的变量，执行出现的快捷菜单中的"复制"命令，将选中的变量复制到剪贴板。

方法 2：打开项目树中的"强制与监控表"文件夹下的监控表，右击空白行，执行出现的快捷菜单中的"粘贴"命令，将复制的变量粘贴到打开的监控表中。

⑤ 监视变量。

可以用监控表工具栏上的按钮来执行各种功能。与 CPU 建立在线连接后，单击监控表工具栏上的 按钮，启动"全部监视"功能，将在"监视值"列连续显示变量的动态实际值。再次单击该按钮，将关闭监视功能。单击监控表工具栏上的 按钮，可以对所选变量的数值进行一次立即更新，该功能主要用于 STOP 模式下的监视和修改。

位变量为 TRUE（"1"状态）时，"监视值"列的方形指示灯为绿色。位变量为 FALSE（"0"状态）时，"监视值"列的方形指示灯为灰色。

图 2-66 中的 MD10，在电动机丫-△起动过程中，其值不断增大。

⑥ 修改变量。

按钮 用于显示或隐藏"修改值"列，可在变量的"修改值"列输入变量新的值。输入 Bool 型变量的修改值"0"或"1"后，单击监控表其他地方，它们将变为"FALSE"（假）或"TRUE"（真）。

单击监控表工具栏上的"立即一次性修改所有选定值"按钮 ，或右键单击需要更改值的变量，执行出现的快捷菜单中的"立即修改"命令，修改值会被立即送入 CPU。

右键单击某个位变量，执行出现的快捷菜单中的"修改为 0"或"修改为 1"命令，可以将选中的变量修改为"0"或"1"。

单击监控表工具栏上的 按钮，或执行出现的快捷菜单中的"使用触发器修改"命令，在定义的用户程序的触发点处，修改所有选中的变量。

如果没有启动监视功能，执行快捷菜单中的"立即监视"命令，将读取一次监视值。

在 RUN 模式修改变量时，各变量同时又受到用户程序的控制。假设用户程序运行的结果使 Q0.0 的线圈得电，用监控表不可能将 Q0.0 修改或保持为"1"状态。在 RUN 模式不能改变 I 区分配给硬件的数字量输入点的状态，因为它们的状态取决于外部输入电路的通和断状态。

在程序运行时如果修改变量值出错，可能导致人身或财产的损害。因此执行修改功能前，应确认不会发生危险。

⑦ 在 STOP 模式改变物理输出的状态。

在调试设备时，这一功能可以用来检查输出点连接的过程设备的接线是否正确。以 Q0.0 为例，操作的步骤如下：

● 在监控表中输入物理输出点 Q0.0：P（见图 2-67）。

● 将 CPU 切换到 STOP 模式。

● 单击监控表工具栏上的"显示/隐藏扩展模式列"按钮 ，切换到扩展模式，出现与"触发器"有关的两列。

● 单击监控表工具栏上的 按钮，启动监视功能。

● 单击监控表工具栏上的 按钮，出现"启用外围设备输出"对话框，单击"是"按钮。

● 右键单击 Q0.0:P 所在的行，执行出现的快捷菜单中的"修改"→"修改为 1"或"修改"→"修改为 0"命令，CPU 上的 Q0.0 对应的 LED（发光二极管）亮或熄灭，监控表中"监视值"列的值随之改变，表示命令被送给物理输出点。

CPU 切换到 RUN 模式后，监控表工具栏上的 变成灰色，该功能被禁止，Q0.0 受到用户程序的控制。

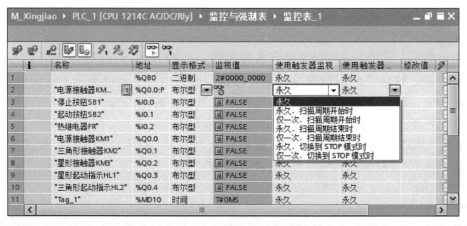

图 2-67 在 STOP 模式改变物理输出的状态

如果有输入点或输出点被强制，则不能使用这一功能。为了在 STOP 模式下允许物理输出，应取消强制功能。

因为 CPU 只能改写，不能读出物理输出变量 Q0.0:P 的值，符号 表示该变量被禁止监视（不能读取）。将光标放到图 2-67 第 2 行的"监视值"列时，将会出现帮助信息，提示"无法监视外围设备输出"。

2）用监控表强制变量。

① 强制 CPU 中的变量值。

可以用监控表给用户程序中的单个变量指定固定的值，这一功能被称为强制（Force）。强制应在与 CPU 建立连接时进行。使用强制功能时，不正确的操作可能会危及人员的生命或造成设备的损坏。

S7-1200 系列 PLC 只能强制物理 I/O 点，如强制 I0.0:P 和 Q0.0:P，不能强制组态时指定给 HSC（高速计数器）、PWM（脉冲宽度调制）和 PTO（脉冲序列输出）的 I/O 点。在测试用户程序时，可以通过强制 I/O 点来模拟物理条件，如用来模拟输入信号的变化。

在执行用户程序之前，强制值被用于输入过程映像；在处理程序时，使用的是输入点的强制值。

写物理输出点时，强制值被送给输出过程映像，输出值被强制覆盖。强制值在物理输出点出现，并且被用于过程。

变量被强制的值不会因为用户程序的执行而改变。被强制的变量只能读取，不能用写访问来改变其强制值。

输入/输出点被强制后，即使编程软件被关闭，或编程计算机与 CPU 的在线连接断开，或 CPU 断电，强制值都被保持在 CPU 中，直到在线时用编程软件停止强制功能。

用存储卡将带有强制点的程序装载到别的 CPU 时，将继续程序中的强制功能。

② 强制的操作步骤。

● 生成强制表，打开项目树中 PLC 的"监视与强制表"文件夹，双击其中的"强制表"（见图 2-65），生成一个新的监控表，并在工作区自动打开它。

● 在监控表中输入物理输入点 I0.1:P 和物理输出点 Q0.0:P（见图 2-68）。

● 将 CPU 切换到 RUN 模式。

● 单击监控表工具栏上的 按钮，启动监视功能。

● 单击监控表工具栏上的■按钮（见图 2-68），切换到扩展模式。

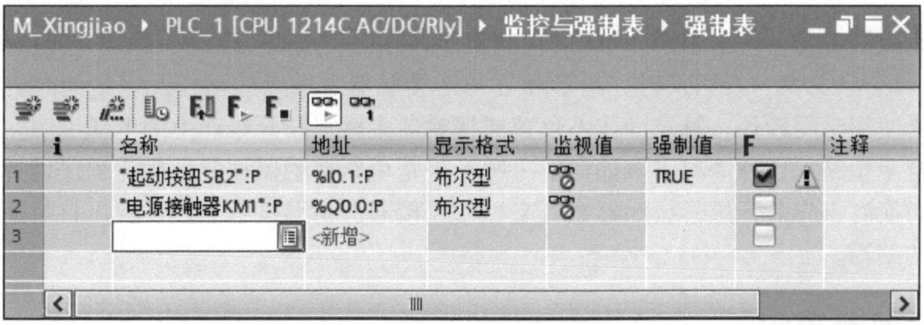

图 2-68 用强制表强制 I/O 变量

● 在 I0.1:P 的"强制值"列输入 1，单击其他地方，1 变为 TRUE（该步骤也可以放在下一步骤后进行）。

● 用"F"列的复选框选中变量（复选框内打勾），复选框的后面出现中间有惊叹号的黄色三角形，表示需要强制该变量。监控表工具栏上的 F 按钮变为亮色，表示可以强制变量。

● 单击监控表工具栏上的 F 按钮，或右键单击某个变量，执行出现的快捷菜单中的"全部强制"命令，启动所有在"F"列实施强制功能的变量的强制。强制命令执行后，"监视值"列显示为"强制值"列中内容，并且"F"列有惊叹号的黄色三角形消失。

第一次强制某个变量时，出现"全部强制"对话框，单击该对话框中的"是"按钮确认。后续需要修改变量的强制值时，单击 F 按钮，出现"替换强制"信息对话框，单击"是"按钮确认。强制成功后，强制表中该行"F"列有惊叹号的黄色三角形消失，被强制的变量所在行的最左边出现红色的标有"F"的小方框，表示该变量已被强制。

I0.1 被强制为"1"状态时，CPU 上对应的发光二极管不亮，但是被强制的值在程序中仍使用。用同样的方法强制 Q0.0:P，CPU 上 Q0.0 对应的 LED 亮，但是在"监视值"列仍显示■（无法监视外围设备输出）。

也可以右键单击要强制的位变量，执行出现的快捷菜单中的"强制 0"或"强制 1"命令，单击出现的对话框中的"是"按钮，将选中的输入点变量的值强制为"0"或"1"。

③ 停止强制。

单击监控表工具栏的 F 按钮，或执行快捷菜单中的"强制"→"停止强制"命令，停止对所有地址的强制。被强制的变量最左边出现的红色方框"F"消失，表示强制被停止。"F"列复选框后面的有惊叹号的黄色三角形重新出现，表示该地址被选择强制，但是 CPU 中的变量没有被强制。

为了停止对单个变量的强制，可以清除该变量的强制列的复选框，然后重新启动强制。

在调试结束，程序正式运行之前，必须停止对所有强制的变量的强制，否则会影响程序的正常运行，甚至造成事故。

将本案例调试好的用户程序下载到 CPU 中，并连接好线路。按下电动机起动按钮 SB2，观察电动机是否进行星形起动，星形起动指示灯 HL1 是否点亮，同时观察定时器 DB1 的定时时间，延时 5 s 后，是否切换为三角形运行，三角形运行指示灯 HL2 是否点亮。上述调试现象与控制要求一致，则说明本案例任务实现。

2.4.3 任务拓展

在工业应用现场，若采用图2-62的控制程序，在电动机Y-△减压起动切换时会发生电源短路现象。这是因为Y-△切换时，星形和三角形接触器主触点的动作几乎是同时进行，可能由于接触器使用时间较长、触点动作不迅速或接触器主触点断开时产生的电弧原因，导致主电路的三相电源短路。这种情况下该如何解决呢？一是更新接触器；二是优化程序设计，在星形向三角形切换时，先断开星形接触器数百毫秒后再接通三角形接触器，读者可自行完成此方法控制程序的编写。

2.5 计数器指令

S7-1200 PLC有3种计数器：加计数器（CTU）、减计数器（CTD）和加减计数器（CTUD）。它们属于软件计数器，其最大计数速率受到它们所在OB的执行速率的限制。如果需要速度更高的计数器，可以使用内置的高速计数器。

与定时器类似，使用S7-1200的计数器时，每个计数器需要使用一个存储在数据块中的结构来保存计数器数据。在程序编辑器中放置计数器即可分配该数据块，可以采用默认设置，也可以手动自行设置。

使用计数器需要设置计数器的计数数据类型，计数值的数据范围取决于所选的数据类型。如果计数值是无符号整型数，则可以减计数到零或加计数到范围限值；如果计数值是有符号整数，则可以减计数到负整数限值或加计数到正整数限值。计数器支持的数据类型有短整数SInt、整数Int、双整数DInt、无符号短整数USInt、无符号整数UInt、无符号双整数UDInt。

2.5.1 加计数器

加计数器如图2-69a所示，图2-69b为其时序图。在图2-69a中，CTU表示加计数器，图中计数器的数据类型是整数，预设值PV（Preset Value）为3，其工作原理如下。

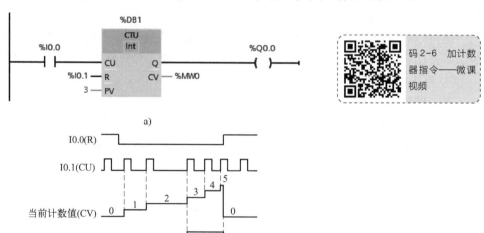

图2-69 加计数器及其时序图
a）加计数器 b）时序图

当接在输入 R 的复位输入 I0.1 为“0”状态，接在输入 CU（Count Up）的加计数脉冲从“0”到“1”时（即输入端出现上升沿），计数值 CV（Count Value）加 1，直到 CV 达到指定的数据类型的上限值。此后，输入 CU 的状态变化不再起作用，即 CV 的值不再增加。

当计数值 CV 大于或等于预置计数值 PV 时，输出 Q 变为“1”状态，反之为“0”状态。第一次执行指令时，CV 被清零。

各类计数器的复位输入 R 为“1”状态时，计数器被复位，输出 Q 变为“0”状态，CV 被清零。

打开计数器的背景数据块，可以看到其结构如图 2-70 所示，其他计数器的背景数据块与此类似，不再赘述。

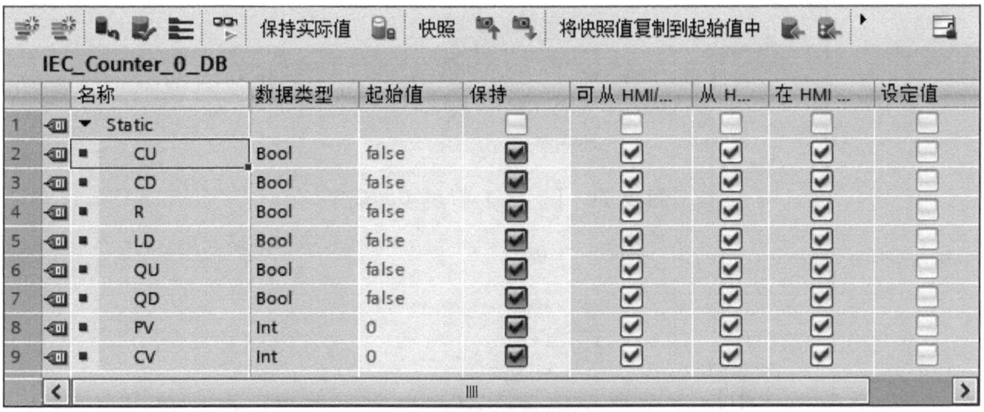

	名称	数据类型	起始值	保持	可从 HMI/...	从 H...	在 HMI ...	设定值
1	▼ Static			☐	☐	☐	☐	☐
2	■ CU	Bool	false	☑	☑	☑	☑	☐
3	■ CD	Bool	false	☑	☑	☑	☑	☐
4	■ R	Bool	false	☑	☑	☑	☑	☐
5	■ LD	Bool	false	☑	☑	☑	☑	☐
6	■ QU	Bool	false	☑	☑	☑	☑	☐
7	■ QD	Bool	false	☑	☑	☑	☑	☐
8	■ PV	Int	0	☑	☑	☑	☑	☐
9	■ CV	Int	0	☑	☑	☑	☑	☐

图 2-70　计数器的背景数据块的结构

注意： *如果生成的计数器类型需要更改，则可以单击该计数器，在计数器边框右上角出现橙色三角形时，单击该三角形，然后在弹出的下拉列表中选择正确的计数器类型；如果生成的计数器数据类型需要更改，则可以单击计数器，在计数器指令框内“计数器类型”下方的“数据类型”右上角出现橙色三角形时，单击该三角形，然后在弹出的下拉列表中选择正确的数据类型。*

【例 2-14】 用 S7-1200 PLC 实现灯光亮度控制。要求按下按钮 I0.0 一次，Q0.0 灯被点亮；按下按钮 I0.0 两次，Q0.0 和 Q0.1 灯被点亮；按下按钮 I0.0 三次，Q0.0 和 Q0.1 灯均熄灭。

灯光亮度控制程序如图 2-71 所示。或者先创建一个全局数据块，在此全局数据块中创建三个静态变量 C0、C1 和 C2，数据类型均为“IEC_COUNTER”。在生成三个加计数器 CTU 时，都取消系统默认产生的背景数据块，然后分别选择全局数据块中的三个静态变量。这样本案例就只需要一个背景数据块。

【例 2-15】 用 S7-1200 PLC 中的加计数器指令及单按钮实现一台电动机的起停控制。

用加计数器指令及单按钮实现一台电动机的起停控制程序如图 2-72 所示，其中 I0.0 为起停按钮，Q0.0 为电动机。

用图 2-73 中的程序也能实现【例 2-15】的控制功能。

用户可通过联合使用定时器和计数器扩展定时时间，可将定时时间扩展到无限长；也可以使用多个计数器实现计数器计数范围的扩展。

图 2-71 【例 2-14】的控制程序

图 2-72 【例 2-15】的控制程序 1

图 2-73 【例 2-15】的控制程序 2

2.5.2 减计数器

减计数器如图 2-74a 所示，图 2-74b 为其时序图。在图 2-74a 中，CTD 表示减计数器，图中计数器的数据类型是整数，预设值 PV 为 3，其工作原理如下。

减计数器的装载输入 LD（Load）为"1"状态时，输出 Q 被复位为 0，并把预置计数值 PV 装入 CV。在减计数器 CD（Count Down）的上升沿，当前计数值 CV 减 1，直到 CV 达到指定的数据类型的下限值。此后输入 CD 的状态变化不再起作用，CV 不再减小。当前计数值 CV 小于或等于 0 时，输出 Q 为"1"状态，反之输出 Q 为"0"状态。第一次执行指令时，CV 被清零。

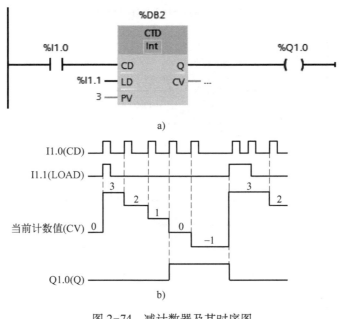

图 2-74 减计数器及其时序图
a）减计数器 b）时序图

【例 2-16】用 S7-1200 PLC 中减计数器指令及按钮实现密码锁的开锁控制。其中 SB1 为开锁按钮（I0.0），SB2 和 SB3 为密码按钮（分别为 I0.1 和 I0.2），SB4 为复位按钮（I0.3），开锁机构为 Q0.0。开锁条件：SB2 按下两次后，再按下 SB3 三次，不得反顺序操作；当密码正确后，按下开锁按钮 SB1 后开锁机构动作 Q0.0 进行开锁，在任何时候按下复位按钮 SB4，可重新进行开锁作业。

用减计数器指令及按钮实现密码锁的开锁控制程序如图 2-75 所示。

图 2-75 中常开触点""C1".QD"是计数器 C1 背景数据块中的输出位，当计数器的当前值小于或等于 0 时，输出 QD 为"1"状态。

2.5.3 加减计数器

加减计数器如图 2-76a 所示，图 2-76b 为其时序图。在图 2-76a 中，CTUD 表示加减计数器，图中计数器的数据类型是整数，预设值 PV 为 3，其工作原理如下。

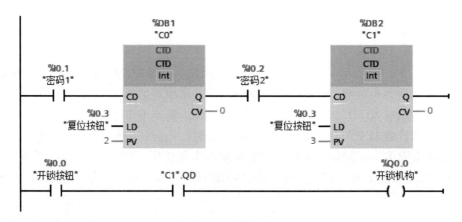

图 2-75 【例 2-16】的控制程序

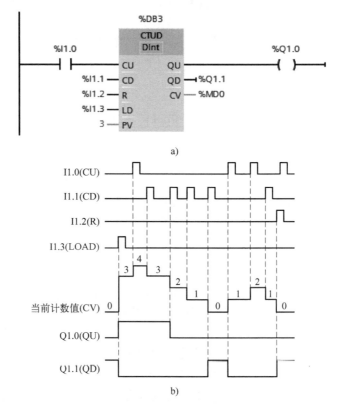

图 2-76 加减计数器及其时序图
a）加减计数器 b）时序图

在加计数输入 CU 的上升沿，加减计数器的当前值 CV 加 1，直到 CV 达到指定的数据类型的上限值。达到上限值时，CV 不再增加。

在减计数输入 CD 的上升沿，加减计数器的当前值 CV 减 1，直到 CV 达到指定的数据类型的下限值。达到下限值时，CV 不再减小。

如果同时出现计数脉冲 CU 和 CD 的上升沿，CV 保持不变。CV 大于或等于预置计数值 PV 时，输出 QU 为"1"状态，反之为"0"状态。CV 小于或等于 0 时，输出 QD 为"1"状态，反之为"0"状态。

装载输入 LD 为 "1" 状态，预置值 PV 被装入当前计数值 CV，输出 QU 变为 "1" 状态，QD 被复位为 "0" 状态。

复位输入 R 为 "1" 状态时，计数器被复位，CU、CD、LD 不再起作用，同时当前计数值 CV 被清零，输出 QU 变为 "0" 状态，QD 被复位为 "1" 状态。

【例 2-17】用 S7-1200 PLC 实现地下车库有无空余车位显示控制，设地下车库共有 100 个停车位。要求有车辆入库时，空余车位数减 1；有车辆出库时，空余车位数加 1；有空余车位时绿灯亮；无空余车位时红灯亮并以秒级闪烁，以提示车库已无空余车位。

地下车库有无空余车位显示控制程序如图 2-77 所示。其中，I0.0 为地下车库进口车辆检测传感器，I0.1 为地下车库出口车辆检测传感器，I0.2 为复位按钮，I0.3 为空余车位赋初值按钮；Q0.0 为绿色指示灯，Q0.1 为红色指示灯；M0.5 为系统提供的频率为 1 Hz 的时钟脉冲。

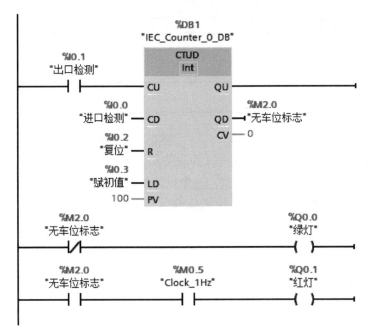

图 2-77 【例 2-17】的控制程序

注意：以上介绍的三种计数器，都是 PLC 中的一般计数器，都是对计数脉冲的上升沿进行计数，其对计数脉冲的频率有要求，不能太高，否则会丢失计数脉冲。计数器能接受的输入脉冲频率的最大值与该脉冲输入端口（如 I0.0）滤波器的输入延时时间（或滤波时间）设置值的大小有关。

打开 CPU 的"常规"属性，选择"DI 14/DQ 10"→"数字量输入"→"通道 0"，在右侧窗口中可以设置其"输入滤波器"的时间，设置范围为 0.1 μs~20 ms，默认滤波时间为 6.4 ms（见图 2-78），即低于 6.4 ms 的信号均被当作干扰信号而滤除。若滤波时间为 6.4 ms，则该端口输入的计数脉冲最大频率为 78 Hz（一个脉冲周期为 12.8 ms，1 s 内可输入 78 个脉冲）。

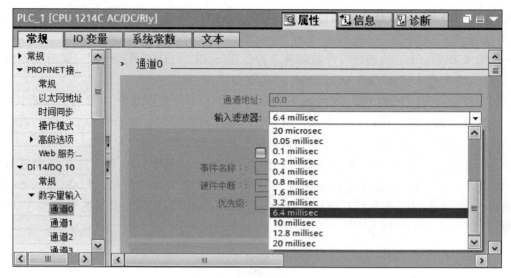

图 2-78 数字量输入端口滤波时间的设置

2.6 习题与思考

1. 在 PLC 中触点分_____触点和_____触点，编程时可以无限次使用。
2. 在 S7-1200 PLC 中，赋值指令既可以并联使用，也可以_____使用。
3. 置位指令只对指定地址开始的_____个位地址进行置位。
4. 置位/复位位域指令中要置位或复位的位数有效范围为_____。
5. 对于 SR 触发器指令，当 S 端和 R1 都为"1"时，Q 端输出_____（0 或者 1）。
6. 四种边沿指令各有什么特点？
7. PLC 的输入信号是否不用区分 DC 24 V 电源极性？
8. S7-1200 PLC 为用户提供_____种定时器，分别是_____、_____、_____ 和_____。
9. S7-1200 PLC 中定时器的分辨率是_____。
10. 多个定时器如何使用一个背景数据块？
11. 接通延时定时器（TON）的使能（IN）输入电路_____时开始定时，当前值等于预设值时其输出端 Q 为_____状态。使能输入电路_____时，定时器的当前值被复位。
12. 关断延时定时器（TOF）的使能输入电路接通时，定时器的输出端 Q 立即变为_____，当前值被_____。使能输入电路断开时，当前值从 0 开始_____。当前值等于预设值时，定时器的输出端 Q 变为_____。
13. 时间累加器（TONR）的使能输入电路_____时开始定时，使能输入电路断开时，当前值_____。使能输入电路再次接通时_____。当_____输入为"1"状态时，TONR 被复位。
14. 程序调试常用哪两种方法？
15. S7-1200 PLC 为用户提供_____种计数器，分别是_____、_____ 和_____。
16. 系统默认的一般计数器的计数脉冲最大频率是_____。

17. 若加计数器的计数输入电路 CU_____、复位输入电路 R_____，则计数器的当前值加 1。当前值 CV 大于或等于预设值 PV 时，输出端 Q 变为_____状态。复位输入电路为_____时，计数器被复位，复位后的当前值_____。

18. 用两个按钮控制一盏 DC 24 V 指示灯的亮灭，要求同时按下两个按钮，指示灯方可点亮，松开任意一个按钮，指示灯都会熄灭。或按下任意一个按钮，指示灯都可以点亮，松开按钮后指示灯熄灭。

19. 使用 S7-1200 PLC（CPU 1214C DC/DC/DC 类型）实现一台电动机的正反转直接切换控制。

20. 使用 S、R 指令编写【例 2-3】的控制程序。

21. 两台电动机的有序起停控制要求：按下第一台电动机的起动按钮时，第一台电动机立即起动，工作 5 s 后按下第二台电动机的起动按钮，第二台电动机方可起动；按下第二台电动机的停止按钮时，第二台电动机立即停止运行，过 5 s 后按下第一台电动机的停止按钮，第一台电动机方能停止运行。

22. 用 PLC 实现小车往复运动控制，系统起动后小车前进，行驶 15 s，停止 3 s，再后退 15 s，停止 3 s，如此往复运动 20 次，循环结束后指示灯以秒级闪烁 5 次后熄灭（使用时钟存储器实现指示灯秒级闪烁功能）。

第 3 章 功能指令及编程

本章主要对 S7-1200 PLC 中的数据类型、寻址方式、常用功能指令（包括移动指令、比较指令、移位指令、转换指令、数学运算指令、逻辑运算指令、程序控制指令等）进行介绍。通过本章的学习，希望读者能尽快理解及熟练应用上述常用功能指令。

3.1 数制与数据类型

3.1.1 数制

在 PLC 的编程中，常用二进制、十进制或十六进制表示一个数据的大小，即一个数据可以用上述三种进制方式表示。根据编程需要合理选择进制，将会提高编程效率，还可为阅读、调试程序提供便利。

1. 二进制

二进制数的每一位（bit）只能取 0 和 1，可以用来表示开关量（或称数字量）的两种不同状态，如线圈的失电和得电、触点的断开和接通等。在梯形图中，若某位的状态为 1（或称 TRUE 状态，或 ON 状态），则该位对应的编程元件（如过程映像输出位 Q、位存储器 M 等）的线圈就"得电"，其触点就会动作（常开触点闭合，常闭触点断开）；如果某位的状态为 0（或称 FALSE 状态，或 OFF 状态），则该位对应的编程元件的线圈就"失电"，其触点就会复位（常开触点断开，常闭触点闭合）。

2. 十进制

相对于二进制，十进制是日常使用最多的计数方法。一般只用十进制表示一个数据的大小，进行数据的处理及运算。

3. 十六进制

十六进制（Hexadecimal），是计算机中数据的一种表示方法。它由 0~9，A~F 组成，字母不区分大小写。其与十进制的对应关系是：0~9 对应 0~9；A~F 对应 10~15。在 PLC 编程中，如果使用多位二进制数，书写和阅读会很不方便，这时可用十六进制数来取代二进制数，每个十六进制数对应 4 位二进制数。

表 3-1 给出了不同进制数的表示方法。

表 3-1 不同进制数的表示方法

进制	十进制	二进制	十六进制
数	0	0000	0
	1	0001	1
	2	0010	2
	3	0011	3
	4	0100	4

(续)

进制	十进制	二进制	十六进制
数	5	0101	5
	6	0110	6
	7	0111	7
	8	1000	8
	9	1001	9
	10	1010	A
	11	1011	B
	12	1100	C
	13	1101	D
	14	1110	E
	15	1111	F

3.1.2 数制间的转换

1. 十进制数与二进制数的转换

（1）二进制数转换为十进制数

二进制数的基数为2，进位规则是"逢二进一"，借位规则是"借一当二"。在计算机或PLC中，二进制的表示方法是在多位二进制数前加上"2#"（或者在数字后面加B），如2#101011。可用下式计算2#101011对应的十进制数：

$$1\times2^5+0\times2^4+1\times2^3+0\times2^2+1\times2^1+1\times2^0=32+0+8+0+2+1=43$$

（2）十进制数转换为二进制数

这里主要介绍十进制整数转换为二进制数的方法：除2取余逆序法。如将十进制数57转换为二进制数方法如下：

首先将十进制数除以2，再用商连续除以2，直到商等于0，在除以2的过程中应记录好对应商后面的余数（0或1），然后将所有余数逆序编排出来，即所得到的商的最后一位余数是所求二进制数的最高位。如图3-1中的十进制数57转换成二进制数为：2#111001。

十进制小数部分转换成二进制的方法是：乘2取整正序法，读者可参考相关资料自行学习。

$57\div2=28\cdots\cdots1$
$28\div2=14\cdots\cdots0$
$14\div2=7\cdots\cdots0$
$7\div2=3\cdots\cdots1$
$3\div2=1\cdots\cdots1$
$1\div2=0\cdots\cdots1$

图3-1 十进制数转换为二进制数示例

2. 十进制数与十六进制数的转换

（1）十六进制数转换为十进制数

十六进制数的基数为16，进位规则是"逢十六进一"，借位规则是"借一当十六"。在计算机或PLC中，十六进制的表示方法是在多位十六进制数前加上"16#"（或者在数字后面加H），如16#2B0C。可用下式计算16#2B0C对应的十进制数：

$$2\times16^3+11\times16^2+0\times16^1+12\times16^0=8192+2816+0+12=11\ 020$$

（2）十进制数转换为十六进制数

十进制数转换为十六进制数的方法与十进制数转换为二进制数的方法类似，就是反复除以

16 直到商等于 0，并记录好每次除法运算的余数，最后将所有余数逆序编排出来，即所得到的商的最后一位余数是所求十六进制数的最高位。

3. 二进制数与十六进制数的转换

（1）二进制数转换为十六进制数

将二进制数从最低位（最后一位）开始往高位方向依次以 4 位一组分成若干组，若最后一组不足 4 位，则在最高位前补 0，使最后一组也为 4 位。之后，再按照表 3-1 中的对应关系将 4 位二进制数转换成 1 位十六进制数。如将 2#1010110111 转换成十六进制数如下：

$$2\#1010110111 = 2\#0010\ 1011\ 0111 = 16\#2B7$$

（2）十六进制数转换为二进制数

将十六进制数的每一位按表 3-1 的对应关系转换成 4 位二进制数即可，如将十六进制数 A02C 转换成二进制数：

$$16\#A02C = 2\#1010\ 0000\ 0010\ 1100$$

3.1.3 数据类型

数据类型用来描述数据的长度（即二进制的位数）和属性，在 S7-1200 PLC 中很多指令和程序块的参数支持多种数据类型（基本数据类型、复杂数据类型、参数类型、系统数据类型和硬件数据类型），不同的任务使用不同长度的数据对象。

1. 基本数据类型

基本数据类型如表 3-2 所示。

表 3-2 基本数据类型

数据类型	位　数	取值范围	举　例
位（Bool）	1	1、0	1、0 或 TRUE、FALSE
字节（Byte）	8	16#00 ~ 16#FF	16#08、16#27
字（Word）	16	16#0000 ~ 16#FFFF	16#1000、16#F0F2
双字（DWord）	32	16#00000000 ~ 16#FFFFFFFF	16#12345678
有符号短整数（SInt）	8	-128 ~ 127	-111、108
整数（Int）	16	-32 768 ~ +32 767	-1011、1088
双整数（DInt）	32	-2 147 483 648 ~ 2 147 483 647	-11 100、10 080
无符号短整数（USInt）	8	0 ~ 255	10、90
无符号整数（UInt）	16	0 ~ 65 535	110、990
无符号双整数（UDInt）	32	0 ~ 4 294 967 295	100、900
浮点数（Real）	32	±1.175 494e-38 ~ ±3.402 823e+38	12.345
双精度浮点数（LReal）	64	±2.2 250 738 585 072 020e-308 ~ ±1.7 976 931 348 623 157e+308	123.45
时间（Time）	32	T#-24d20h31m23s648ms ~ T#24d20h31m23s647ms	T#1D_2H_3M_4S_5MS
日期（Date）	16	D#1990-1-1 ~ D#2168-12-31	D#2035-10-8
实时时间（Time_of_Day）	32	TOD#0:0:0.0 ~ 23:59:59.999	TOD#10:8:16.369
长格式日期和时间（DTL）	12 B（字节）	最大 DTL#2262-04-11:23:47:16.854 775 807	DTL#2075-10-08:23:11:16.20

(续)

数据类型	位　数	取　值　范　围	举　　例
字符（Char）	8	16#00~16#FF	'A'、'@'
16位宽字符（WChar）	16	16#0000~16#FFFF	WChar#'a'
字符串（String）	(n+2)B	n=(0~254)B	String#'abc'
16位宽字符串（WString）	(n+2)字	n=(0~16 382)字	WString#'Hello ssy'

(1) 位

位的数据长度为1位，数据格式为布尔型，其只有两个取值 TRUE/FALSE（真/假），对应二进制数中的"1"和"0"；它常用于开关量的逻辑计算，存储空间为1位。

(2) 字节

字节（Byte）的数据长度为8位，取值范围为16#00~16#FF。

(3) 字

字（Word）的数据长度为16位，由两个字节组成，编号低的字节为高位字节，编号高的字节为低位字节，取值范围为16#0000~16#FFFF。

(4) 双字

双字（DWord）的数据长度为32位，由两个字组成，即4个字节组成，编号低的字为高位字节，编号高的字为低位字节，取值范围为16#00000000~16#FFFFFFFF。

数据类型Byte、Word和DWord统称为位字符串，它们的常数一般用十六进制表示，这三种数据类型一般不进行大小比较。

(5) 整数

整数（Int）的数据长度为8位、16位、32位，又分有符号整数和无符号整数。有符号十进制整数，最高位为符号位，为0表示正数，为1表示负数。整数用补码表示，正数的补码就是它本身，将一个正数对应的二进制数的各位数求反码（0的反码是1，1的反码是0）后加1，可以得到绝对值与它相同的负数的补码（反码加1）。

(6) 浮点数

浮点数（Real）又分为32位浮点数（或称为实数）和64位浮点数。浮点数的优点是用很少的存储空间来表示非常大和非常小的数。PLC输入和输出的数据大多为整数，用浮点数来处理这些数据需要进行整数和浮点数之间的相互转换。需要注意的是，浮点数的运算速度比整数的运算速度的慢得多。

32位浮点数的最高位（第31位）为浮点数的符号位（正数时为0，负数时为1）。规定尾数的整数部分总是为1，第0~22位为尾数的小数部分，8位指数加上偏移量127后（0~255），放在第23~30位。

LReal为64位浮点数（双精度浮点数），它的最高位（第63位）为浮点数的符号位。规定尾数的整数部分总是为1，第0~51位为尾数的小数部分，11位指数加上偏移量1023后（0~2047），放在第52~62位。

浮点数Real和双精度浮点数LReal的精度最高为6位十进制有效数字和15位十进制有效数字。

(7) 时间与日期

时间的数据长度为32位，其格式为T#多少天（day）多少小时（hour）多少分钟

(minute)多少秒(second)多少毫秒(millisecond)。数据类型 Time 以表示毫秒时间的有符号双整数形式存储。

Date（日期）为 16 位无符号整数，TOD(Time_of_Day)为从指定日期的 0 时算起的毫秒数（无符号双整数）。TOD 的常数必须指定小时（24 h 为 1 天）、分钟和秒，毫秒是可选的。

数据类型 DTL 的 12 个字节分别为年占 2B，月、日、星期的代码和小时、分、秒各占 1B，纳秒占 4B，均为 BCD 码（BCD 码是二进制编码的十进制数的缩写，Binary-coded Decimal，BCD 码用 4 位二进制表示一位十进制数，每一位 BCD 码允许的数值范围为 2#0000 ~ 2#1001，对应于十进制数 0~9）。

（8）字符

每个字符（Char）占 1 个字节，数据类型 Char 以 ASCII 码（American Standard Code for Information Interchange，美国信息交换标准代码）格式存储。字符常量用英语的单引号来表示，如'A'。WChar（宽字符）占两个字节，可以存储汉字和中文的标点符号。

2. 复杂数据类型

复杂数据类型由基本数据类型组合而成，对组织复杂数据十分有用，主要有以下几种。

码 3-1　基本数据类型——微课视频

（1）数组

数组（Array）是由固定数目的数据类型相同的元素组成的数据结构，它允许使用除 Array 的所有数据类型作为数组的元素，数组的维数最多为 6 维。图 3-2 为一个名为"电压"的二维数组 Array[1..2,1..3] of Byte 的内部结构，它共有 6 维字节型元素，第一维的下标 1、2 是变频器驱动的电动机的编号，第二维的下标 1、2 和 3 是三相电压的序号。数组元素"电压[1,3]"是 1 号电动机第 3 相的电压。

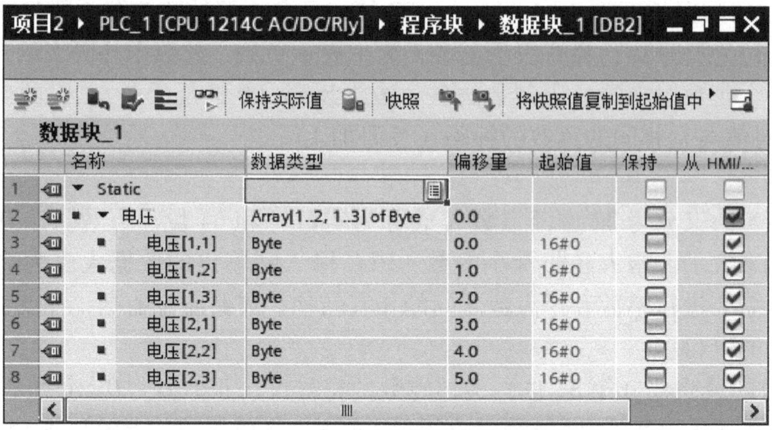

图 3-2　"数组"数据类型的示例

生成数组的步骤为：首先，生成一个全局数据块，如名称为"数据块_1"，在全局数据块第二行的"名称"列输入数组的名称"电压"；其次，单击"数据类型"列右侧的按钮，选中下拉列表中的数据类型"Array[0..1]of"，紧接着选择"Array[0..1]of Byte"。方括号中的数 0 和 1 表示数组元素编号（下标）的下限值和上限值，它们之间用两个小数点隔开，可以是任意的整数（-32 768 ~ 32 767）。生成的数组系统默认是一维数组，方括号中各维的参数用英文状态下的逗号隔开（见图 3-2）。数组"Array[0..1]of Byte"中的"Byte"是数组元素的数据类型。

如果更改数组中的数据类型及数组限值,可单击"数据类型"列右侧的按钮■,打开数组的数据类型和数组限制对话框,如图 3-3 所示,在此对话框中可进行更改。

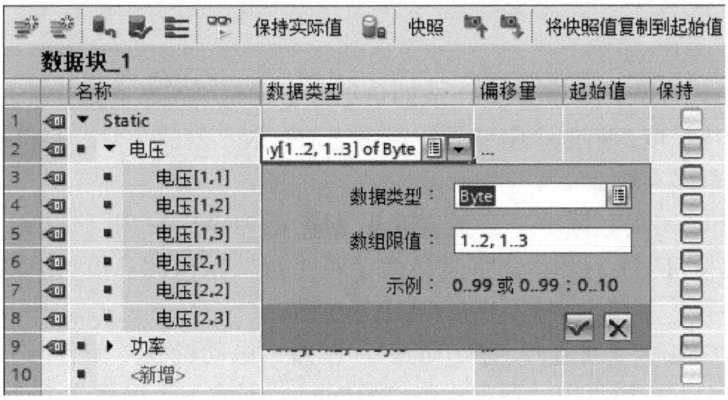

图 3-3 数据类型及数组限值对话框

也可以双击或两次单击(单击时间间隔适当长些)变量的数据类型列,当该变量的数据类型行出现蓝色背景时,可在此直接更改。

单击图 3-3 中"功率"左边的按钮▶,它会变成▼,同时其下会显示数组中的各个元素,可以监控它们的起始值和实时值。单击"功率"左边的按钮▼,它会变成▶,同时数组的元素被隐藏起来。

 注意:数组生成后,单击数据块编辑器工具栏的"保存窗口设备"按钮■进行保存。

右击项目树中"程序块"文件夹中的"数据块_1",选中"属性",打开数据块的"属性"对话框,如图 3-4 所示。选择"常规"→"属性",系统默认勾选"优化的块访问"。如果不取消这个复选框,则此数据块中的元素只能以符号地址方式进行访问,如访问数组"电压"中下标为[1,3]的元素,"数据块_1".电压[1,3]。若取消该复选框,且在数据块被编译时,将自动显示地址"偏移量"列及地址偏移量(见图 3-2),这时数据块中的元素既可以符号地址方式进行访问,也可以绝对地址方式进行访问,如 DB2.DBB2(数组"电压"中下标为[1,3]的元素)。

图 3-4 数据块的"属性"对话框

以绝对地址方式访问数组中的元素时，当元素的数据类型为 Byte、Word 或 DWord 时，可以用绝对地址方式访问位、字节、字或双字，如 DB1.DBX0.2、DB1.DBB2、DB1.DBW4、DB1.DBD8。

（2）字符串

数据类型 String（字符串）是字符组成的一维数组，每个字节存放 1 个字符。第一个字节是字符串的最大字符长度，第二个字节是字符串当前有效字符的个数，字符从第 3 个字节开始存放，一个字符串最多存放 254 个字符。

数据类型 WString（宽字符串）存放多个数据类型为 WChar 和 Unicode 的字符（长度为 16 位的宽字符，包括汉字）。第一个字是最大字符个数，默认的长度为 254 个宽字符，最多 16 382 个 WChar 字符。第二个字是当前的宽字符个数。

如在数据块的"名称"列输入字符串的名称，如"电动机故障信息"，单击"数据类型"列中的 按钮，选中下拉列表中的数据类型"String"，创建一个最多含有 20 个字符的字符串"String[20]"。可在数据块的"起始值"列输入起始值（初始字符），如"OK"（见图 3-5）。

（3）结构

结构（Struct）是由固定数目的多种数据类型的元素组成的数据类型。数组和结构都可以成为结构的元素，结构可以嵌套 8 层。用户可以将过程控制中有关的数据统一组织在一个结构中，作为一个数据单元来使用，而不是使用大量的单个元素，这为统一处理不同类型的数据或参数提供了方便。

在"数据块_2"的第三行生成一个名为"电动机"的结构，如图 3-5 所示，其数据类型为 Struct，并在第 4~7 行生成结构的 4 个元素。单击"电动机"左边的按钮▼，它会变为▶，且结构的元素被隐藏。单击"电动机"左边的按钮▶，它会变为▼，且结构的元素将全部显示。

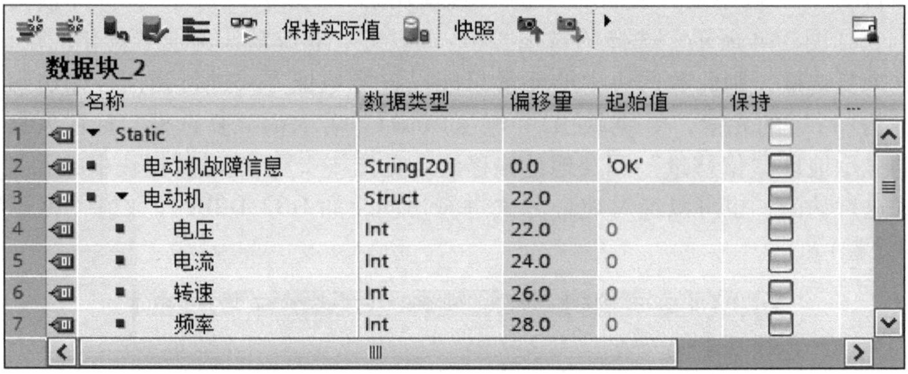

	名称	数据类型	偏移量	起始值	保持
1	▼ Static				
2	电动机故障信息	String[20]	0.0	'OK'	
3	▼ 电动机	Struct	22.0		
4	电压	Int	22.0	0	
5	电流	Int	24.0	0	
6	转速	Int	26.0	0	
7	频率	Int	28.0	0	

图 3-5 "结构"数据类型的示例

使用符号地址访问结构中的元素，如 "数据块_2".电动机.电压。

选中数据块中某个变量名（注意，不是变量中的某个元素），单击数据块编辑器工具栏上的"插入行"按钮，在选中的变量的上面增加一个空白行；单击数据块编辑器工具栏上的"添加行"按钮，在选中的变量的下面增加一个空白行；单击数据块编辑器工具栏上的扩展模式按钮，可以显示或隐藏结构和数组中的元素。

选中项目树中的设备名称，如 PLC_1，将 PLC 组态数据和用户程序下载到 CPU 中，并将 CPU 切换到 RUN 模式。打开数据块_2 后，单击数据块编辑器工具栏上的"全部监视"按钮，启动监控功能，出现"监视值"列，从中可以看到数据块_2 中的字符串和结构元素的当前值。

注意：可以在程序块的接口区和全局数据块中创建字符串、数组和结构。

（4）Variant 指针

Variant 数据类型可以指定各种数据类型或参数类型的变量。Variant 指针可以指向结构和结构中的单个元素，它不会占用任何存储器的空间。

使用符号地址的 Variant 数据类型的示例：数据块_5.Struct1.Currnet3，数据块_5、Struct1 和 Currnet3 分别是用小数点分隔的数据块、结构和结构中元素的符号地址。

使用绝对地址的 Variant 数据类型的示例：P#DB5.DBX2.0 INT 10，表示一个地址区，其起始地址为 DB5.DBW2，共 10 个连续的 Int（整数）型变量。

（5）PLC 数据类型

PLC 数据类型用来定义可以在程序中多次使用的数据结构。打开项目树的"PLC 数据类型"文件夹，双击"添加新数据类型"，可以创建 PLC 数据类型，如名称为 Motor，如图 3-6 所示。定义好 PLC 数据类型后，可以在用户程序中将其作为数据类型使用。

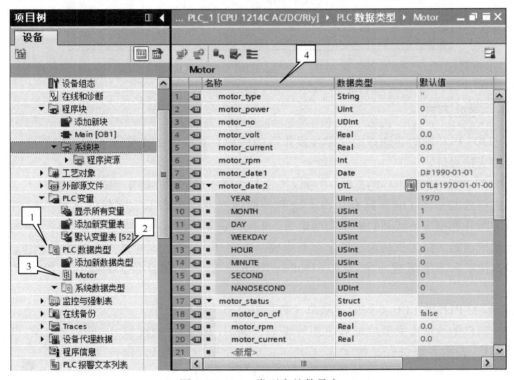

图 3-6 Motor 类型中的数量表

PLC 数据类型可以用作程序块或数据块中的数据类型（见图 3-7，变量 motor1 的数据类型为"Motor"），或用于创建具有相同数据类型结构的全局数据块的模板。

3. 硬件数据类型

硬件数据类型由 CPU 提供，其与硬件组态时模块的设置有关。它用于识别硬件元件、事件和中断 OB 等与硬件有关的对象。用户程序使用与模块有关的指令时，用硬件数据类型的常数来作为指令的参数。

PLC 变量表的"系统常量"选项卡列出了项目中硬件数据类型变量的值，即硬件组件和中断事件的标识符，其中的变量与项目组态的硬件结构和组件的型号有关，如高速计数器的硬件数据类型为 Hw_Hsc。

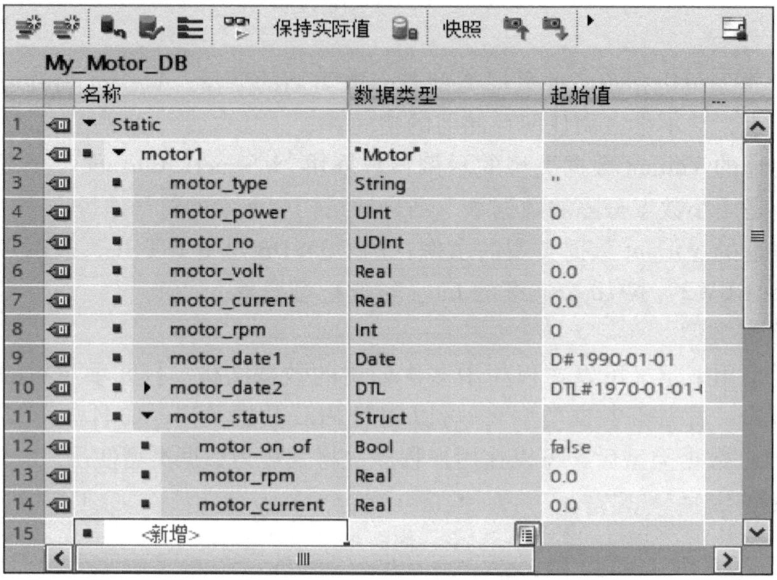

	名称	数据类型	起始值
1	Static		
2	motor1	"Motor"	
3	motor_type	String	''
4	motor_power	UInt	0
5	motor_no	UDInt	0
6	motor_volt	Real	0.0
7	motor_current	Real	0.0
8	motor_rpm	Int	0
9	motor_date1	Date	D#1990-01-01
10	motor_date2	DTL	DTL#1970-01-01-
11	motor_status	Struct	
12	motor_on_of	Bool	false
13	motor_rpm	Real	0.0
14	motor_current	Real	0.0
15	<新增>		

图 3-7 My_Motor_DB 全局数据块

3.1.4 寻址方式

S7-1200 PLC 中的寻址方式（寻找操作数的地址）有两种，直接寻址和间接寻址。在此，主要介绍直接寻址。

SIMATIC S7-1200 PLC 的 CPU 中可以按位、字节和双字对存储单元进行寻址。

二进制数的一位（bit）只有 0 和 1 这两种取值，可用来表示数字量的两种不同的状态，如触点的断开和接通，线圈的断电和通电等。8 位二进制数组成一个字节（Byte），其中的第 0 位为最低位、第 7 位为最高位。两个字节组成一个字（Word），其中的第 0 位为最低位，第 15 位为最高位。两个字组成一个双字（Double Word），其中的第 0 位为最低位，第 31 位为最高位。

S7-1200 PLC 的 CPU 不同的存储单元都是以字节为单位。

对位数据的寻址由字节地址和位地址组成，如 I1.2，其中的区域标识符“I”表示寻址过程映像输入（Input）区，字节地址为 1，位地址为 2，“.”为字节地址与位地址之间的分隔符，这种存取方式为“字节.位”寻址方式，如图 3-8 所示。其中，LSB 表示二进制中的最低有效位，MSB 表示二进制中的最高有效位。

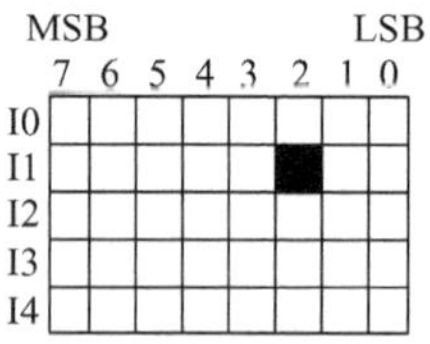

图 3-8 “字节.位”寻址举例

对字节、字和双字数据的寻址需指明区域标识符、数据类型和存储区域内的首字节地址。例如，字节 MB10 表示由 M10.7～M10.0 这 8 位（高位地址在前，低位地址在后）组成的 1 个节字，M 为位存储区域标识符，B 表示字节（B 是 Byte 的缩写），10 为起始字节地址。相邻的两个字节组成一个字，MW10 表示由 MB10 和 MB11 组成的 1 个字，M 为位存储区域标识符，W 表示字（W 是 Word 的缩写），10 为起始字节的地址。MD10 表示由 MB10～MB13 组成的双字，M 为位存储区域标识符，D 表示双字（D 是 Double Word 的缩写），10 为起始字节的地址。位、字节、字和双字的构成示意图如图 3-9 所示。

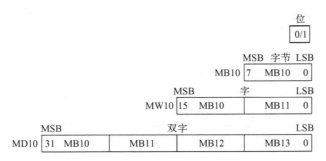

图 3-9　位、字节、字和双字的构成示意图

3.2　移动指令

在西门子 S7 系列 PLC 的梯形图中，用方框表示某些指令、函数（FC）和函数块（FB），输入信号均在方框的左边，输出信号均在方框的右边。梯形图中有一条提供"能流"的左侧垂直线，当其左侧逻辑运算结果（RLO）为"1"时，能流流到指令框的左侧使能输入端 EN（Enable Input），"使能"有允许的意思。使能输入端有能流时，指令才能执行。

如果指令输入 EN 有能流流入，且执行时无错误，则使能输出 ENO（Enable Output）将能流流入下一个元件，如图 3-10 所示。如果执行过程中有错误，则能流在出现错误的指令处终止。

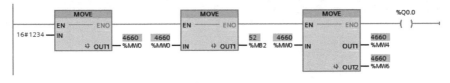

图 3-10　MOVE 指令

西门子 S7-1200 PLC 中的移动指令包括移动值指令、块移动指令、填充块指令、交换指令等。

3.2.1　移动值指令

移动值（MOVE）指令是用于将输入 IN 的源数据传送（复制）给输出 OUT1 的目的地址，并且转换为输出 OUT1 指定的数据类型，源数据保持不变，如图 3-10 所示。IN 和 OUT1 中的数据类型可以是 Bool 之外的所有基本数据类型和 DTL、Struct、Array 等数据类型。IN 还可以是常数。

码 3-2　移动值指令——微课视频

同一条指令的输入参数和输出参数的数据类型可以不相同，如 MB0 中的数据传送到 MW10。如果将 MW4 中超过 255 的数据传送到 MB6，则只将 MW4 的低字节（MB5）中的数据传送到 MB6，应避免出现这种情况。

如果要把一个数据同时传给多个不同的存储单元，可单击 MOVE 指令框中的 ✱ 图标并添加输出端，如图 3-10 最右侧的 MOVE 指令所示。若要删除输出端，则可选中输出端，然后按〈Delete〉键进行删除。

在图 3-10 中，将十六进制数 1234（十进制数为 4660），传送给 MW0；若将超过 255 的 1 个字中的数据（MW0 中的数据 4660）传送给 1 个字节（MB2），此时只将低字节（MB1）中的数据（16#34）传送给目标存储单元（MB2）；将同一个数据（4660）通过使用增加 MOVE 指令的输出端（OUT2）方式传送给 MW4 和 MW6 这两个不同的存储单元。在 3 个 MOVE 指令执行无误时，能流流入 Q0.0。

【例 3-1】 用 S7-1200 PLC 中的移动值指令实现电动机的丫-△减压起动按钮。

根据要求编写的控制程序如图 3-11 所示，此处省略电动机的过载保护环节。从图 3-11 中可以发现，程序中使用了两个接通延时定时器 T0 和 T1，定时器 T0 为丫-△起动切换时间，定时器 T0 延时时间到后，星形接触器断开，定时器 T0 开始延时 200 ms 后才投入三角形运行。

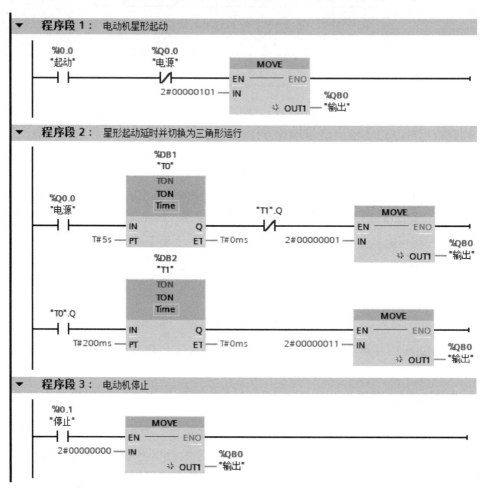

图 3-11 【例 3-1】的控制程序 1

定时器 T1 的作用：如果在定时器 T0 延时时间到时，立即使三角形接触器得电，若星形接触器在主触点断开时产生电弧，而三角形接触器的主触点又闭合，会导致主电路三相短路。延时 100~200 ms 后再投入三角形运行，能避免上述现象。

图 3-11 所示控制程序存在一个缺点：它占用了 PLC 的 4 个输出点（PLC 类型为 CPU 1211C），或 6 个输出点（PLC 类型为 CPU 1212C 及以上），或 8 个输出点（PLC 类型为 CPU 1214C 及以上），而实际上只需要使用 3 个输出点。从工程经济性角度考虑，该程序的实用性

不高，可使用图 3-12 来解决上述问题。

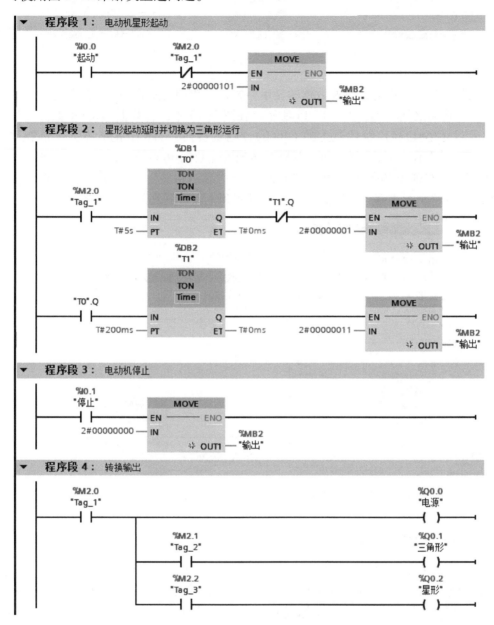

图 3-12 【例 3-1】的控制程序 2

3.2.2 交换指令

交换（SWAP）指令用于调换二字节和四字节数据元素的字节顺序，但不改变每个字节中的位顺序，该指令需要指定输入和输出的数据类型。

IN 和 OUT 为 Word 数据类型时，SWAP 指令交换输入 IN 的高、低字节后保存到 OUT 指定的地址；若 IN 和 OUT 为 DWord 数据类型时，SWAP 指令交换 4B 中数据的顺序，交换后保存到 OUT 指定的地址，如图 3-13 所示。

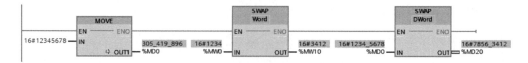

图 3-13 SWAP 指令

在监控状态下，可以通过改变数据的显示格式，使我们观察到的数据更加直观，数据可在十进制和十六进制之间转换，如图 3-14 所示。在图 3-13 中，若数据 MW0 中数据的显示格式不是十六进制（16#1234）而是十进制（4660），则观察到的 MW10 的数据为十进制数 13 330 而不是十六进制数16#3412，这样无法明显地体现出是数据 4660 交换高低字节而来的。可右键单击地址 MW0，在弹出的菜单中执行"修改"→"显示格式"→"十进制"或"修改"→"显示格式"→"十六进制"命令，便可在十进制和十六进制之间相互转换。

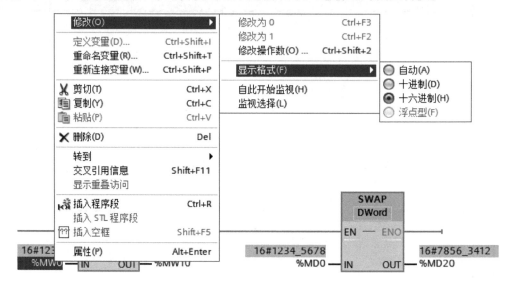

图 3-14 数据显示格式的转换

3.2.3 块移动指令

块移动指令分存储区块移动 MOVE_BLK 指令和不可中断的存储区移动 UMOVE_BLK 指令。

存储区块移动 MOVE_BLK(Move Block) 指令也称为块移动指令，它将一个存储区（源区域）的内容复制到另一个存储区（目标区域）。不可中断的存储区移动 UMOVE_BLK(Uninter-ruptible Move Block) 指令的功能与存储区块移动 MOVE_BLK 指令的功能基本相同，其区别在于前者的移动操作不会被其他操作系统的任务打断，且执行该指令时 CPU 的报警响应时间将会增大。

以上两种指令中，IN 和 OUT 必须是 DB、L（数据块、块的局部数据）中的数组元素，IN 不能为常数。COUNT 为移动的数组元素的个数，数据类型为 USInt、UInt、UDInt 或常数。

图 3-15 中，当 I0.0 接通时，MOVE_BLK 指令和 UMOVE_BLK 指令被执行，则 DB1 中的数组 Source[0]~Source[9]被整块移动到 Distin[0]~Distin[9]中，Source[10]~Source[19]被整块移动到 Distin[10]~Distin[19]中（Source[0]~Source[19]中初始值为 1~20）。复制操作按地址增大的方向进行。

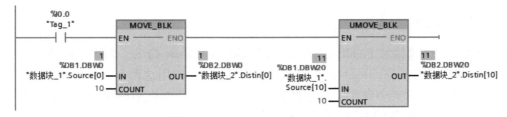

图 3-15　块移动指令

3.2.4　填充块指令

填充块指令又分存储区填充块指令 FILL_BLK 和不可中断的存储区填充块指令 UFILL_BLK。

填充块 FILL_BLK(Fill Block) 指令是将输入 IN 的值填充到输出参数 OUT 指定起始地址的目标存储区。不可中断的存储区块填充 UFILL_BLK(Uninterruptible Fill Block) 指令是将输入 IN 的值不中断地填充到输出参数 OUT 指定起始地址的目标存储区。IN 和 OUT 必须是 DB、L（数据块、块的局部数据）中的数组元素，IN 还可以为常数。COUNT 为移动的数组元素的个数，数据类型为 DInt 或常数。

在图 3-16 中，I0.1 接通时，常数 30211 被填充到 DB3 的 DBW0 开始的 10 个字中；DB1. DBW6 中的内容被不中断地填充到 DB3 的 DBW20 开始的 20 个字中。值得注意的是，DB3. DBW20 中的 20 是数据块中字节的编号，而输入参数 COUNT 是以字为单位的数组元素的个数。FILL_BLK 指令已占用了 20B（即 10 个字）的数据，因此 UFILL_ BLK 指令的输出 OUT 指定的地址区从 DBW20 开始。而 UFILL_ BLK 指令左侧的“4”表示从第 4 个数组元素开始。

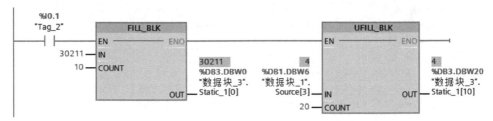

图 3-16　填充块指令

执行完图 3-16 所示的程序后，从图 3-17（DB3 中部分数据）中可以看出 DB3. DBW0 ~ DB3. DBW18 这 10 个字单元均被填充为常数 30211，而 DB3. DBW20 ~ DB3. DBW58 中 20 个字单元中均为 DB1. DBW6 中的数，即为 4。

	名称	数据类型	偏移量	启动值	监视值	保持性
9	Static_1[6]	Int	12.0	0	30211	
10	Static_1[7]	Int	14.0	0	30211	
11	Static_1[8]	Int	16.0	0	30211	
12	Static_1[9]	Int	18.0	0	30211	
13	Static_1[10]	Int	20.0	0	4	
14	Static_1[11]	Int	22.0	0	4	
15	Static_1[12]	Int	24.0	0	4	

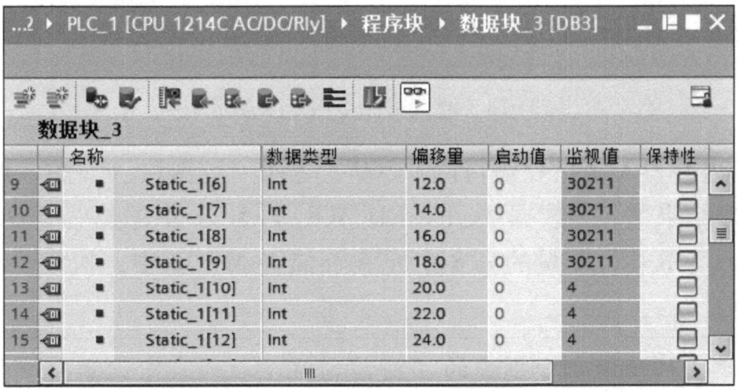

图 3-17　DB3 中的部分数据

3.2.5 域读写指令

域读写指令分为读取域 FieldRead 指令和写入域 FieldWrite 指令。博途 V10.5 版本软件在指令树里无法直接找到 FieldRead 指令和 FieldWrite 指令，调用这两个指令必须先从"指令"选项卡的"常规"文件夹中调用一个空功能框，双击该空功能框中的问号，然后从下拉列表中选择添加指令。从博途 V11 起，FieldRead 指令和 FieldWrite 指令就可以在指令树里直接找到了（在指令列表文件夹"基本指令"→"移动操作"→"原有"中）。

图 3-18 中，指令的输入参数索引值 INDEX 是要读/写的数组元素的下标，数据类型为双整数 Dint；参数 VALUE 是要写入数组元素的操作数或保存读取的数组元素值的地址；参数 MEMBER 为待读取或写入数据的首地址。

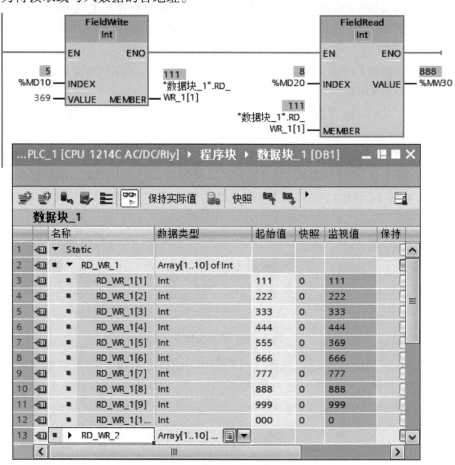

图 3-18 域读写指令及相关数据块

图 3-18 中，左边的写入域指令是将值"369"写入"数据块_1"的"RD_WR_1"变量的第 5 个元素中，执行结果是""数据块_1".RD_WR_1[5]"中的值为 369；右边的指令是将"数据块_1"的"RD_WR_1"变量的第 8 个元素存储在 MW30 中，执行的结果是 MW30 中数据为 888。

 注意：可通过单击域读写指令框中的"???"，在下拉列表中设置要读取或写入数据的数据类型。

3.3 案例 4 天塔之光控制

3.3.1 任务导入

天塔之光主要完成航海指示，在现代生活中也常用在闪光灯或花样灯饰中。本案例要求使用 S7-1200 PLC 实现由 8 盏灯组成的天塔之光的控制，其示意图如图 3-19 所示。要求系统起动后，最内层灯 L1 亮 1 s 后熄灭→中间层灯 L2、L3 和 L4 亮 1 s 后熄灭→最外层灯 L5、L6、L7 和 L8 亮 1 s 后熄灭→过 3 s→最内层灯 L1 亮 1 s 后熄灭……，如此循环，直至按下系统停止按钮。

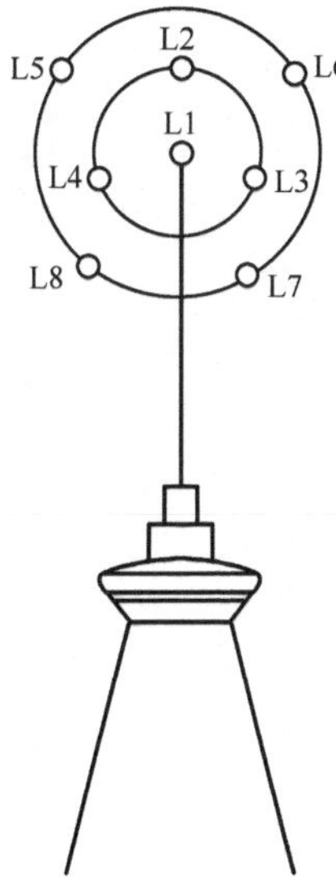

图 3-19　天塔之光控制示意图

3.3.2 任务实施

1. I/O 地址分配

根据 PLC 的输入输出元器件分配原则，并结合本案例的控制要求，可将停止按钮 SB1、起动按钮 SB2 作为 PLC 的输入元器件；而将需要得电的 8 盏灯 L1～L8 作为 PLC 的输出元器件。因此，对本案例 PLC 的 I/O 地址分配表如表 3-3 所示。

表 3-3　天塔之光控制的 I/O 地址分配表

输入		输出	
输入继电器	元器件	输出继电器	元器件
I0.0	停止按钮 SB1	Q0.0	灯 L1
I0.1	起动按钮 SB2	Q0.1	灯 L2
		Q0.2	灯 L3
		Q0.3	灯 L4
		Q0.4	灯 L5
		Q0.5	灯 L6
		Q0.6	灯 L7
		Q0.7	灯 L8

2. I/O 接线图

根据控制要求及表 3-3 的 I/O 地址分配表，天塔之光控制的 I/O 接线图如图 3-20 所示。

3. 硬件连接

按图 3-20 所示连接好 PLC 的 I/O 端口及外围输入输出元器件线路，并用万用表检测所连接线路的正确性。

4. 编写程序

（1）创建项目

双击桌面上的 TIA 图标，打开博途编程软件，在 Portal 视图中选择"创建新项目"，输入项目的名称"D_Tianta"，选择项目的保存路径，然后单击"创建"按钮完成项目创建。

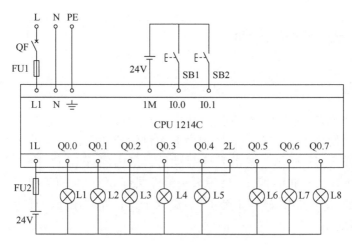

图 3-20 天塔之光控制的 I/O 接线图

（2）硬件组态

选择"组态设备"→"添加新设备"，在"控制器"中选择 CPU 1214C AC/DC/Rly V4.1 版本（必须选择与硬件一致的 CPU 型号及版本号），双击选中的 CPU 型号或单击右下角的"添加"按钮，添加新设备成功，并弹出已创建的项目编辑窗口。

（3）编写程序

天塔之光控制程序如图 3-21 所示。在此，本案例采用移动值 MOVE 指令编写。

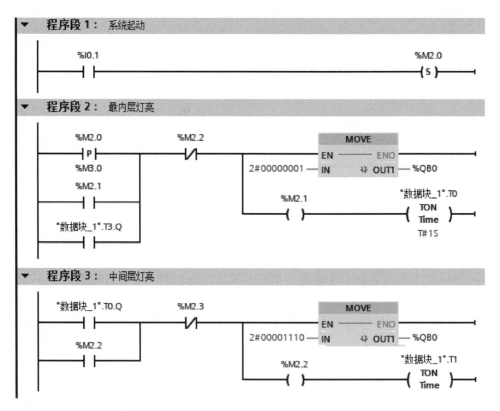

图 3-21 天塔之光控制程序

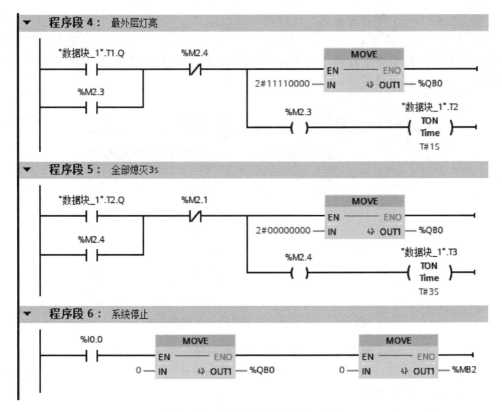

图 3-21 天塔之光控制程序（续）

5. 调试程序

将程序下载到 PLC 中，按下起动按钮，观察 8 盏灯的亮灭情况是否与控制要求一致，之后在某层灯亮的时候，按下停止按钮，观察 8 盏灯是否全部熄灭。如果调试情况与控制要求一致，说明本案例任务实现。

3.3.3 任务拓展

将本案例控制要求更改如下：系统起动后，最内层灯 L1 亮 1 s 后熄灭→中间层灯 L2、L3 和 L4 亮 1 s 后熄灭→最外层灯 L5、L6、L7 和 L8 亮 1 s 后熄灭→过 1 s→最外层灯 L5、L6、L7 和 L8 亮 1 s 后熄灭→中间层灯 L2、L3 和 L4 亮 1 s 后熄灭→最内层灯 L1 亮 1 s 后熄灭→过 1 s→最内层灯 L1 亮 1 s 后熄灭……，如此循环，直至按下系统停止按钮。同时，还要求在系统工作过程中，若再次按起动按钮无效（即不会重新开始循环点亮）。

3.4 比较指令

3.4.1 指令介绍

比较指令用来比较数据类型相同的两个数 IN1 和 IN2 的大小，相比较的两个数 IN1 和 IN2 分别在触点的上面和下面，它们的数据类型必须相同。操作数可以是 I、Q、M、L、D 存储区中的变量或常数。比较两个字符串时，实际上比较的是它们对应字符的 ASCII 码的大小，第一个不相同的字符决定了比较的结果。

比较指令可视为一个等效的触点,比较符号可以是"==(等于)""<>(不等于)"">(大于)"">=(大于或等于)""<(小于)"和"<=(小于或等于)",比较的数据类型有多种,比较指令的运算符号及数据类型在指令的下拉列表中可见,如图 3-22 所示。当满足比较关系式给出的条件时,等效触点接通。

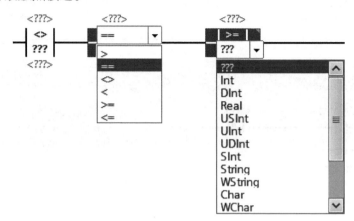

图 3-22　比较指令的运算符号及数据类型

生成比较指令后,双击触点中间比较符号下面的问号,单击出现的按钮,在下拉列表中设置要比较的数的数据类型。如果要修改比较指令的比较符号,只要双击比较符号,然后单击出现的按钮,可以在下拉列表中修改比较符号。

【例 3-2】用比较指令实现一个周期振荡电路,如图 3-23 所示。

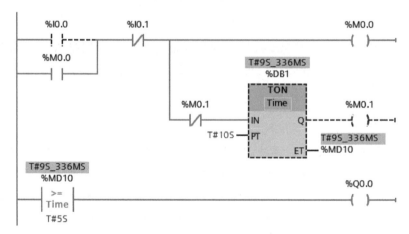

图 3-23　【例 3-2】的控制程序

MD10 用于保存定时器 TON 的已耗时间 ET,其数据类型为 Time。输入比较指令上面的操作数后,指令中的数据类型自动变为"Time"。输入 IN2 的值 5 后,IN2 的值不会自动变为 5s,而是显示 5,表示 5ms,它是以 ms 为单位的,要么直接输入"T#5 s",否则容易出错。

【例 3-3】要求用 3 盏灯,分别为红、绿、黄表示地下车库车位数的显示。系统工作时,若空余车位大于 10 个,绿灯亮;若空余车位为 1~10 个,黄灯亮;无空余车位,红灯亮。空余车位显示控制程序如图 3-24 所示。

【例 3-4】用比较指令实现单按钮控制一台电动机的起停。控制程序如图 3-25 所示。

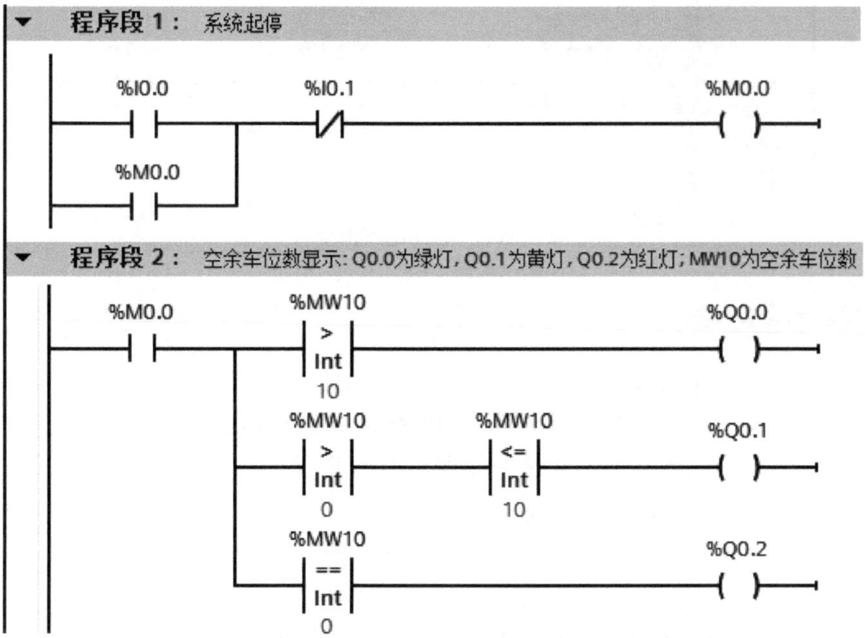

图 3-24 【例 3-3】的控制程序

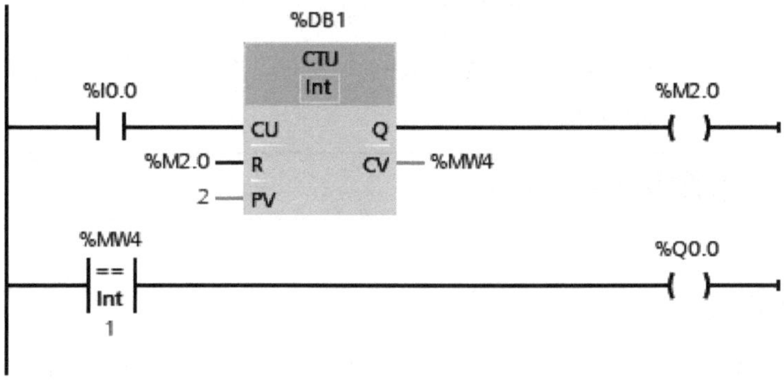

图 3-25 【例 3-4】的控制程序

3.4.2 范围比较指令

码 3-3 比较指令——微课视频

范围比较指令分为值在范围内 IN_RANGE（或称值未超出范围）指令和值超出范围 OUT_RANGE（或称值在范围外）指令，它们可以等效为一个触点。如果有能流流入指令框，则执行比较。图 3-26 中 IN_RANGE 指令的参数 VAL 满足 MIN≤VAL≤MAX（-123≤MW2≤3579），或 OUT_RANGE 指令的参数 VAL 满足 VAL<MIN 或 VAL>MAX（MB5<28 或 MB5>118）时，等效触点闭合，有能流流出指令框的输出端。如果不满足比较条件，没有能流流出。如果没有能流流入指令框，则不执行比较，也就没有能流流出。

范围比较指令的 MIN、MAX 和 VAL 的数据类型必须相同，可选 SInt、Int、DInt、USInt、UInt、UDInt、Real，可以是 I、Q、M、L、D 存储区中的变量或常数。双击指令名称下面的问号，单击出现的按钮，可在下拉列表中设置要比较的数据的数据类型。

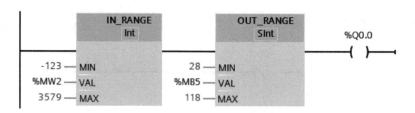

图 3-26　范围比较指令

3.4.3　有效性检查指令

有效性检查指令分为检查有效性 OK 指令与检查无效性 NOT_OK 指令，它们用来检测输入数据是否是实数（即浮点数）。如果是实数，OK 指令的触点接通；反之，NOT_OK 指令的触点接通。如图 3-27 所示，触点上面变量的数据类型为 Real。

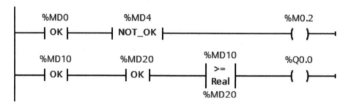

图 3-27　OK 指令与 NOT_OK 指令及其使用

在图 3-27 中，当 MD10 和 MD20 中为有效的实数时，会激活图中的比较指令（用于比较实数），如果结果为真，则 Q0.0 接通。

3.5　移位指令和循环移位指令

3.5.1　移位指令

移位指令 SHL/SHR 将输入参数 IN 指定的存储单元的整个内容逐位左移（右移）若干位，移位的位数用输入参数 N 来定义，移位的结果保存在输出参数 OUT 指定的地址中。

码 3-4　移位指令——微课视频

无符号数移位和有符号数左移后空出来的位用 0 填充。有符号数右移后空出来的位用符号位（原来的最高位）填充，正数的符号位为 0，负数的符号位为 1。

移位位数 N 为 0 时不会发生移位，但是 IN 指定的输入值被复制给 OUT 指定的地址。如果 N 大于被移位的存储单元的位数，所有原来的位被移出后，全部被 0 或符号位取代。移位操作的 ENO 总是为"1"状态。

将基本指令列表中的移位指令拖放到梯形图后，单击移位指令后将在指令框中名称下面问号的右侧和名称的右上角出现黄色三角符号▼，将鼠标移至（或单击）该符号，会出现按钮；单击指令框中名称下面问号右侧的▼按钮，可以在下拉列表中设置变量的数据类型和修改操作数的数据类型，单击指令框中名称右上角的按钮，可以在下拉列表中设置移位指令类型，如图 3-28 所示。

执行移位指令时应注意，如果将移位后的数据送回原地址，应使用边沿检测触点（P 触点或 N 触点），否则在能流流入的每个扫描周期都要移位一次。

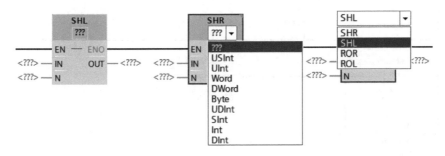

图 3-28 移位指令

左移 n 位相当于乘以 2^n，右移 n 位相当于除以 2^n。当然，移位后的值应在数据存在的范围内，如图 3-29 所示。整数 200 左移 3 位，相当于乘以 8，等于 1600；整数 -200 右移 2 位，相当于除以 4，等于 -50。

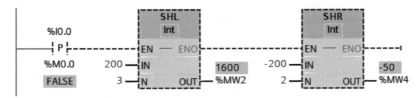

图 3-29 移位指令的应用

【例 3-5】用移位指令实现 QB0 端口上 8 盏灯以跑马灯形式点亮。

根据要求编写的控制程序如图 3-30 所示。在此，按下起动按钮 I0.0 后连接在 Q0.0 端口上的灯先亮，之后每隔 1 s 依次向后点亮（当前点亮的灯熄灭），并不断循环，直到按下停止按钮 I0.1。图 3-30 中，M0.5 为系统提供的周期为 1 s 的时钟脉冲。

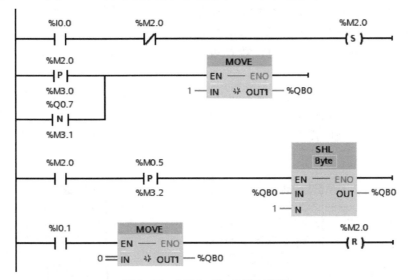

图 3-30 【例 3-5】的控制程序

【例 3-6】用移位指令实现 QB0 端口上 8 盏灯以流水灯形式点亮。

根据要求编写的控制程序如图 3-31 所示。在此，按下起动按钮 I0.0 后连接在 Q0.0 端口上的灯先亮，之后每隔 1 s 依次向后增加点亮 1 盏，并不断循环，直到按下停止按钮 I0.1。图 3-31 中，M0.5 为系统提供的周期为 1 s 的时钟脉冲（后续章节不再提示）。

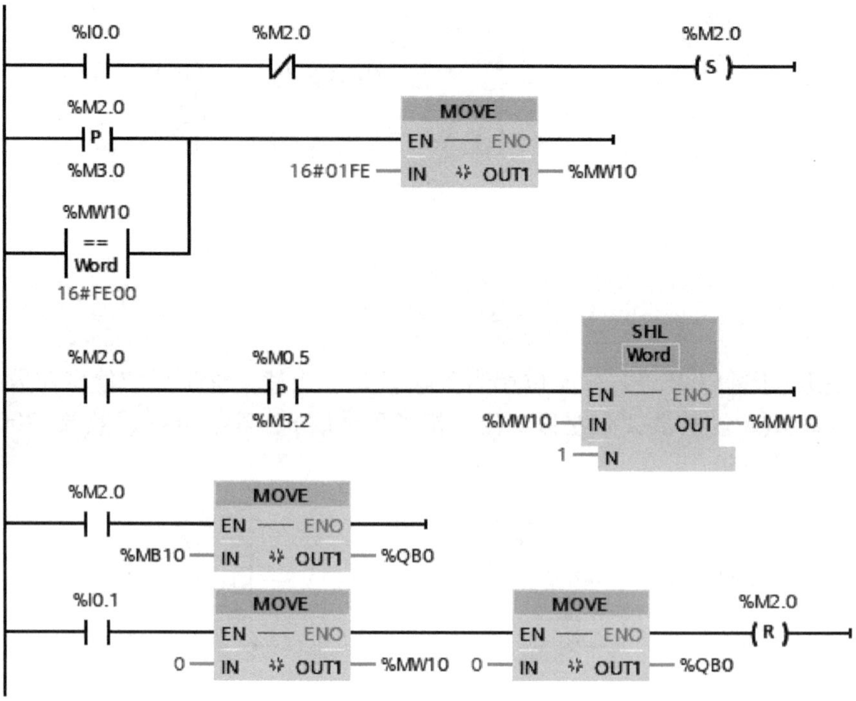

图 3-31 【例 3-6】的控制程序

3.5.2 循环移位指令

循环移位指令 ROL/ROR 将输入参数 IN 指定的存储单元的整个内容逐位循环左移/循环右移若干位，即移出来的位又送回存储单元另一端空出来的位，原始的位不会丢失。N 为移位的位数，移位的结果保存在输出参数 OUT 指定的地址。N 为 0 时不会发生移位，但是 IN 指定的输入值复制给 OUT 指定的地址。移位位数 N 可以大于被移位的存储单元的位数，执行指令后，ENO 总是为"1"状态。

在图 3-32 中，M1.0 为系统存储器，首次扫描为"1"状态，即首次扫描时将 125（16#7D）赋给 MB10，将-125（16#83，负数表示时使用补码形式，即原码取反后加 1 且符号位不变，-125 的原码的二进制形式为 2#1111 1101，反码为 2#1000 0010，补码为 2#1000 0011，即 16#83）赋给 MB20。

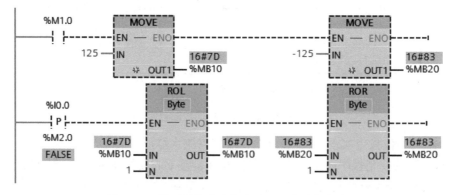

图 3-32 循环移位指令的应用——指令执行前

在图 3-32 中，当 I0.0 出现一次上升沿时，循环左移和循环右移指令各执行一次，都循环移一位，MB10 的数据 16#7D（2#0111 1101）向左循环移一位后为 2#1111 1010，即为 16#FA；MB20 的数据 16#83（2#1000 0011）向右循环移一位后为 2#1100 0001，即 16#C1，如图 3-33 所示。

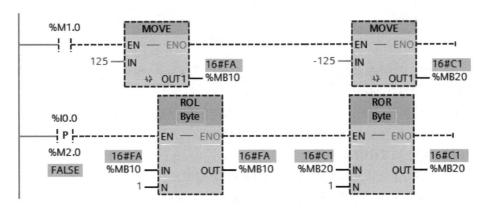

图 3-33 循环移位指令的应用——指令执行后

从图 3-33 中可以看出，循环移位时最高位移入最低位，或最低位移入最高位，即符号位跟着一起移动，始终遵循"移出来的位又送回存储单元另一端空出来的位"的原则；还可以看出，带符号的数据进行循环移位时，容易发生意想不到的结果。因此应谨慎使用循环移位。

【例 3-7】用循环移位指令实现 QB0 端口上 8 盏灯以跑马灯形式点亮。根据要求编写的控制程序如图 3-34 所示。

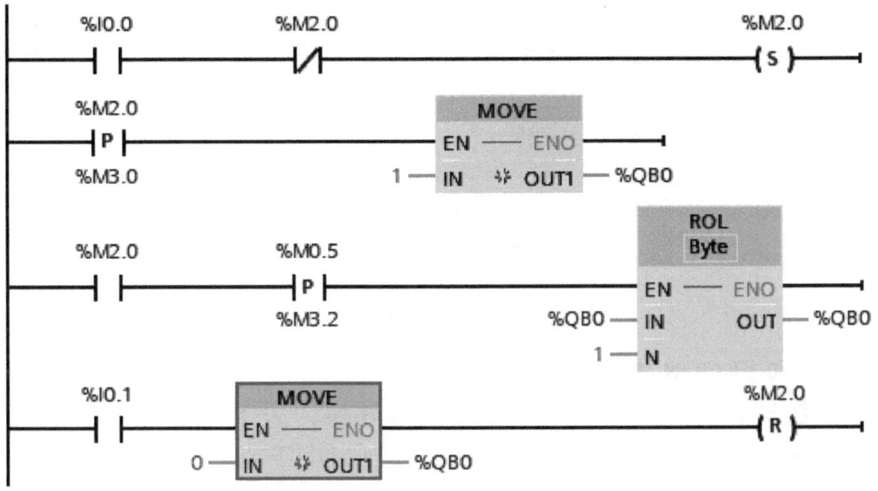

图 3-34 【例 3-7】的控制程序

3.6 转换指令

1. CONV 指令

转换值 CONV（Convert，转换）指令将数据从一种数据类型转换为另一种数据类型，如图 3-35 所示，使用时单击指令下的问号，就可以从下拉列表中选择输入的数据类型和输出的数据类型。

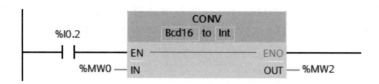

图 3-35 转换值 CONV 指令

参数 IN 和 OUT 的数据类型可以为 Byte、Word、DWord、SInt、Int、DInt、USInt、UInt、UDInt、BCD16、BCD32、Real、LReal、Char、WChar。

输入端 EN 有能流流入时，CONV 指令将 IN 指定的数据转换为 OUT 指定的数据类型。数据类型 Bcd16 只能转换为 Int，Bcd32 只能转换为 Dint。

2. ROUND 指令和 TRUNC 指令

取整指令分取整指令 ROUND 和截尾取整指令 TRUNC。

ROUND 指令用于将浮点数转换为整数。浮点数的小数点部分舍入为最接近的整数值。如果浮点数刚好是两个连续整数的一半，则实数舍入为偶数。如 ROUND（10.5）= 10，ROUND（11.5）= 12，如图 3-36 所示。

TRUNC 指令，又称截尾取整指令，用于将浮点数转换为整数，浮点数的小数部分被截成零，如图 3-36 所示。

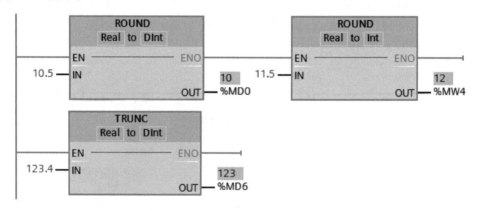

图 3-36 取整指令和截尾取整指令

3. CEIL 指令和 FLOOR 指令

CEIL（浮点数向上取整）指令用于将浮点数转换为大于或等于该实数的最小整数；FLOOR（浮点数向下取整）指令用于将浮点数转换为小于或等于该实数的最大整数，如图 3-37 所示。

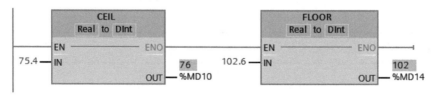

图 3-37 向上取整指令和向下取整指令

4. SCALE_X 指令和 NORM_X 指令

SCALE_X（缩放或称标定）指令是将浮点数输入值 VALUE（0.0MIN ≤ VALUE ≤ 1.0MAX，且 MIN ≤ MAX）线性转换为参数 MIN（下限）和 MAX（上限）定义的数值范围之间的整数，转换结果保存在 OUT 指定的地址中，如图 3-38 所示。

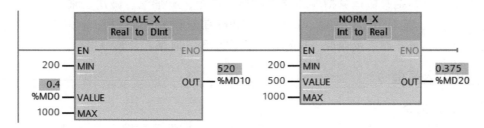

图 3-38　SCALE_X 指令和 NORM_X 指令

单击指令框中名称下面的问号，用下拉列表设置变量的数据类型。参数 MIN、MAX 和 OUT 的数据类型应相同，可以是 SInt、Int、Dint、USInt、UInt、UDInt 和 Real，MIN 和 MAX 可以是常数。

SCALE_X 指令各变量间的线性关系如图 3-39 所示，将图 3-38 中的参数代入该线性关系公式后可求得 OUT 的值：

OUT = VALUE×(MAX-MIN)+MIN = 0.4×(1000-200)+200 = 520

如果参数 VALUE 小于 0.0 或大于 1.0，可以生成小于 MIN 或大于 MAX 的 OUT，此时 ENO 为"1"状态。

满足下列条件之一时，ENO 为"0"状态。

1）输入端 EN 为"0"状态。
2）MIN 的值大于或等于 MAX 的值。
3）实数值超出 IEEE 754 规定的范围。
4）有溢出。
5）输入 VALUE 为 NaN（无效的算术运算结果）。

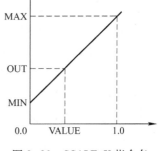

图 3-39　SCALE_X 指令各变量间的线性关系

NORM_X（标准化）指令是将整数输入 VALUE（MIN ≤ VALUE ≤ MAX）线性转换（标准化或称规格化）为 0.0~1.0 之间的浮点数，转换结果保存在 OUT 指定的地址中，如图 3-40 所示。

NORM_X 的输出 OUT 的数据类型为 Real，单击指令框中名称下面的问号，可在下拉列表中设置输入 VALUE 的数据类型。输入参数 MIN、MAX 和 VALUE 的数据类型应相同，可以是 SInt、Int、Dint、USInt、UInt、UDInt 和 Real，也可以是常数。

NORM_X 指令各变量间的线性关系如图 3-40 所示，将图 3-38 中参数代入该线性关系公式后可求得 OUT 的值：

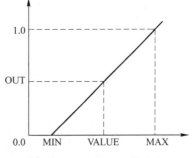

图 3-40　NORM_X 指令各变量间的线性关系

OUT = (VALUE-MIN)/(MAX-MIN) = (500-200)/(1000-200) = 0.375

如果参数 VALUE 小于 MIN 或大于 MAX，可以生成小于 0.0 或大于 1.0 的 OUT，此时 ENO 为"1"状态。

使 ENO 为"0"状态的条件与 SCALE_X 指令中的相同。

3.7 数学运算指令

数学运算指令包括整数运算指令和浮点数运算指令,有加法、减法、乘法、除法、取余、取反、加 1、减 1、绝对值、最大值、最小值、限制值、平方、平方根、自然对数、指数、正弦、余弦、正切、反正弦、反余弦、反正切、提取小数、取幂、计算等指令。

3.7.1 整数运算指令

1. 四则运算指令

四则运算指令包括加法、减法、乘法、除法指令。数学函数指令中的 ADD、SUB、MUL、DIV 分别是加法、减法、乘法、除法指令,操作数的数据类型可选 SInt、Int、DInt、USInt、UInt、UDInt、Real 和 LReal,输入参数 IN1 和 IN2 可以是常数。IN1、IN2 和 OUT 的数据类型应相同。

整数除法指令将得到的商截位取整后,作为整数格式的输出 OUT。

可单击输入参数(或称变量)IN2 后面的符号 ✱ 来增加输入参数的个数,也可以单击右键(右击)ADD 或 MUL(指令框中输入变量后面带有符号 ✱ 的都可以增加输入变量的个数)指令,执行出现的快捷菜单中的"插入输入"命令,ADD 或 MUL 指令将增加一个输入变量。选中输入变量(如 IN3)或输入变量前的"短横线",这时"短横线"将变粗,若按下〈Delete〉键(或右键单击,选择快捷菜单中的"删除"命令),则已选中的输入变量将被删除。

【例 3-8】编程实现[(12+26+47)-56]×35÷26 的运行结果,并保存在 MW20 中。根据要求编写的运算程序如图 3-41 所示。

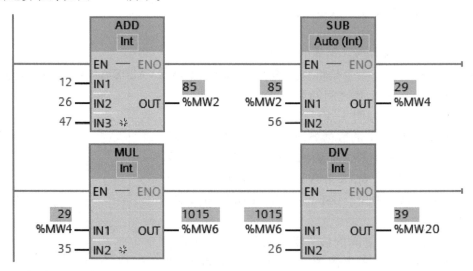

图 3-41 四则运算指令及其应用示例

将 ADD 和 SUB 指令拖放到梯形图后,单击指令框中名称下面的问号,再单击出现的按钮,可在下拉列表中设置操作数的数据类型,或采用指令"Auto"类型,输入变量后,将自动出现指令运算的数据类型。

【例3-9】编程实现 1+2+3+…+100 的运行结果,并将结果保存在 MW10 中。根据要求编写的运算程序如图 3-42 所示。程序段的第一行将第一个加数和结果清零,第二行将和与加数相加(前提是加数小于等于 100),并更改加数值。

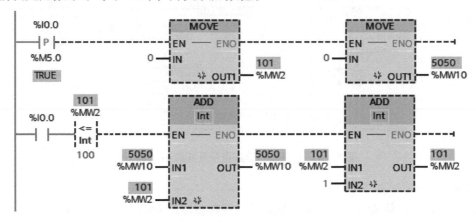

图 3-42 【例3-9】的控制程序

【例3-10】编程实现 PLC 控制系统的数据采集。系统每隔 1 s 采集 1 次数据(采集的数据在 IW64 中),为保证采集数据的准确性,要求将最近 3 次采集值求平均后作为本次数据的采集值。

根据要求编写的控制程序如图 3-43 所示。

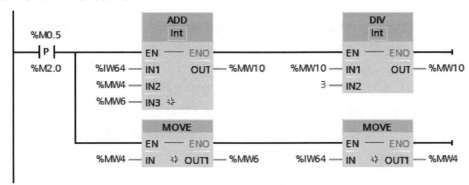

图 3-43 【例3-10】的控制程序

码 3-5 加法指令——微课视频

码 3-6 减法指令——微课视频

码 3-7 乘法指令——微课视频

码 3-8 除法指令——微课视频

2. 其他整数数学运算指令

(1) MOD(取余)指令

除法指令只能得到商,余数被丢掉。可以使用 MOD 指令来求除法的余数。输出 OUT 中的运算结果为除法运算 IN1/IN2 的余数，如图 3-44 所示。

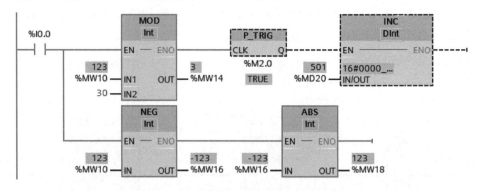

图 3-44　常用数学运算指令及其应用示例 1

（2）NEG（取反）指令

NEG（Negation）将输入 IN 的符号取反后，保存在输出 OUT 中，IN 和 OUT 的数据类型可以是 SInt、Int、DInt、Real 和 LReal，输入 IN 还可以是常数，如图 3-44 所示。

（3）INC（加 1）指令和 DEC（减 1）指令

INC（Increase）将变量 IN/OUT 的值加 1 后还保存在自己的变量中，DEC（Decrease）将变量 IN/OUT 的值减 1 后还保存在自己的变量中。IN/OUT 的数据类型可选 SInt、Int、DInt、USInt、UInt、UDInt，即为有符号或无符号的整数，如图 3-44 所示。

（4）ABS（绝对值）指令

ABS 指令用来求输入 IN 中的有符号整数或实数的绝对值，将结果保存在输出 OUT 中，IN 和 OUT 的数据类型应相同，如图 3-44 所示。

（5）MIN（最小值）指令和 MAX（最大值）指令

MIN（Minimum）指令比较输入 IN1 和 IN2（甚至更多的输入变量），并将其中最小的值送给输出 OUT。MAX（Maximum）指令比较输入 IN1 和 IN2（甚至更多的输入变量），将其中最大的值送给输出 OUT。IN1 和 IN2 的数据类型相同时才能执行指定的操作，如图 3-45 所示。

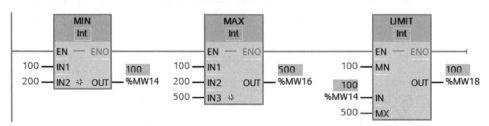

图 3-45　常用数学运算指令及其应用示例 2

（6）LIMIT（限制值）指令

LIMIT 指令检查输入 IN 的值是否在参数 MIN 和 MAX 指定的范围内，如果 IN 的值没有超出范围，则将它直接保存在 OUT 指定的地址中；如果 IN 的值小于 MIN 的值或大于 MAX 的值，则将 MIN 或 MAX 的值送至输出端 OUT，如图 3-43 所示。

3.7.2　浮点数运算指令

浮点数（实数）运算指令的操作数 IN 和 OUT 的数据类型均为 Real。

(1) SQR（平方）指令和 SQRT（平方根）指令

SQR 指令将输入 IN 的值取平方，并将结果写入输出 OUT 中。

如果满足下列条件之一，则使能输出 ENO 为"0"状态：使能输入 EN 为"0"状态；输入 IN 的值不是有效浮点数。

SQRT 指令将输入 IN 的值取平方根，并将结果写入输出 OUT 中。如果输入值大于零，则该指令的结果为正数；如果输入值小于零，则输出 OUT 返回一个无效浮点数。如果输入 IN 的值为"0"，则结果也为"0"。

如果满足下列条件之一，则使能输出 ENO 为"0"状态：使能输入 EN 为"0"状态；输入 IN 的值不是有效浮点数；输入 IN 的值为负值。

(2) LN（自然对数）指令和 EXP（指数）指令

LN 指令是将输入 IN 的值取以 e（e=2.718282）为底的自然对数，计算结果将存储在输出 OUT 中。如果输入值大于零，则该指令的结果为正数；如果输入值小于零，则输出 OUT 返回一个无效浮点数。

EXP 指令计算以 e（e=2.718282）为底数，以输入 IN 为指数的表达式的值，并将结果存储在输出 OUT 中（OUT=e^{IN}）。

(3) 三角函数指令及反三角函数指令

三角函数指令（SIN、COS 和 TAN）分别求输入 IN 的正弦值、余弦值和正切值，角度大小在输入 IN 中以弧度的形式指定，结果存储在输出 OUT 中。

反正弦（ASIN）指令是根据输入 IN 指定的正弦值，计算与该值对应的角度值。输入 IN 只能为-1~+1 内的有效浮点数。计算出的角度值以弧度为单位，并存储在输出 OUT 中，范围为$-\pi/2$~$+\pi/2$。

反余弦（ACOS）指令是根据输入 IN 指定的余弦值，计算与该值对应的角度值。输入 IN 只能为-1~+1 内的有效浮点数。计算出的角度值以弧度为单位，并存储在输出 OUT 中，范围为 0~$+\pi$。

反正切（ATAN）指令是根据输入 IN 指定的正切值，计算与该值对应的角度值。输入 IN 中的值只能是有效的浮点数（或 -NaN/ +NaN）。计算出的角度值以弧度形式输出到 OUT 上，范围为$-\pi/2$~$+\pi/2$。

【例 3-11】 求被测物体的高度。已知被测物体到测量点的距离为 L、仰角为 $\theta(°)$，则被测物体的高度 $H=L\tan\theta$。

根据要求编写的控制程序如图 3-46 所示。其中，测量的以度为单位的夹角 θ 存放在 MD10 中，要将它转换成弧度值，即需乘以 $\pi/180=0.0174533$；被测物体到测量点的距离 L 存放在 MD40 中，被测物体的高度 H 的计算值存放在 MD50 中。

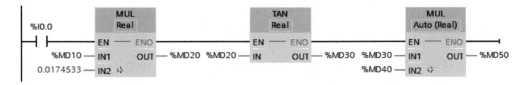

图 3-46 【例 3-11】的控制程序

(4) FRAC（求小数，或称提取小数）指令

FRAC（返回小数，或称提取小数）指令求输入 IN 的小数部分，结果存储在输出 OUT 中

并可供查询。例如，如果输入 IN 的值为 2.555，则输出 OUT 为 0.5550001，如图 3-47 所示（误差由浮点数的表示方式所致）。

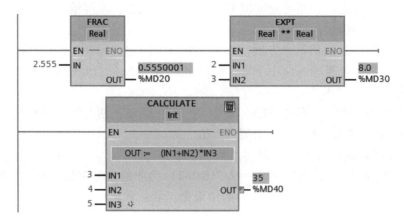

图 3-47　FRAC、EXPT、CALCULATE 指令及其应用示例

(5) EXPT（取幂）指令

EXPT 指令是求以输入 IN1 的值为底，以输入 IN2 的值为幂的结果。指令结果存放在输出 OUT（OUT = IN1^{IN2}）中，如图 3-47 所示。

输入 IN1 必须为有效的浮点数，而输入 IN2 可以是整数。

(6) CALCULATE（计算）指令

CALCULATE 指令用于求用户自定义的表达式值，根据所选数据类型计算数学运算或复杂逻辑运算，如图 3-47 所示。

可以从指令框的"<???>"下拉列表中选择该指令的数据类型。根据所选的数据类型，可以组合某些指令的函数以执行复杂计算。在一个对话框中指定待计算的表达式，单击指令框上方的"计算器（Calculator）"图标可打开该对话框。表达式可以包含输入参数的名称和指令的语法。不能指定操作数名称和操作数地址。

在初始状态下，指令框至少包含两个输入（IN1 和 IN2），可以扩展输入数目。在功能方框中按升序对插入的输入编号。

使用输入的值执行指定表达式。表达式中不一定会使用所有的已定义输入。该指令的结果将传送到输出 OUT 中。

3.8　案例 5　倒计时控制

3.8.1　任务导入

倒计时在生活和生产过程中比较常见，本案例要求使用 S7-1200 PLC 实现 9 s 倒计时控制。要求系统起动后，连接在 QB0 端口的共阴极七段数码从数字 9 开始倒计时，即每隔 1 s 递减 1，直到递减为 0。当递减到 0 时，数字 0 以 1 Hz 频率不断闪烁，直至按下复位按钮。同时还要求，在递减过程中，若按下暂停按钮，暂停倒计时，若再次按下暂停按钮，则从当前数字继续往下递减；在递减过程中，无论何时按下复位按钮，数码管应立即熄灭。

3.8.2 任务实施

1. I/O 地址分配

根据 PLC 的输入输出元器件分配原则，并结合本案例的控制要求，可将复位按钮 SB1、起动按钮 SB2 和暂停按钮 SB3 作为 PLC 的输入元器件；而将数码管作为 PLC 的输出元器件。因此，对本案例 PLC 的 I/O 地址分配如表 3-4 所示。

表 3-4 倒计时控制 I/O 地址分配表

输入		输出	
输入继电器	元器件	输出继电器	元器件
I0.0	复位按钮 SB1	Q0.0	数码管 a 段
I0.1	起动按钮 SB2	Q0.1	数码管 b 段
I0.1	暂停按钮 SB3	Q0.2	数码管 c 段
		Q0.3	数码管 d 段
		Q0.4	数码管 e 段
		Q0.5	数码管 f 段
		Q0.6	数码管 g 段

2. I/O 接线图

根据控制要求及表 3-4 的 I/O 地址分配表，倒计时控制 I/O 接线图如图 3-48 所示（图中 7 个相同阻值的电阻起分压限流作用）。

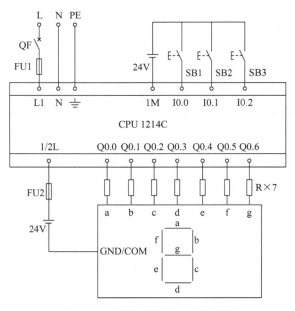

图 3-48 倒计时控制 I/O 接线图

3. 硬件连接

读者可按图 3-48 所示连接好 PLC 的 I/O 端口及外围输入输出元器件线路，并用万用表检测所连接线路的正确性。

4. 编写程序

（1）创建项目

双击桌面上的图标，打开博途编程软件，在 Portal 视图中选择"创建新项目"，输入项目名称"S_Daojishi"，选择项目保存路径，然后单击"创建"按钮完成项目创建。

（2）硬件组态

选择"组态设备"→"添加新设备"，在"控制器"中选择 CPU 1214C AC/DC/Rly V4.1 版本（必须选择与硬件一致的 CPU 型号及版本号），双击选中的 CPU 型号或单击右下角的"添加"按钮，添加新设备成功，并弹出已创建的项目编辑窗口。

（3）编写程序

倒计时控制程序如图 3-49 所示。因为图 3-48 中使用的是共阴极数码管，若要点亮某段，则相应的 PLC 控制输出高电平即可。在此，数码管按字符驱动（如显示字符己，则 PLC 的输出端应输出 2#01011011）。

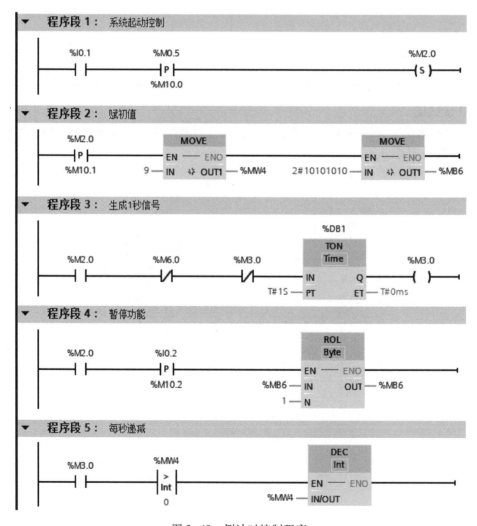

图 3-49　倒计时控制程序

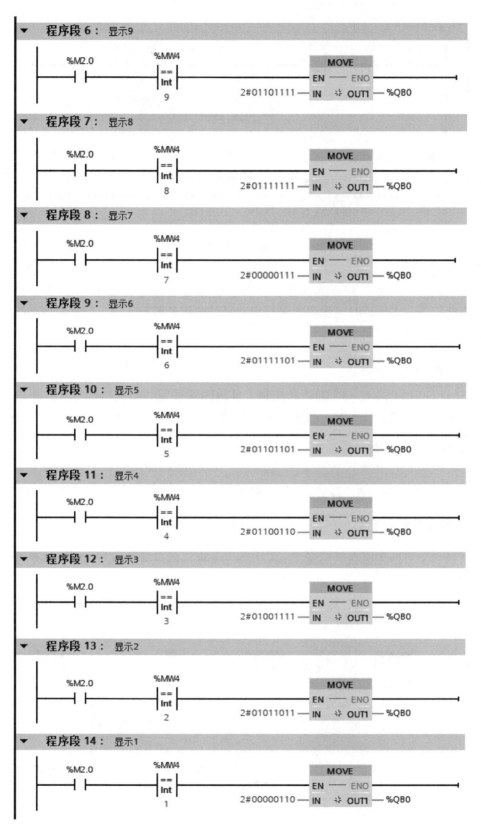

图 3-49 倒计时控制程序（续）

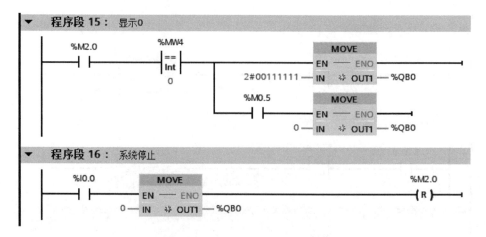

图 3-49　倒计时控制程序（续）

5. 调试程序

将程序下载到 PLC 中，按下起动按钮，观察数码管是否能实现 9 s 倒计时；当递减到 0 时，是否不断闪烁；在倒计时过程中暂停按钮和复位按钮是否起作用。如果调试情况与控制要求一致，说明本案例任务实现。

3.8.3　任务拓展

使用 S7-1200 PLC 实现 15 s 倒计时控制，且数码管采用共阳极接线方式。要求：数码管使用按段驱动点亮方式，如 a 段，当显示数字 0、2、3、5、6、7、8、9 时均应被点亮。

3.9　逻辑运算指令

逻辑运算指令包括与、或、异或、取反、解码、编码、选择、多路复用和多路分用等指令。

3.9.1　字逻辑运算指令

逻辑运算指令对两个输入（或多个）IN1 和 IN2 逐位进行逻辑运算。逻辑运算的结果存放在输出 OUT 指定的地址中，如图 3-50 所示。

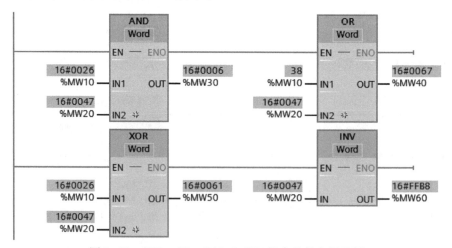

图 3-50　AND、OR、XOR 和 INV 指令及其应用示例

与（AND）运算时，两个（或多个）操作数的同一位如果均为 1，运算结果的对应位为 1，否则为 0。

或（OR）运算时，两个（或多个）操作数的同一位如果均为 0，运算结果的对应位为 0，否则为 1。

异或（XOR）运算时，两个（若有多个输入，则两两运算）操作数的同一位如果不相同，运算结果的对应位为 1，否则为 0。

与、或、异或指令的操作数 IN1、IN2 和 OUT 的数据类型为十六进制的 Byte、Word 和 DWord。

取反（INV）指令将输入 IN 中的二进制数逐位取反，即各位的二进制数由 0 变 1，由 1 变 0，运算结果存放在输出 OUT 指定的地址中。

码 3-9 逻辑与指令——微课视频

3.9.2 编码与解码指令

假设输入参数 IN 的值为 n，解码/译码（DECO，Decode）指令将输出参数 OUT 的第 n 位置位为 1，其余各位置 0。利用解码指令可以用输入 IN 的值来控制输出 OUT 中的某一位。如果输入 IN 的值大于 31，将 IN 的值除以 32 以后，用余数来进行解码操作。

IN 的数据类型为 UInt，OUT 的数据类型可选 Byte、Word 和 DWord。

IN 的值为 0~7（3 位二进制数）时，输出 OUT 的数据类型为 8 位的字节。

IN 的值为 0~15（4 位二进制数）时，输出 OUT 的数据类型为 16 位的字节。

IN 的值为 0~31（5 位二进制数）时，输出 OUT 的数据类型为 32 位的字节。

例如，IN 的值为 7 时，OUT 输出为 2#1000 0000（16#80），仅第 7 位为 1，如图 3-51 所示。

图 3-51 DECO 和 ENCO 指令及其应用示例

编码（ENCO，Encode）指令与解码指令相反，它将输入 IN 中为 1 的最低位的位数送给输出参数 OUT 指定的地址，IN 的数据类型可选 Byte、Word 和 DWord，OUT 的数据类型为 Int。

如果 IN 为 2#0100 1000，OUT 指定的 MW20 中的编码结果为 3，如图 3-51 所示。如果 IN 为 1 或 0，MW20 中的值为 0。如果 IN 为 0，ENO 为 0。

3.9.3 其他逻辑运算指令

选择（SEL, Select）指令的 Bool 型输入参数 G 为 0 时选中 IN0，G 为 1 时选中 IN1，并将它们保存在输出参数 OUT 指定的地址中，如图 3-52 所示。

多路复用（MUX，Multiplex）指令（又称为多路开关选择器）根据输入参数 K 的值，选中某个输入数据（该指令默认的输入只有 IN0、IN1 和 ELSE 三个，通过单击指令左下角的添加输入图标，可增加 IN 的数目），并将它传送到输出参数 OUT 指定的地址中，如图 3-52 所示。K=m 时，将选中 INm。如果 K 的值超过允许的范围，将选中输入参数 ELSE。参数 K 的

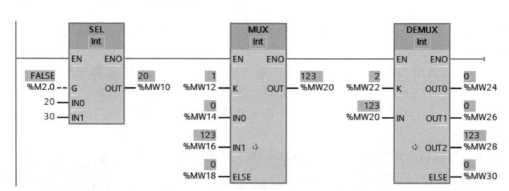

图 3-52 SEL、MUX 和 DEMUX 指令及其应用示例

数据类型为 DInt，INn、ELSE 和 OUT 可以取 12 种数据类型，它们的数据类型应相同。

多路分用（DEMUX，Demultiplex）指令根据输入参数 K 的值，将输入 IN 的内容传送到选定的输出（可增加输出 OUT 的数目）地址中，如图 3-52 所示，其他输出保持不变。K=m 时，将输入 IN 的内容传送到输出 OUTm 中。如果参数 K 的值大于可用输出数，输入 IN 的内容将被传送到 ELSE 指定的地址中，同时输出 ENO 将为"0"状态。

只有当所有输入 IN 与所有输出 OUT 具有相同的数据类型时，才能执行 DEMUX 指令。参数 K 的数据类型只能为整数。

3.10 程序控制指令

3.10.1 跳转及标签指令

1. JMP（JMPN）指令及 LABEL 指令

在程序中设置跳转指令可提高 CPU 的程序执行速度。在没有执行跳转指令时，各个程序段按从上到下的先后顺序执行，这种执行方式称为线性扫描。跳转指令中止程序的线性扫描，跳转到指令中的地址标签所在的目的地址。跳转时不执行跳转指令与标签之间的程序，跳到目的地址后，程序继续按线性扫描的方式顺序执行。跳转指令可以往前跳，也可以往后跳。

只能在同一个代码块（或块，或程序块）内跳转，即跳转指令与对应的跳转目的地址应在同一个代码块内。在一个代码块内，同一个跳转目的地址只能出现一次，即可以从不同的程序段跳转到同一个标签处，同一代码块内不能出现重复的标签。

JMP 是逻辑运算结果为 1 时的跳转指令，如果跳转条件满足（图 3-53 中 I0.0 的常开触点闭合），监控时 JMP（Jump，为"1"时在代码块中跳转）指令的线圈通电（跳转线圈为绿色），跳转被执行，将跳转到指令给出的标签 abc 处，执行标签之后的第一条指令。被跳过的程序段的指令没有被执行，这些程序段的梯形图为灰色。标签在程序段的开始处（单击指令树"基本指令"→"程序控制操作"文件夹下的图标 Label，便在程序段的下方梯形图的上方出现 <???>，双击问号可输入标签名），标签的第一个字符必须是字母，其余的可以是字母、数字和下画线。如果跳转条件不满足，将继续执行下一个程序段的程序。

JMPN 是逻辑运算结果为 0 时的跳转指令，即为"0"时在代码块中跳转，该指令的线圈断电时，将跳转到指令给出的标签处，执行标签之后的第一条指令。

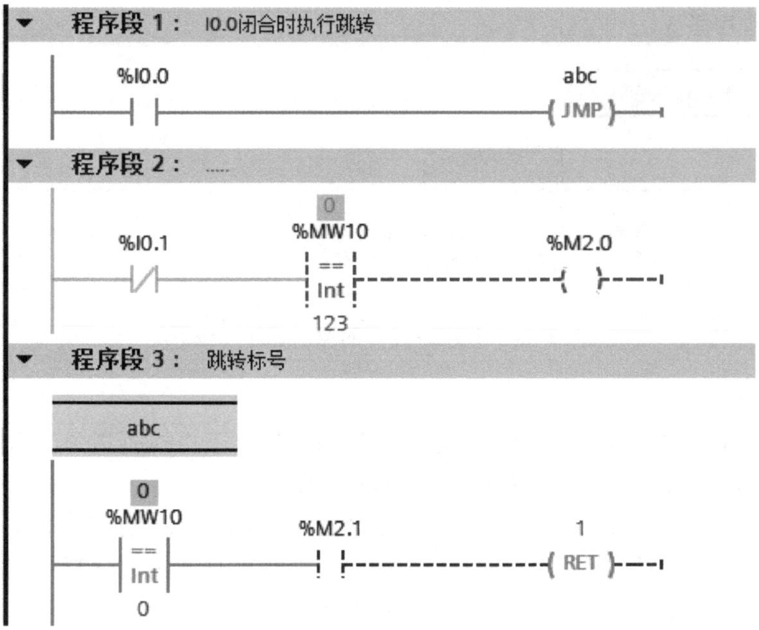

第 3 章　功能指令及编程

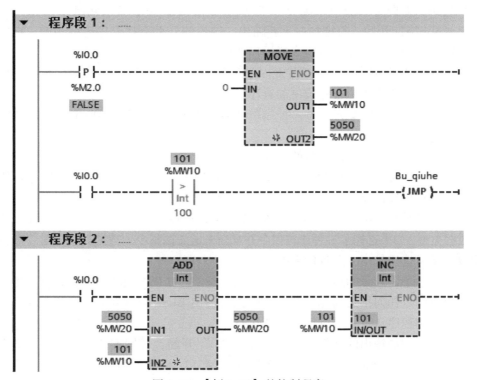

图 3-53　JMP 指令和 RET 指令及其应用示例

【例 3-12】用跳转指令实现 1+2+3+…+100，并将结果保存在 MW20 中。

码 3-10　跳转及标签指令——微课视频

根据要求编写的运算程序如图 3-54 所示。程序段 1 的第一行将第一个加数和结果清零，第二行是当加数超过 100 时将跳过求和程序段 2。

图 3-54　【例 3-12】的控制程序

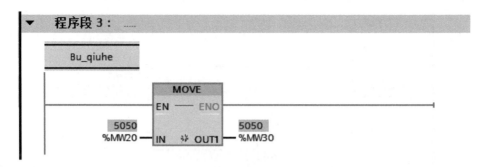

图 3-54 【例 3-12】的控制程序（续）

2. RET 指令

RET（返回）指令的线圈通电时，停止执行当前的块，不再执行指令后面的程序，返回调用它的块后，执行调用指令后的程序，如图 3-53 所示。

RET 指令的线圈断电时，继续执行它下面的程序。RET 线圈上面是块的返回值，数据类型是 Bool。如果当前的块是 OB，则返回值被忽略。如果当前是函数（FC）或函数块（FB），返回值作为 FC 或 FB 的 ENO 的值传送给调用它的块。

一般情况下并不需要在块结束时使用 RET 指令来结束块，操作系统将会自动完成这一任务。RET 指令用来有条件地结束块，一个块可以使用多条 RET 指令。

3. JMP_LIST 指令及 SWITCH 指令

使用 JMP_LIST（定义跳转列表）指令可定义多个有条件跳转，执行由参数 K 指定的程序段中的程序。

可使用跳转标签定义跳转，跳转标签可以用指令框的输出指定。可在指令框中增加输出的数量（默认输出只有两个），S7-1200 PLC 的 CPU 最多可以声明 32 个输出。

输出编号从"0"开始，每增加一个新输出，输出编号都会按升序连续递增。在指令的输出中只能指定跳转标签，不能指定指令或操作数。

参数 K 将指定输出编号，因而程序将从跳转标签处继续执行。如果参数 K 大于可用的输出编号，则继续执行块中下个程序段中的程序。

在图 3-55 中，当参数 K 为 1 时，程序跳转至目标输出 DEST1（Destination，目的地）所指定的标签 SZY 处开始执行。

使用 SWITCH（跳转分支，又称跳转分配器）指令可根据一个或多个比较指令的结果，定义要执行的多个程序跳转。在参数 K 中指定要比较的值，将该值与各个输入值进行比较。可以为每个输入选择比较运算符。

各比较指令的可用性取决于指令的数据类型，可以从指令框的"<???>"下拉列表中选择该指令的数据类型。如果选择了一种比较指令并且尚未定义该指令的数据类型，则"<???>"下拉列表中仅提供所选比较指令允许的数据类型。

该指令从第一个比较开始执行，直至满足比较条件。如果满足比较条件，则不考虑后续比较条件。如果不满足任何指定的比较条件，则执行输出 ELSE 处的跳转。如果输出 ELSE 中未定义程序跳转，则程序从下一个程序段继续执行。

可在指令框中增加输出的数量。输出编号从"0"开始，每增加一个新输出，输出编号都会按升序连续递增。在指令的输出中可指定跳转标签（LABEL），但不能在该指令的输出上指定指令或操作数。

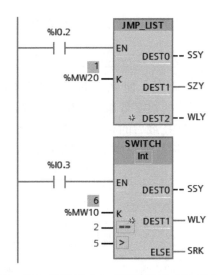

图 3-55 JMP_LIST 指令和 SWITCH 指令及其应用示例

每个增加的输出都会自动插入一个输入。如果满足输入的比较条件，则执行相应输出处设定的跳转。

在图 3-55 中，参数 K 为 6，满足大于 5 的条件，则程序跳转至目标输出 DEST1 所指定的标签 WLY 处开始执行。

3.10.2 运行时控制指令

1. RE_TRIGR 指令

监控定时器又称看门狗（Watchdog），每次扫描循环它都被自动复位一次。正常工作时，最大扫描循环时间小于监控定时器的时间设定值时，监控定时器不会起作用。

发生以下情况时，扫描循环时间可能大于监控定时器的设定时间，监控定时器将会起作用：

1）用户程序太长。
2）一个扫描循环内执行中断程序的时间很长。
3）循环指令执行的时间太长。

此时，可以在程序中的任意位置使用 RE_TRIGR（重置周期监控时间，或称重新触发循环周期监控时间）指令，来复位监控定时器，如图 3-56 所示。该指令仅在优先级为 1 的程序循环 OB 和它调用的块中起作用；该指令在 OB80 中将被忽略。如果在优先级较高的块中（如硬件中断、诊断中断和循环中断 OB）调用该指令，使能输出 ENO 被置为 0，不执行该指令。

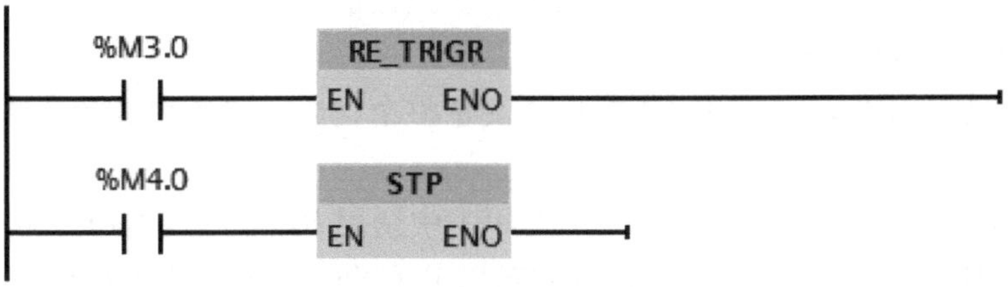

图 3-56 RE_TRIGR 指令和 STP 指令及其应用示例

在组态 CPU 时，可以用参数"周期"设置循环周期监控时间，即最大循环时间，默认值为 150 ms，最大设置值为 6000 ms。

2. STP 指令

STP 指令的输入 EN 为"1"状态时，使 PLC 进入 STOP 模式。执行 STP 指令后，将使 CPU 集成的输出、信号板和信号模块的数字量输出或模拟量输出进入组态时设置的安全状态。当执行 STP 指令时，可以使输出冻结在最后的状态（即保持为上一个值），或用替代值设置为安全状态，如图 3-57 所示，组态模拟量输出类似。默认的数字量输出状态为 FALSE，默认的模拟量输出为 0。

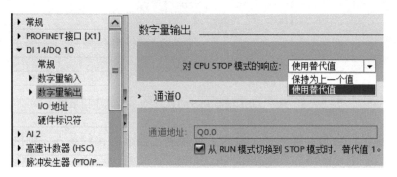

图 3-57　组态数字量输出点

3. GET_ERROR 指令和 GET_ERR_ID 指令

GET_ERROR 指令用来提供有关程序块执行错误的信息，用输出参数 ERROR（错误）显示程序块执行的错误，如图 3-58 所示，并且将详细的错误信息填入预定义的 ErrorStruct（错误结构）数据类型，可以用程序来分析错误信息，并做出适当的响应。第一个错误消失时，指令输出下一个错误的信息。

图 3-58　GET_ERROR 指令和 GET_ERR_ID 指令及其应用示例

在块的接口区定义一个名为 ERROR1 的变量作参数 ERROR 的实参，用下拉列表设置其数据类型为 ErrorStruct。也可以在数据块中定义 ERROR 的实参。

GET_ERR_ID 指令用来报告产生错误的 ID（标识符），如果执行时出现错误，且指令的输入 EN 为"1"状态，则出现的第一个错误的标识符保存在指令的输出参数 ID 中，ID 的数据类型为 Word。第一个错误消失时，指令输出下一个错误的 ID。

4. RUNTIME 指令

RUNTIME（测量程序运行时间）指令用于测量整个程序、单个块或命令序列的运行时间，如图 3-59 所示。

如果要测量整个程序的运行时间，则可在 OB1 中调用 RUNTIME 指令。第一次调用该指令时开始测量运行时间，在第二次调用该指令后输出 Ret_Val 用以返回程序的运行时间。测量的运行时间包括程序执行过程中可能运行的所有 CPU 进程，如由较高级别事件或通信引起的中断。

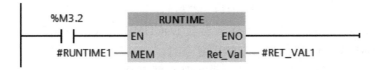

图 3-59 RUNTIME 指令及其应用示例

RUNTIME 指令读取 CPU 内部计数器中的内容并将该值写入参数 MEM 中，该指令根据内部计数器的频率计算当前程序的运行时间并将其写入输出参数 Ret_Val 中。

在块的接口区定义两个名为 RUNTIME1 和 RET_VAL1 的变量作为参数 MEM 和 Ret_Val 的实参，用下拉列表设置其数据类型为 LReal。

3.11 其他指令

3.11.1 日期和时间指令

在 CPU 断电时，超级电容可保证实时时钟（Time-day Clock）的运行。保证时间通常为 20 天，40℃时最少为 12 天。打开在线与诊断视图，可以设置实时时钟的时间值。也可以用日期和时间指令来读、写实时时钟。

日期时间的数据类型为 Time，长度为 4B，时间单位为 ms。数据类型 DTL 的 12B 依次为年（占 2B）、月、日、星期的代码、小时、分、秒（各占 1B）和纳秒（占 4B），均为 BCD 码。星期一～星期六、星期日的代码分别为 1~7。可以在全局数据块或块的接口区定义 DTL 类型的变量。

系统时间是格林尼治标准时间，本地时间是根据当地时区设置的本地标准时间。我国的本地时间（北京时间）比系统时间早 8h。在组态 CPU 的属性时，设置时区为北京（默认为德国柏林时间），不使用夏令时。

日期和时间指令在指令树的"扩展指令"→"日期和时间"文件夹中，读取和写入时间指令的输出参数 RET_VAL 返回的是指令的状态信息，数据类型为 Int。

生成全局数据块"数据块_1"，在其中生成数据类型为 DTL 的变量 DT1~DT3（见图 3-60）。

图 3-60 数据块_1 中日期和时间设置及读取

用监控表将新的时间值写入"数据块_1".DT1。"写时间"（M2.0）为"1"状态时，写入本地时间 WR_LOC_T 指令（见图 3-61）将输入参数 LOCTIME 输入的日期时间作为本地时间写入实时时钟。参数 DST 为 FALSE，表示不使用夏令时。

"读时间"（M2.1）为"1"状态时，读取本地时间 RD_LOC_T 指令和读取系统时间 RD_SYS_T 指令（见图 3-61）的输出 OUT 分别是数据类型为 DTL 的 PLC 中的本地时间和系统时间。图 3-60 给出了同时读出的本地时间 DT2 和系统时间 DT3（必须启动数据块_1 的监控功能，否则图 3-60 中不会显示"监视值"列），本地时间早 8 h（如果 CPU 的时区属性未设置为北京，而是柏林，则本地时间比系统时间早 2 h）。

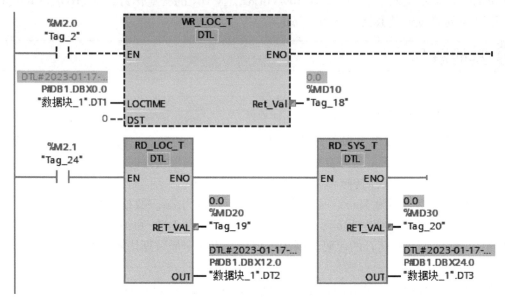

图 3-61 日期和时间指令

设置时区 SET_TIMEZONE 指令用于设置本地时区和夏令时/标准时间切换的参数。

运行时间定时器 RTM 指令用于对 CPU 的 32 位运行小时计数器的设置、启动、停止和读取操作。转换时间并提取 T_CONV 指令用于整数和时间数据类型之间的转换。

码 3-11 日期和时间指令——微课视频

时间相加 T_ADD 指令、时间相减 T_SUB 指令和时间值相减 T_DIFF 指令用于时间的加减。组合时间 T_COMBINE 指令用于合并日期值和时间值。

3.11.2 字符串指令与字符指令

String（字符串）数据类型有 2B 的头部，其后是最多 254B 的 ASCII 字符代码。字符串的首字节是字符串的最大长度，第 2 个字节是当前长度，即当前实际使用的字符数。字符串占用的字节数为最大长度加 2。

执行字符串指令之前，首先应定义字符串。注意：不能在变量表中定义字符串，只能在程序块的接口区或全局数据块中定义。

生成"数据块_1"的全局数据块，并取消其"优化的块访问"属性。在"数据块_1"中定义字符串变量 String1~String3（见图 3-62）。字符串的"数据类型"中"String[20]"中的"[20]"表示其最大长度为 20 个字符，加上头部两个字节，共 22B。如果字符串的"数据类型"为 String（没有方括号），则表示每个字符串变量将占用 256B。

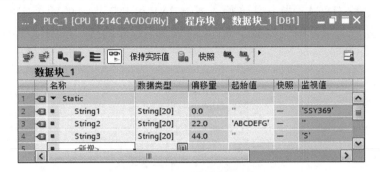

图 3-62　数据块中的字符串变量

1. 字符串转换指令

转换字符串 S_CONV 指令用于将输入 IN 中的值转换为输出 OUT 中指定的数据格式，通过为输出参数 OUT 选择数据类型，确定转换的输出格式，如图 3-63 所示。

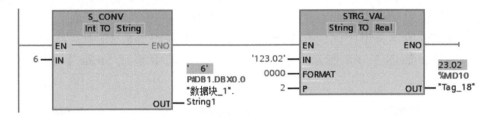

图 3-63　S_CONV 指令及 STRG_VAL 指令及其应用示例

将字符串转换为数值 STRG_VAL 指令将数值字符串转换为对应的整数或浮点数。从参数 IN 指定的字符串的第 P 个字符开始转换，直到字符串结束（见图 3-63）。将数值转换为字符串 VAL_STRG 指令将输入参数 IN 中的数字，转换为输出参数 OUT 中对应的字符串。

Strg_TO_Chars 指令将字符串转换为字符元素组成的数组；Chars_TO_Strg 指令将字符元素组成的数组转换为字符串；ATH 指令将 ASCII 字符串转换为十六进制数，HTA 指令将十六进制数转换为 ASCII 字符串。

2. 获取字符串长度指令与移动字符串指令

使用获取字符串长度 LEN 指令可查询输入参数 IN 中指定的字符串的当前长度，并将其输出到输出参数 OUT 中。空字符串（""）的长度为零。获取字符串最大长度 MAX_LEN 指令用输出参数 OUT（整数）提供输入参数 IN 指定的字符串的最大长度。移动字符串 S_MOVE 指令用于将参数 IN 中的字符串的内容写入参数 OUT 指定的数据区域，如图 3-64 所示。从图 3-64 中可以看到，字符串'SSY369'被写入"数据块_1". String1 中。

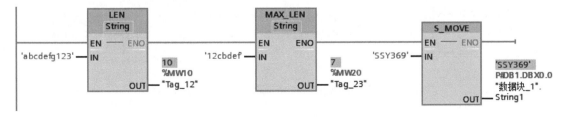

图 3-64　LEN、MAX_LEN 指令和 S_MOVE 指令及其应用示例

3. 合并字符串指令

合并字符串长度 CONCAT 指令是将输入参数 IN1 和 IN2 指定的两个字符串连接在一起，参数 OUT 输出合并后的字符串，如图 3-65 所示（在主程序的接口区中生成 String 数据类型的变量 String）。

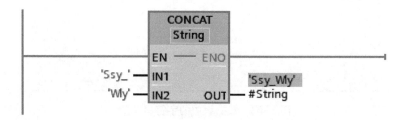

图 3-65　CONCAT 指令及其应用示例

4. 读取字符串中的字符指令

执行读取字符串中的左侧字符 LEFT 指令可获得由字符串参数 IN 的前 L 个字符组成的子字符；执行读取字符串中的右侧字符 RIGHT 指令可获得字符串的最后 L 个字符组成的子字符；执行读取字符串中间的几个字符 MID 指令可获得参数 IN 中从第 P 个字符开始的中间 L 个字符，如图 3-66 所示（在主程序的接口区中生成 String 数据类型的变量 String_1~String_3）。

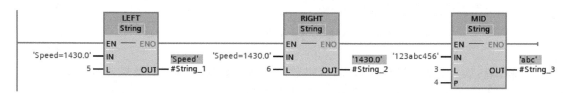

图 3-66　LEFT、RIGHT 指令和 MID 指令及其应用示例

5. 删除字符指令与插入字符指令

执行删除字符 DELETE 指令，其输出是删除了参数 IN 中从第 P 个字符开始的 L 个字符的字符；执行在字符串中插入字符 INSERT 指令，其输出是将 IN2 指定的字符插入 IN1 指定的字符串第 P 个字符之后的字符，如图 3-67 所示（在主程序的接口区中生成 String 数据类型的变量 String_4~String_5）。

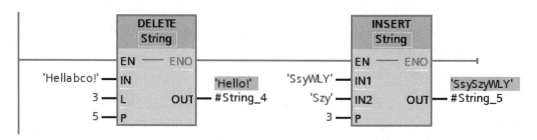

图 3-67　DELETE 指令和 INSERT 指令及其应用示例

6. 替换字符指令与查找字符指令

使用替换字符 REPLACE 指令，可将输入字符串 IN1 中的一部分替换为输入 IN2 中的字符串。使用参数 P 指定要替换的第一个字符的位置；使用参数 L 指定要替换的字符数；使用查找字符 FIND 指令，可在输入 IN1 中的字符串内搜索特定的字符串（查找到 IN2 指定的字符串 'abc' 是从 IN1 指定的字符串 'ABCabcdE' 的第 4 个字符开始的），如图 3-68 所示（在主程序的接口区中生成 String 数据类型的变量 String_6）。

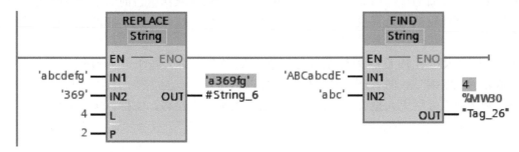

图 3-68　REPLACE 指令和 FIND 指令及其应用示例

3.12 习题与思考

1. 将 100 分别转换成二进制数和十六进制数。
2. S7-1200 PLC 中，整数类型包括哪几种？
3. 如何创建数组？
4. I2.7 是输入字节_____的第_____位。
5. MW0 是由_____、_____两个字节组成；其中_____是 MW0 的高字节，_____是 MW0 的低字节。
6. QD10 是由_____、_____、_____、_____字节组成。
7. Word（字）是 16 位_____符号数，Int（整数）是 16 位_____符号数。
8. 字节、字、双字、整数、双整数和浮点数，哪些是有符号的？哪些是无符号的？
9. 使用定时器及比较指令编写占空比为 1:2、周期为 1.2 s 的连续脉冲信号。
10. 将浮点数 12.3 取整后传送至 MB10。
11. 执行 MOVE 指令，输入 IN 是否会被清零？
12. 使用循环移位指令，实现接在输出字 QB0 端口 8 盏灯的跑马灯往复点亮控制。
13. 使用数学运算指令，实现 [8+9×6/(12+10)]/(6-2) 运算，并将结果保存在 MW10 中。
14. 使用逻辑运算指令，将 MW0 和 MW10 合并后分别送到 MD20 的低字和高字中。
15. 编程实现计算 10!，并将结果存储在 MD20 中。
16. 某设备有 3 台风机，当设备处于运行状态时，如果有两台或两台以上风机工作，则指示灯常亮，指示"正常"；如果仅有一台风机工作，则该指示灯以 0.5 Hz 的频率闪烁，指示"一级报警"；如果没有风机工作，则指示灯以 2 Hz 的频率闪烁，指示"严重报警"；当设备不运行时，指示灯不亮。

17. 使用 SUB 指令实现【例 3-5】的控制要求。

18. 实现 9 s 倒计时控制,要求按下开始按钮后,数码管上显示 9,松开开始按钮后显示值每秒递减,减到 0 时停止,之后再次从 9 开始倒计时,不断循环。无论何时按下停止按钮,数码管显示当前值,再次按下开始按钮,数码管的显示值从当前值继续递减。

19. 3 组实现抢答器控制,要求在主持人按下开始按钮后,3 组抢答按钮中按下任意一个按钮后,主持人前面的显示器能实时显示该组的编号,抢答成功组台前的指示灯亮起,同时锁住抢答器,使其他组按下抢答按钮无效。若主持人按下停止按钮,则不能进行抢答,且显示器无显示。

20. 控制要求同第 19 题,另外系统还要求:如果在主持人按下开始按钮之前进行抢答,则显示器显示该组编号,同时该组号以秒级闪烁以示违规,直至主持人按下复位按钮。若主持人按下开始按钮 10 s 后无人抢答,则蜂鸣器响起,表示无人抢答,主持人按下复位按钮可消除此状态。

第 4 章　程序结构及编程

本章主要对 S7-1200 PLC 中的函数、函数块、组织块（包括程序循环组织块、启动组织块、循环中断组织块、延时中断组织块、时间中断组织块、硬件中断组织块、时间错误组织块和诊断错误组织块等）进行介绍。通过本章的学习，希望读者能尽快理解及熟练应用多种程序代码块及数据块，并会合理安排 PLC 控制系统的程序结构。

4.1　函数与函数块

4.1.1　块

同 S7-300/400 PLC 一样，S7-1200 PLC 编程采用块的概念，即将程序分解为独立的、自成体系的各个部件。块类似于子程序，但其类型更多，功能更强大。在工业控制中，程序往往是非常庞大和复杂的，采用块的概念便于大规模的设计和程序阅读及理解，还可以设计标准化的块程序进行重复调用，使程序结构清晰明了、修改方便、调试简单。采用块结构显著增加了 PLC 程序的组织透明性、可理解性和易维护性。

S7-1200 PLC 程序提供了多种类型的块，如表 4-1 所示。

表 4-1　S7-1200 PLC 用户程序中的块

块（Block）	简要描述
组织块（OB）	操作系统与用户程序的接口，决定用户程序的结构
函数（FC）	用户编写的包含经常使用的功能的子程序，无专用的存储区
函数块（FB）	用户编写的包含经常使用的功能的子程序，有专用的存储区（即背景数据块）
数据块（DB）	存储用户数据的数据区域

4.1.2　数据块

1. 数据块简介

数据块（Data Block，DB）用于存储用户数据及程序中间变量。新建数据块（如何创建见 3.1.3 小节）时，默认状态是优化的存储方式，且数据块中存储的变量是非保持的。数据块占用 CPU 的装载存储区和工作存储区，与位存储区 M 的功能类似，都是全局变量。不同的是，位存储区 M 的大小在 CPU 技术规范中已经定义，且不可扩展，而数据块存储区由用户定义，最大不能超过工作存储区或装载存储区。S7-1200 PLC 的优化数据块的存储空间要比非优化数据块的存储空间大得多，但其存储空间与 CPU 的类型有关。

 注意：一个程序中可以创建多个数据块，且一个数据块中可以创建多个数据类型的变量。全局数据块必须创建后才可以在程序中使用。

有的程序（如有的通信程序）只能使用非优化数据块，多数情形可以使用优化数据块和非优化数据块，但应优先使用优化数据块。优化访问（即使用符号地址进行操作数的寻址）有如下特点：

1) 优化访问速度快。
2) 地址由系统分配。
3) 只能用于符号寻址，没有具体的地址，不能直接使用绝对地址方式寻址。
4) 功能多。

按照功能分，DB 可以分为：全局数据块、背景数据块和基于数据类型（用户定义数据类型、系统数据类型和数组类型）的数据块。

2. 数据块的寻址

数据块的非优化访问使用绝对地址，可访问位地址、字节地址、字地址和双字地址，如 DB1.DBX0.0、DB1.DBB0、DB1.DBW0、DB1.DBD0 等。

数据块的优化访问采用符号地址，如"数据块_1". 电压 [1, 3]、"数据块_1". 流量等。使用数据块的符号还可以访问非结构数据类型变量的"片段"，即可以用符号方式按位、按字节、按字访问 PLC 变量表和数据块中某个符号地址变量的一部分。双字大小的变量可以按位 0~31、字节 0~3 或字 0、1 访问（见图 4-1）；字大小的变量可以按位 0~15、字节 0、1 或字 0 访问；字节大小的变量则可以按位 0~7 或字节 0 访问。

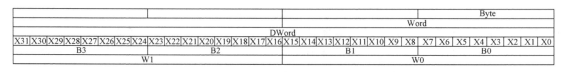

图 4-1 符号方式寻址时双字中的字、字节和位

如在 PLC 变量表中，"状态"是一个声明为 DWord 数据类型的变量，"#状态". X10 是"状态"变量的第 10 位，"#状态". B2 是"状态"变量的第 2 个字节，"#状态". W0 是"状态"变量的第 0 个字。

如在"数据块_1"中状态为 DWord 数据类型，则"数据块_1". 状态 .%X0 表示"数据块_1"中变量"状态"的第 0 位，"数据块_1". 状态 .%B1 表示"数据块_1"中变量"状态"的第 1 个字节，"数据块_1". 状态 .%W1 表示"数据块_1"中变量"状态"的第 1 个字。

4.1.3 函数

函数（Function，FC，在 S7-300/400 PLC 中称为功能）是用户编写的程序块，类似于子程序，包含完成特定任务的程序。用户可以将具有相同或相近控制过程的程序（FC）编写好，然后在主程序 OB1 或其他程序块（包括组织块、函数和函数块）中调用 FC。

FC 与调用它的块共享输入、输出参数，执行完 FC 后，执行结果会返回给调用它的程序块。

FC 没有固定的存储区，功能执行结束后，其局部变量中的临时数据就丢失了。可以用全局变量来存储那些在功能执行结果后需要保存的数据。

1. 生成 FC

打开博途软件的项目视图，生成一个名为"FC_First"的新项目。双击项目树中的"添加新设备"，添加一个新设备，选择 CPU 的型号为 CPU 1214C AC/DC/Rly。

打开项目视图，在项目树中打开"PLC_1"→"程序块"文件夹，双击其中的"添加新块"，打开"添加新块"对话框，如图 4-2 所示。选择"函数"，FC 默认编号方式为"自动"，且编号为 1，编程语言为 LAD（梯形图）。设置函数的名称为"M_lianxu"，默认名称为"块_1"（也可以对其重命名，右键单击项目树中"程序块"文件夹下的 FC，在弹出列表中选择"重命名"，然后更改其名称）。勾选左下角的"新增并打开"，然后单击"确定"按钮，自动生成 FC1，并打开其编程窗口，此时可以在项目树的"PLC_1"→"程序块"文件夹下看到新生成的 FC1(M_lianxu[FC1])，如图 4-3 所示。

图 4-2 添加新块——函数

图 4-3 FC1 中的局部变量

2. 生成 FC 的局部变量

将鼠标的光标放在 FC1 的程序编辑区最上面的分隔条上，按住鼠标左键，往下拉动分隔条,分隔条上面为块接口 (Interface) 区,如图4-3右侧所示,下面是程序编辑区。将水平分隔条拉至程序编程器窗口的顶部,不再显示块接口区,但是它仍然存在。或者通过单击块接口区与程序编辑区之间的 ▲ 和 ▼ 隐藏或显示块接口区。

在块接口区中生成局部变量,但只能在它所在的块中使用,且为符号寻址访问。块的局部变量的名称由字符(包括汉字)、下画线和数字组成,在编程时程序编辑器自动地在局部变量名前加上#号来标识它们(全局变量或符号使用双引号,绝对地址使用%)。由图4-3可知,函数主要使用以下5种局部变量。

1) Input (输入参数):由调用它的块提供的输入数据。
2) Output (输出参数):返回给调用它的块的程序执行结果。
3) InOut (输入/输出参数):初值由调用它的块提供,块执行后将它的值返回给调用它的块。
4) Temp (临时数据):暂时保存在局部堆栈中的数据。在执行块时会使用临时数据,执行完后不再保存临时数据的数值,它可能被别的块的临时数据覆盖。
5) Return (返回):其 M_lianxu (返回值) 属于输出参数。

在函数FC1中实现两种电动机的连续运行控制,控制模式相同:按下起动按钮(电动机1对应I0.0,电动机2对应I0.2);电动机起动运行(电动机1对应Q0.0,电动机2对应Q0.2);按下停止按钮(电动机1对应I0.1,电动机2对应I0.3),电动机停止运行,电动机工作指示分别为Q0.1和Q0.3。在此,电动机过载保护用的热继电器常闭触点接在PLC的输出回路中。

下面生成上述电动机连续控制的函数局部变量。

在Input下面的"名称"列生成变量"Start"和"Stop",单击"数据类型"后的按钮,用下拉列表设置其数据类型为Bool,默认为Bool型。

在InOut下面的"名称"列生成变量"Display",选择数据类型为Bool。

在Output下面的"名称"列生成变量"Motor",选择数据类型为Bool。

生成局部变量时,不需要指定存储器地址。根据各变量的数据类型,程序编辑器自动地为所有局部变量指定存储器地址。

图4-3中返回值 M_lianxu (函数FC1的名称)属于输出参数,默认的数据类型为Void,该数据类型不保存数据,用于函数不需要返回值的情况。在调用FC1时,看不到M_lianxu。如果将它设置为Void以外的数据类型,在FC1内部编程时可以使用该变量,调用FC1时在其右边也可以看到作为输出参数的 M_lianxu。

3. 编写FC程序

在自动打开的FC1程序编辑器窗口中编写上述电动机连续运行控制的程序,程序编辑器窗口与主程序Main[OB1]的编辑窗口相同。电动机连续运行程序如图4-4所示,对其进行编译。

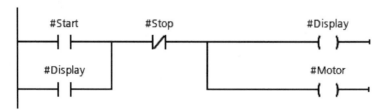

图4-4 电动机连续运行程序

编程时单击触点或线圈上方的<??.?>时,可手动输入其名称,或再次单击<??.?>,并单击弹出按钮,用下拉列表选择其变量。

> **注意**:如果定义变量"Display"为"Output"参数,则在编写FC1程序的自锁常开触点时,系统会提示""# Display"变量被声明为输出,但是可读"的警告,并且此处触点无法显示黑色而为棕色。在主程序编译时也会提出相应的警告。在执行程序时,电动机只能点动,不能连续,即线圈得电,而自锁触点不能闭合。

4. 在OB1中调用FC

在OB1程序编辑器窗口中,将项目树中的FC1拖放到右边的程序编辑区的水平"导线"上,如图4-5所示。FC1中,左边的"Start"等是FC1的块接口区中定义的输入参数和输入/输出参数,右边的"Motor"是输出参数。它们被称为FC的形式参数,简称为形参。形参在FC内部的程序中使用,在其他逻辑块(包括组织块、函数和函数块)调用FC时,需要为每个形参指定实际的参数,简称为实参。实参与它对应的形参应具有相同的数据类型。

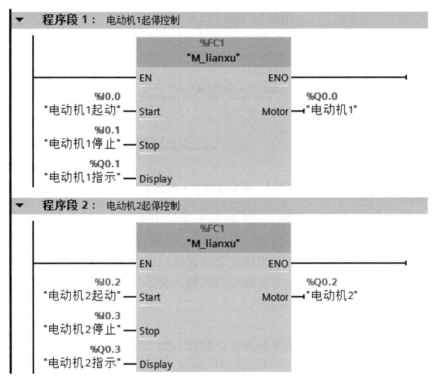

图4-5 在OB1中调用FC1

指定形参时,可以使用变量表和全局数据块中定义的符号地址或绝对地址,也可以使调用FC1的块(如OB1)的局部变量。

如果在FC1中不使用局部变量,直接使用绝对地址或符号地址进行编程,则如同在主程序中编程一样,若使用这些程序段,则必须在主程序或其他逻辑块中加以调用。若上述控制要求在FC1中未使用局部变量(无形参),则编程如图4-6所示。

> **注意**:如果用户使用FC,一般都会在FC的块接口区中定义局部变量。在FC中使用局部变量进行编程,不仅有利于程序中变量的修改,更有利于程序的阅读和调试。

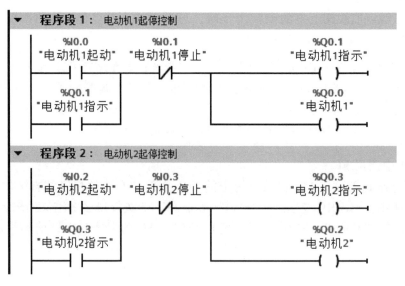

图 4-6 无形参的 FC1 编程

在 OB1 中调用 FC1（无形参），如图 4-7 所示。

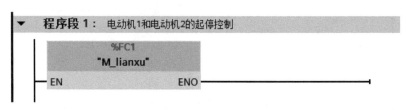

图 4-7 无形参的 FC1 的调用

从上述使用形参和未使用形参进行 FC1 的编程及调用来看，使用形参编程比较灵活、方便，特别对于功能相同或相近的程序来说，只需要在调用的逻辑块中改变 FC 的实参即可，便于用户阅读及程序的维护，而且能做到模块化和结构化的编程。相比于线性化方式编程，这种方式更易理解控制系统的各种功能及各功能之间的相互关系。建议用户使用有形参的 FC 的编程方式，包括 4.1.4 小节中对 FB 的编程。

5. 调试 FC 程序

选中项目 PLC_1，将组态数据和用户程序下载到 CPU，将 CPU 切换到 RUN 模式。单击巡视窗口工具栏上相应的 FC 按钮，打开 FC 的程序编辑器窗口，单击程序编辑器工具栏上的按钮，启动程序状态监控功能，监控方法同主程序。

6. 为块提供密码保护

选中需要密码保护的 FC（或 FB、OB 等其他逻辑块），执行菜单命令"编辑"→"属性"，并在打开窗口中选择"常规"→"保护"，然后在块属性对话框中右侧单击"保护"按钮，在弹出的"定义保护"对话框中输入新密码和确认密码，单击"确定"按钮后，项目树中相应的 FC 的图标左下角出现一把锁的符号，表示相应的 FC 受到保护。

单击巡视窗口工具栏上相应的 FC 按钮，打开 FC 的程序编辑器窗口，此时可以看到块接口区的变量，但是看不到程序编辑区的程序。若双击项目树中"程序块"文件夹下带保护的 FC 时，会弹出"访问保护"对话框，要求输入 FC 的保护密码，密码输入正确后，单击"确定"按钮，可以看到程序编辑区的程序。

4.1.4 函数块

函数块（Function Block，FB，在 S7-300/400 PLC 中称为功能块）和函数类似，都是用户编写的程序块，类似于子程序功能，包含完成特定任务的程序。FB 和 FC 一样，与调用它的块共享输入、输出参数，执行完 FB 后，执行结果会返回给调用它的程序块。

FC 没有固定的存储区，而 FB 是有自己的存储区（背景数据块）的块，FB 的典型应用是执行不能在一个扫描周期结束的操作。每次调用 FB 时，都需要指定一个背景数据块。背景数据块随函数块的调用而打开，在调用结束时自动关闭。FB 的输入、输出参数和静态变量（Static）用指定的背景数据块保存，但是不会保存临时局部变量（Temp）中的数据。函数块执行完后，背景数据块中的数据不会丢失。

1. 生成 FB

打开博途软件的项目视图，生成一个名称为"FB_M_Dxingjiao"的新项目（多台电动机的星-三角减压起动）。双击项目树中的"添加新设备"，添加一个新设备，CPU 的型号为 CPU 1214C AC/DC/Rly。

在项目树中，打开"PLC_1"→"程序块"文件夹，双击其中的"添加新块"，如图 4-3 左侧所示，打开"添加新块"对话框，如图 4-2 所示，选择"函数块"，FB 默认的编号方式为"自动"，且编号为 1，编程语言为 LAD（梯形图）。设置函数块的名称为"M_jiangya"，默认名称为"块_1"（也可以对其重命名，右键单击"程序块"文件夹下的 FB，在弹出列表中选择"重命名"，然后更改其名称）。勾选左下角的"新增并打开"，然后单击"确定"按钮，自动生成 FB1，并打开其编程窗口，此时可以在项目树的"PLC_1"→"程序块"文件夹下看到新生成的 FB1(M_jiangya[FB1])，如图 4-8 左侧所示。

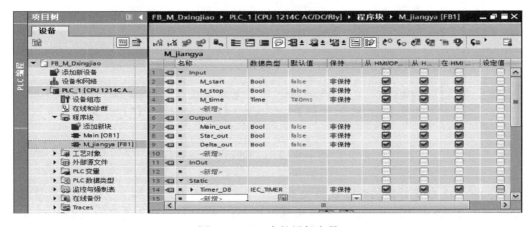

图 4-8　FB1 中的局部变量

2. 生成 FB 的局部变量

将鼠标的光标放在 FB1 的程序编辑区最上面的分隔条上，按住鼠标左键，向下拉动分隔条,分隔条上面是功能接口(Interface)区,如图4-8右侧所示,下面是程序编辑区。将水平分隔条拉至程序编程器窗口的顶部,不再显示功能接口区,但是它仍然存在。

与函数相同,函数块的局部变量中也有Input(输入)参数、Output(输出)参数、InOut(输入/输出)参数和Temp(临时)参数等。

函数块执行完后,下一次重新调用它时,其Static(静态)变量中的值保持不变。

背景数据块中的变量就是其函数块变量中的Input、Output、InOut参数和Static变量。函数块的数据永久性地保存在它的背景数据块中,在函数块执行完后也不会丢失,以供下次使用。其他代码块可以访问背景数据块中的变量。不能直接删除和修改背景数据块中的变量,只能在它的函数块的功能接口区中删除和修改这些变量。

函数块的输入、输出参数和静态变量被自动指定为一个默认值,可以修改这些默认值。变量的默认值被传送给FB的背景数据块,作为同一变量的初始值。可以在背景数据块中修改变量的初始值。调用FB时,没有指定实参的形参使用背景数据块中的初始值。

3. 编写FB程序

在此,FB1程序的控制要求为:用输入参数M_start、M_stop和M_time控制输出参数Main_out、Star_out和Delta_out(星-三角减压起动)。按下M_start,延时定时器(TON)开始定时,输出参数Main_out和Star_out为"1"状态,经过输入参数M_time设置的时间预置值后,输出参数Main_out和Delta_out为"1"状态(电动机进入三角形运行状态)。

在自动打开的FB1程序编辑器窗口中编写上述电动机星-三角减压起动控制的程序,程序编辑器窗口同主程序Main[OB1]编辑窗口。其控制程序如图4-9所示,并对其进行编译。

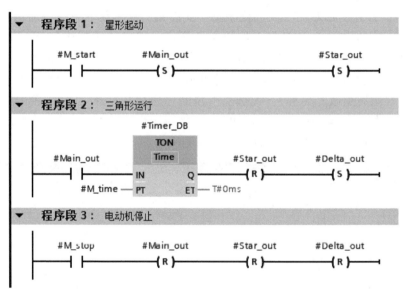

图4-9 FB1中的程序

 注意: 在FB1中定时器的背景数据块不能使用实参,而应用形参,即用FB1局部变量中的静态变量Timer_DB来保存,其数据类型为IEC_TIMER。因为是多台电动机的减压起动控制,如果同时有多台电动机起动,则星-三角切换用的定时器需要多次使用,这样定时器将会无法工作。同样,定时时间也需要使用形参,如M_time。

4. 在 OB1 中调用 FB

在 OB1 的程序编辑器窗口中，将项目树中的 FB 拖放到程序编辑区程序段 1 的水平"导线"上，松开鼠标左键时，在弹出的"调用选项"对话框中，可输入 FB1 背景数据块的名称，此处采用默认名称，如图 4-10 所示，单击"确定"按钮后，则自动生成 FB1 的背景数据块 DB1。图 4-11 中，FB1 的方框中左边的"M_start"等是 FB1 的功能接口区中定义的输入参数，右边的"Main_out"等是输出参数。它们是 FB1 的形参，在此为它们的实参分别赋值为 I0.0、I0.1、T#3S、Q0.0、Q0.1 和 Q0.2（此处为简化程序未考虑热继电器，但在实际使用中热继电器必须考虑），如图 4-11 所示。

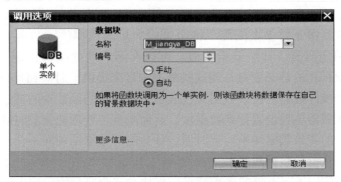

图 4-10　调用 FB1 时弹出的"调用选项"对话框

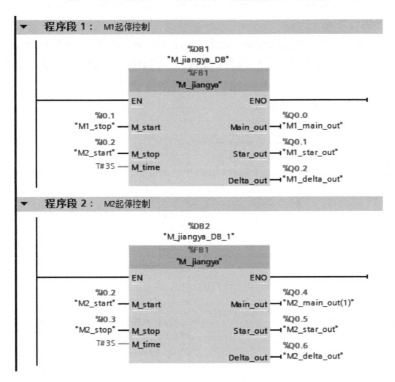

图 4-11　OB1 中调用 FB1

在 OB1 的程序编辑窗口中，再次将项目树中的 FB 拖放到程序编辑区程序段 2 的水平"导线"上，松开鼠标左键时，在弹出的"调用选项"对话框中，仍采用默认名称，单击"确定"按钮后，则自动生成 FB1 的背景数据块 DB2。在此输入 FB1 的实参，分别为 I0.2、I0.3、

T#3S、Q0.4、Q0.5 和 Q0.6（见图 4-11）。

在 OB1 中已经调用完 FB1，若在 FB1 中增/减某个参数、修改某个参数的名称、修改某个参数的默认值，则在 OB1 中被调用的 FB1 的方框、字符、背景数据块将变为红色，这时单击程序编辑器工具栏上的"更新不一致的块调用"按钮，此时 FB1 中的红色错误标记消失。或在 OB1 中删除 FB1，重新调用便可。

码 4-4　函数块的创建与调用——微课视频

4.1.5　多重背景数据块

若一个程序需要使用多个定时器或计数器指令，则需要为每一个定时器或计数器指定一个背景数据块。因为这些指令的多次使用，将会生成大量的数据块"碎片"。为了解决这个问题，在函数块中使用定时器、计数器指令时，可以在函数块的接口区定义数据类型为 IEC_TIMER 或 IEC_COUNTER 的静态变量，用这些静态变量来提供定时器和计数器的背景数据。

这样多个定时器或计数器的背景数据被包含在它们所在的函数块的背景数据块中，而不需要为每个定时器或计数器单独设置背景数据块，从而减少了处理数据的时间，也能更合理地利用存储空间。在共享的背景数据块中，定时器、计数器的数据结构间不会产生相互作用。这种背景数据块被称为多重背景数据块或多重实例。

在 4.1.4 小节中使用了定时器的多重背景数据块，本小节介绍用户生成的函数块的多重背景数据块（仍以多台电动机减压起动为例）。使用函数块的多重背景数据块，可减少数据块的个数，提高程序的执行效率。

图 4-12 是一个多重背景结构的应用示例。FB1 和 FB2 共用一个背景数据块 DB10，但增加了一个函数块 FB20，用来调用作为"局部背景"的 FB1 和 FB2。而 FB1 和 FB2 的背景数据都存放在 FB20 的背景数据块 DB10 中。如果不使用多重背景，则需要两个背景数据块，使用多重背景后，则只需要一个背景数据块。

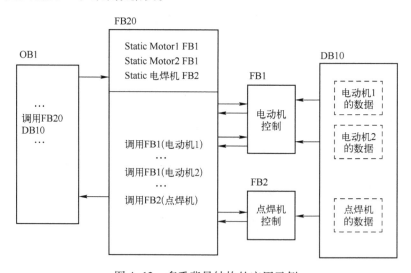

图 4-12　多重背景结构的应用示例

1. 生成 FB20

为了实现多重背景，需再生成一个名为"多台电动机起动控制"的函数块 FB20，且取消

FB20 的"优化的访问"属性。在它的功能接口区生成两个变量,名称为 Motor1 和 Motor2。注意:这两个变量的数据类型是以 FB1 的名称命名的数据类型。当生成了 FB1 后,就会在这里出现以 FB1 命名(即函数块 FB1 的块名称)的变量类型。打开其中一个,如 Motor2,可以看到该变量下有很多变量,这些就是在 FB1 中定义的变量,如图 4-13 所示。

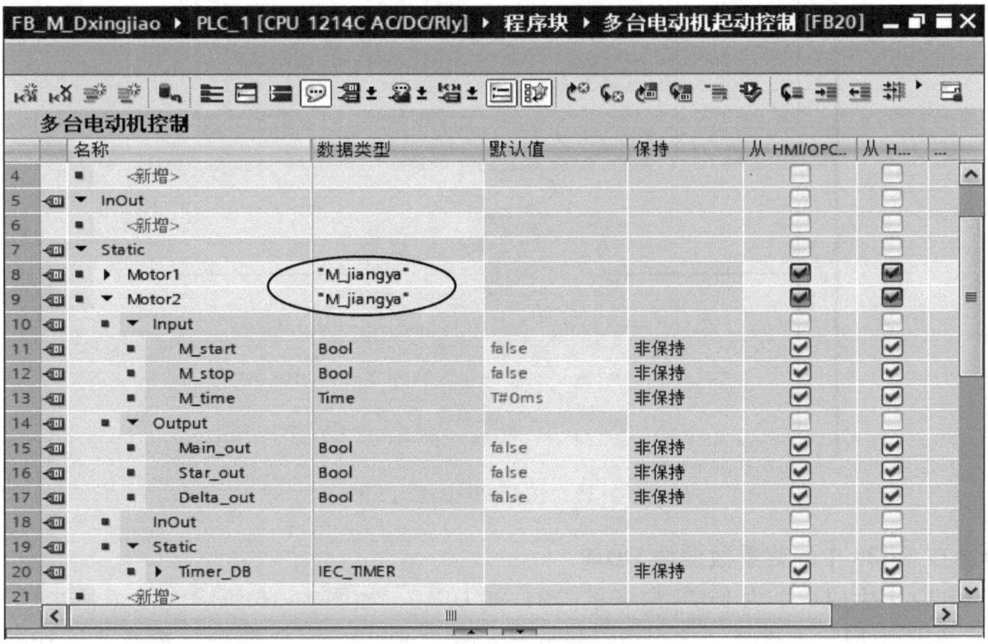

图 4-13 在 FB20 中定义多台电动机

2. 在 FB20 中调用 FB1

在 FB20 中调用 FB1,在调用过程中会出现图 4-14 所示的对话框。在对话框中选择"多重实例"(即多重背景),并在右侧选择要控制的电动机的变量,然后单击"确认"按钮,即可完成调用。在 FB20 中调用 FB1 的效果如图 4-15 所示(也可以将 FB1 的两次调用放在程序段 1 的同一程序行上)。

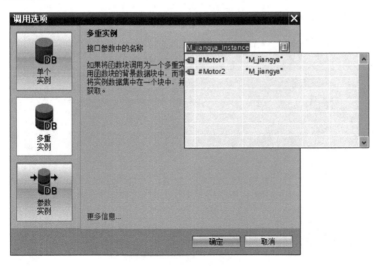

图 4-14 选用多重背景

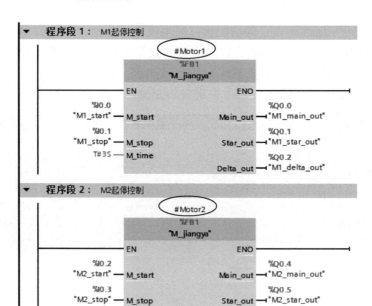

图 4-15 在 FB20 中调用 FB1

3. 生成 FB20 中的背景数据块 DB10

在 FB20 中生成一个为 FB20 服务的 DB，如 DB10，如图 4-16 所示（注意：选择"数据块"后，在"类型"中选择"多台电动机起动控制 [FB20]"，"编号"选择"手动"，并修改为 10）。当然，也可以在调用 FB20 时采用系统默认的方式创建。

图 4-16 为 FB20 创建背景数据块 DB10

4. 在 OB1 中调用 FB20

在 OB1 中调用 FB20（注意：在弹出的"调用选项"对话框中，"数据块名称"选择"FB20 的多重背景"），如图 4-17 所示。

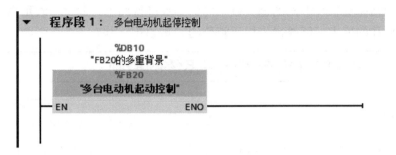

图 4-17　在 OB1 中调用 FB20

4.1.6　PLC 的编程方式

PLC 的编程方式主要有 3 种，分别是线性化编程、模块化编程和结构化编程，如图 4-18 所示。

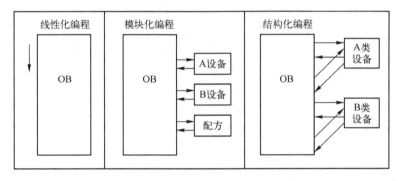

图 4-18　PLC 的 3 种编程方式

1. 线性化编程

线性化编程就是将整个控制系统的程序都放在主程序中，CPU 循环执行主程序中的全部指令。其特点是结构简单，但由于所有指令都在一个程序块中，程序的某些部分可能不需要多次执行，而扫描时，重复扫描所有的指令会造成资源浪费、执行效率低等不良后果，还会使得程序的可阅读性差、不便于调试和维护等。因此，大型的程序要尽量避免线性化编程。

2. 模块化编程

模块化编程就是将程序根据不同的功能分为不同的逻辑块，并细化到便于理解和描述的程度，每个逻辑块完成不同的功能任务，最终形成由若干独立模块组成的树状层次结构，然后在 OB 中根据条件调用不同的函数或函数块。其特点是易于分工合作、调试方便、可阅读性好。由于逻辑块属于有条件调用，所以提高了 CPU 的执行效率。

3. 结构化编程

结构化编程就是将程序执行过程中类似或者相关的任务归类，在函数或者函数块中编程，形成通用的解决方案。通过不同的参数调用相同的函数或者通过不同的背景数据块调用相同的函数块。一般而言，工程上使用 S7-1200 系列 PLC 时，通常采用结构化编程。

结构化编程的优点如下：
1) 各单个任务块的创建和测试可以独立进行，能够被再利用。
2) 通过使用参数，可将块设计得十分灵活。
3) 块可以根据需要，在不同的地方以不同的参数进行调用，即这些块可重复使用。
4) 在预先设计的库中，能够提供用于特殊的"可重用"块。

4.2 案例6 多台电动机有序起停系统的控制

4.2.1 任务导入

作为机电设备驱动装置，电动机的使用非常普遍，而一个较为复杂的控制多台电动机有序起停的系统也较为常见。

本案例要求使用S7-1200 PLC实现一个三台电动机的有序起停控制。当转换开关处在"顺起顺停"模式时，若按下起动按钮，第一台电动机立即起动，工作5s后第二台电动机自行起动，第二台电动机起动5s后，第三台电动机起动。当按下停止按钮时，第一台电动机立即停止，延时5s后，第二台电动机停止，再延时5s后第三台电动机停止。当转换开关处在"顺起逆停"模式时，若按下起动按钮，第一台电动机立即起动，工作5s后第二台电动机自行起动，第二台电动机起动5s后，第三台电动机起动。当按下停止按钮时，第三台电动机立即停止，延时5s后，第二台电动机停止，再延时5s后第一台电动机停止。若在工作过程中，某台电动机发生过载，则发生过载的那台电动机和有序停止反方向的电动机也立即停止，其他电动机仍按转换开关模式要求有序停止。同时，系统还要求有电动机工作指示和过载指示。

4.2.2 任务实施

1. I/O 地址分配

根据 PLC 输入/输出点分配原则及本案例的控制要求进行 I/O 地址分配，如表4-2所示。

表4-2 多台电动机有序起停控制 I/O 地址分配表

输入		输出	
输入继电器	元器件	输出继电器	元器件
I0.0	起动按钮 SB1	Q0.0	接触器 KM1
I0.1	停止按钮 SB2	Q0.1	接触器 KM2
I0.2	转换开关 SA	Q0.2	接触器 KM3
I0.3	热继电器 FR1	Q0.3	M1 运行指示灯 HL1
I0.4	热继电器 FR2	Q0.4	M2 运行指示灯 HL2
I0.5	热继电器 FR3	Q0.5	M3 运行指示灯 HL3
		Q0.6	M1 过载指示灯 HL4
		Q0.7	M2 过载指示灯 HL5
		Q1.0	M3 过载指示灯 HL6

2. I/O 接线图

根据控制要求及表4-2的I/O分配表，多台电动机有序起停控制的I/O接线图如图4-19

所示（三台电动机均直接起动，主电路在此省略。同时，所有交流接触器线圈额定电压均选用直流 24 V）。

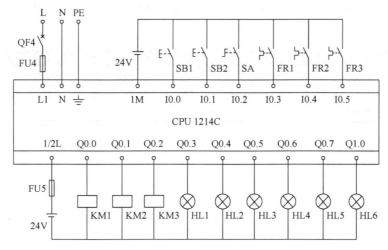

图 4-19 多台电动机有序起停控制的 I/O 接线图

3. 创建工程项目

打开博途编程软件，在 Portal 视图中选择"创建新项目"，输入项目名称"M_DTyouxu"，选择项目保存路径，然后单击"创建"按钮完成项目创建。

4. 编辑变量表

打开 PLC_1 下的"PLC 变量"文件夹，双击"添加新变量表"，生成图 4-20 所示的变量表。

	名称	变量表	数据类型	地址
1	M_start	默认变量表	Bool	%I0.0
2	M_stop	默认变量表	Bool	%I0.1
3	S_zhuanhuan	默认变量表	Bool	%I0.2
4	FR_1	默认变量表	Bool	%I0.3
5	FR_2	默认变量表	Bool	%I0.4
6	FR_3	默认变量表	Bool	%I0.5
7	M1_out	默认变量表	Bool	%Q0.0
8	M2_out	默认变量表	Bool	%Q0.1
9	M3_out	默认变量表	Bool	%Q0.2
10	M1_zhishi	默认变量表	Bool	%Q0.3
11	M2_zhishi	默认变量表	Bool	%Q0.4
12	M3_zhishi	默认变量表	Bool	%Q0.5
13	M1_FR_zhishi	默认变量表	Bool	%Q0.6
14	M2_FR_zhishi	默认变量表	Bool	%Q0.7
15	M3_FR_zhishi	默认变量表	Bool	%Q1.0
16	Tag_1	默认变量表	Bool	%M2.0
17	Tag_2	默认变量表	Bool	%M2.1
18	Tag_3	默认变量表	Bool	%M3.0
19	Tag_4	默认变量表	Bool	%M3.1

图 4-20 多台电动机有序起停控制的变量表

5. 编写程序

(1) 生成 FB

生成两个 FB，分别为 FB1（顺起顺停）和 FB2（顺起逆停），并在它们的功能接口区中定义相同的局部变量，如图 4-21 所示。

M_DTyouxu ▸ PLC_1 [CPU 1214C AC/DC/Rly] ▸ 程序块 ▸ 顺起顺停 [FB1]

顺起顺停

	名称	数据类型	默认值	保持	从 HMI/...
1	▾ Input				☐
2	Start	Bool	false	非保持	☑
3	Stop	Bool	false	非保持	☑
4	M1_FR	Bool	false	非保持	☑
5	M2_FR	Bool	false	非保持	☑
6	M3_FR	Bool	false	非保持	☑
7	Time_qiehuan	Time	T#0ms	非保持	☑
8	▾ Output				☐
9	M1_out_km1	Bool	false	非保持	☑
10	M2_out_km2	Bool	false	非保持	☑
11	M3_out_km3	Bool	false	非保持	☑
12	M1_YX_display	Bool	false	非保持	☑
13	M2_YX_display	Bool	false	非保持	☑
14	M3_YX_display	Bool	false	非保持	☑
15	M1_FR_display	Bool	false	非保持	☑
16	M2_FR_display	Bool	false	非保持	☑
17	M3_FR_display	Bool	false	非保持	☑
18	▾ InOut				☐
19	Z_KA1	Bool	false	非保持	☑
20	Z_KA2	Bool	false	非保持	☑
21	▾ Static				☐
22	▸ Timer_DB1	IEC_TIMER		非保持	☑
23	▸ Timer_DB2	IEC_TIMER		非保持	☑
24	▸ Timer_DB3	IEC_TIMER		非保持	☑
25	▸ Timer_DB4	IEC_TIMER		非保持	☑
26	▾ Temp				☐

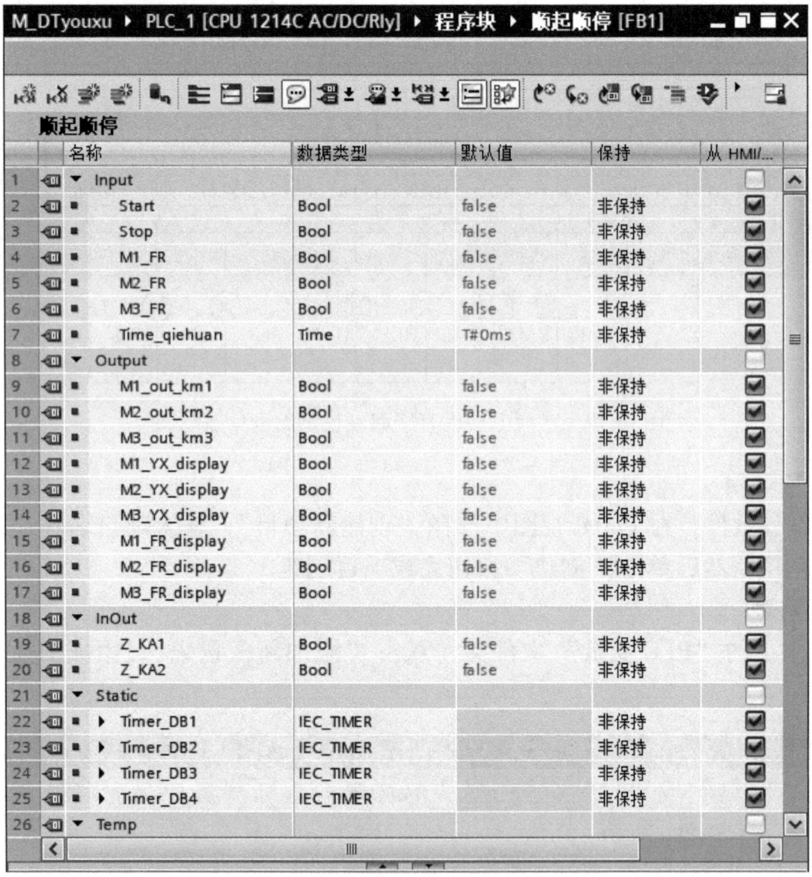

图 4-21 函数块中的局部变量

(2) 编写 FB 中的程序

在 FB1 和 FB2 中编写的程序如图 4-22 和图 4-23 所示。

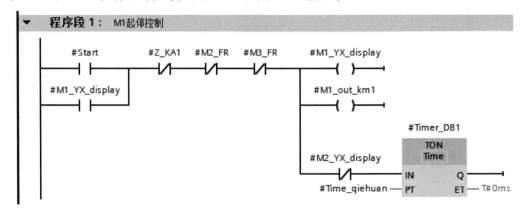

图 4-22 FB1 中的程序

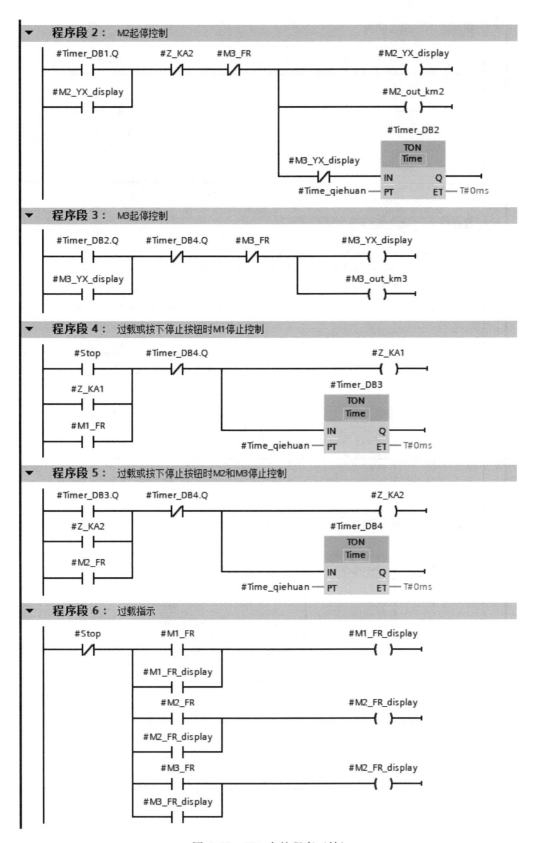

图 4-22 FB1 中的程序（续）

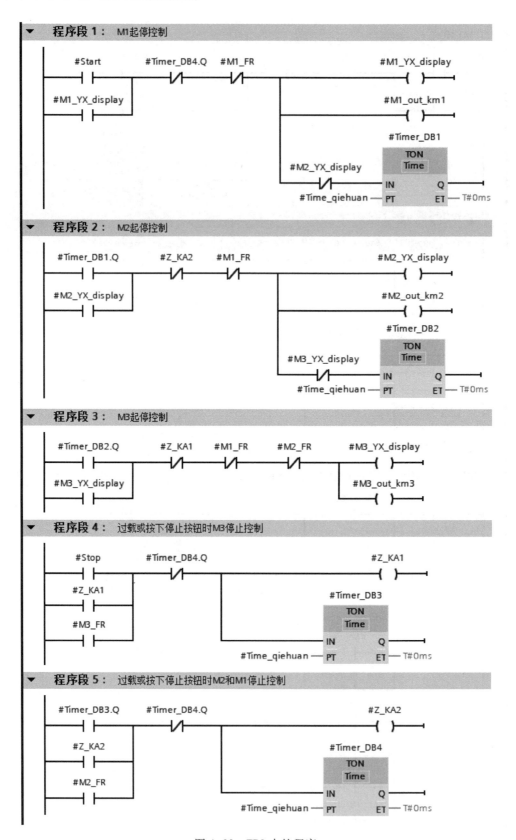

图 4-23 FB2 中的程序

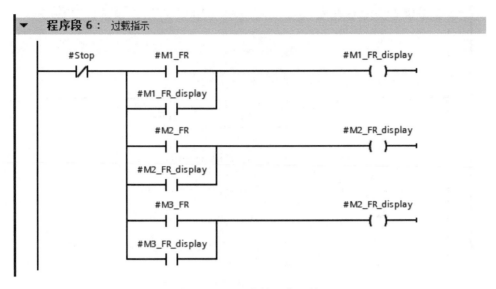

图 4-23　FB2 中的程序（续）

（3）在 OB 中调用 FB

在 OB1 中调用 FB1 和 FB2，如图 4-24 所示。

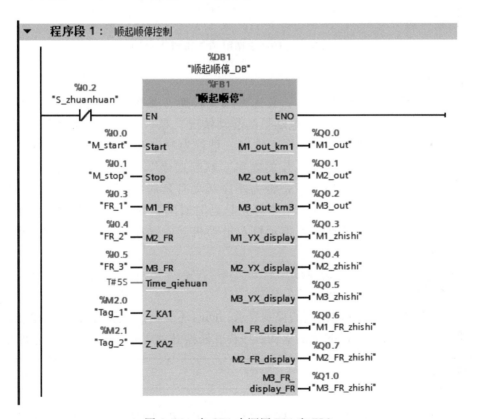

图 4-24　在 OB1 中调用 FB1 和 FB2

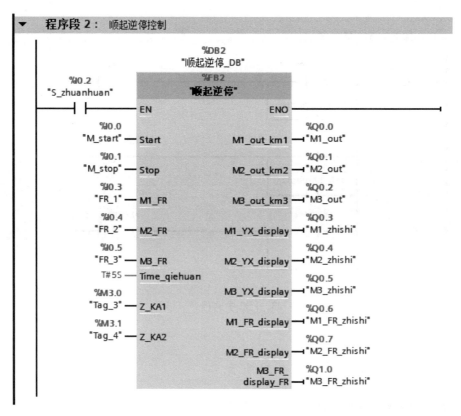

图 4-24 在 OB1 中调用 FB1 和 FB2（续）

6. 调试程序

将编译无误的程序下载到 PLC 中，首先将模式转换开关拨在"顺起顺停"位置（I0.2 未动作），按下起动按钮，观察三台电动机的起动情况，是否为顺序起动且延时时间为 5 s；再按下停止按钮，观察三台电动机的停止情况，是否为顺序停止且延时时间为 5 s。如果调试现象与要求一致，则再将模式转换开关拨在"顺起逆停"位置（I0.2 动作），按下起动按钮，观察三台电动机的起动情况，是否为顺序起动且延时时间为 5 s；再按下停止按钮，观察三台电动机的停止情况，是否为逆序停止且延时时间为 5 s。重新起动三台电动机，再分别调试每台电动机的过载情况，若指示灯及电动机起停顺序完全符合控制要求，则说明本案例任务完成。

4.2.3 任务拓展

使用多重背景数据块实现本案例的控制要求，同时还要求：当系统处在起动过程中，若下一台电动机 5 s 后未起动，则已起动的电动机按模式转换开关所处的模式要求有序停止。

4.3 组织块

组织块（Organization Block，OB）是操作系统与用户程序的接口，由操作系统调用。组织块除了可以用来实现 PLC 扫描循环控制，还可以完成 PLC 的起动、中断程序的执行和错误处理等功能。熟悉各类组织块的使用，对于提高编程效率和程序的执行速率有很大的帮助。

4.3.1 事件和组织块

事件是 S7-1200 PLC 操作系统的基础,有能够启动 OB 和无法启动 OB 两种类型的事件。能够启动 OB 的事件会调用已分配给该事件的 OB 或按照事件的优先级将其输入队列,如果没有为该事件分配 OB,则会触发默认系统响应。无法启动 OB 的事件会触发相关事件类别的默认系统响应。因此,用户程序循环取决于事件和给这些事件分配的 OB,以及包含在 OB 中的程序代码或在 OB 中调用的程序代码。

表 4-3 所示为能够启动 OB 的事件,其中包括相关的事件类别。

表 4-3 能够启动 OB 的事件

事 件 类 别	OB 号	OB 数目	启 动 事 件	OB 优先级
程序循环	1 或 ≥123	≥1	启动或结束上一个循环 OB	1
启动	100 或 ≥123	≥0	STOP 到 RUN 的转换	1
时间中断	≥10	最多两个	已到达启动时间	2
延时中断	20~23 或 ≥123	最多 4 个	延时时间到	3
循环中断	30~38 或 ≥123		固定的循环时间到	8
硬件中断	40~47 或 ≥123	≤50	上升沿 ≤16 个,下降沿 ≤16 个 HSC:计数值=参考值 (最多 6 次) HSC:计数方向变化 (最多 6 次) HSC:外部复位 (最多 6 次)	18
状态中断	55	0 或 1	CPU 接收到状态中断	4
更新中断	56	0 或 1	CPU 接收到更新中断	4
制造商中断	57	0 或 1	CPU 接收到制造商或配置文件特定的中断	4
诊断错误中断	82	0 或 1	模块检测到错误	5
插入/拨出中断	83	0 或 1	插入/拨出分布式 I/O 模块	6
机架错误中断	86	0 或 1	分布式 I/O 的 I/O 系统错误	6
时间错误中断	80	0 或 1	超过最大循环时间;调用的 OB 仍执行;错过时间中断;STOP 期间错过时间中断;中断队列溢出;因为中断负荷过大丢失中断	22

每个 CPU 事件都有它的优先级,编号越大,优先级越高。事件一般按优先级的高低来处理,先处理高优先级的事件。高优先级事件可以中断低优先级事件 OB 的执行,优先级相同的事件按"先来先服务"的原则处理。

一个 OB 正在执行时,如果出现了另一个具有相同或较低优先级组的事件,后者不会中断正在处理的 OB,将根据它的优先级添加到对应的中断队列中排队等待。当前的 OB 被处理完后,再处理排队的事件。

当前的 OB 执行完后,CPU 将执行队列中最高优先级事件的 OB,优先级相同的事件按出现的先后次序处理。如果高优先级组中没有排队的事件,CPU 将返回较低的优先级组被中断的 OB,并从被中断的地方开始继续处理。

不同的事件或不同的 OB 均有它自己的中断队列和不同的队列深度。对于特定的事件类型,如果队列中事件的个数达到上限,下一个事件将使队列溢出,新的中断事件会被丢弃,同时产生时间错误中断事件。

有的 OB 用它的临时局部变量提供触发它的启动事件的详细信息,可以在 OB 中编程,做出相应的反应,如触发报警。

中断的响应时间是指从 CPU 得到中断事件出现的通知,到 CPU 开始执行该事件 OB 中第一条指令之间的时间。如果在事件出现时只是在执行程序循环 OB,则中断的响应时间小于 175 μs。

4.3.2 程序循环组织块

需要连续执行的程序放在程序循环(Program cycle)组织块 OB1 中,因此 OB1 也常被称为主程序(Main)。CPU 在 RUN 模式下循环执行 OB1,可以在 OB1 中调用 FC 和 FB。一般用户程序都写在 OB1 中。

如果用户程序生成了其他程序循环 OB,CPU 按 OB 的编号顺序执行它们,即首先执行主程序 OB1,然后执行编号大于或等于 123 的程序循环 OB。一般只需要一个程序循环组织块。

打开博途编程软件的项目视图,生成一个名为"组织块例程"的新项目。双击项目树中的"添加新设备",添加一个新设备,CPU 的型号为 CPU 1214C。

在项目树中,打开"PLC_1"→"程序块"文件夹,双击其中的"添加新块",在弹出的对话框中选择"组织块",如图 4-25 所示,选中列表中的"Program cycle",生成一个程序循环组织块,OB 默认的编号为 123(可手动设置 OB 的编号,最大编号为 32 767),语言为 LAD(梯形图)。块的名称为默认的 Main_1。单击"确认"按钮,OB 被自动生成,可以在项目树的"PLC_1"→"程序块"文件夹中看到新生成的 OB123。

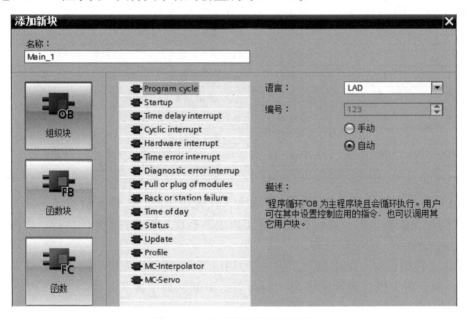

图 4-25　生成程序循环组织块

分别在 OB1 和 OB123 中输入简单的程序,如图 4-26 和图 4-27 所示,将它们下载到 CPU 中。将 CPU 切换到 RUN 模式后,可以用 I0.0 和 I0.1 分别控制 Q0.0、Q0.1 和 Q0.2,说明

OB1 和 OB123 均被循环执行。

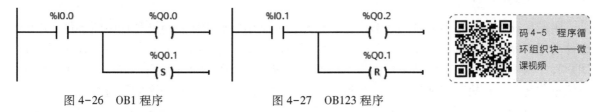

图 4-26 OB1 程序　　　　图 4-27 OB123 程序

4.3.3 启动组织块

接通 CPU 电源后，S7-1200 PLC 在开始执行用户程序循环组织块之前首先执行启动（Startup）组织块。通过编写启动 OB，可以在启动程序中为程序循环组织块指定一些初始的变量，或给某些变量赋值，即初始化。S7-1200 PLC 对启动 OB 的数量没有要求，允许生成多个启动 OB；默认的是 OB100，其他启动 OB 的编号应大于或等于 123；一般只需要一个启动 OB，或不使用。

S7-1200 PLC 支持 3 种启动模式：不重新启动（保持为 STOP 模式）、暖启动-RUN 模式、暖启动-断电前的操作模式。无论选择哪种启动模式，已编写的所有启动 OB 都会执行，并且 CPU 是按 OB 的编号顺序执行它们，即首先执行启动组织块 OB100，然后执行编号大于或等于 123 的启动组织块，如图 4-28 所示。

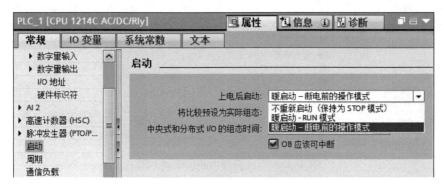

图 4-28 S7-1200 PLC 的启动模式

在"组织块例程"中，用上述方法生成启动组织块 OB100 和 OB124。分别在启动组织块 OB100 和 OB124 中生成初始化程序，如图 4-29 和图 4-30 所示。将它们下载到 CPU 中，并切换到 RUN 模式，可以看到 QB100 被初始化为 16#F0，再经过 OB124 中的程序，最后 QB0 被初始化为 16#FF。

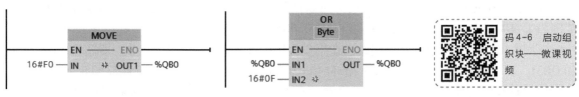

图 4-29 OB100 程序　　　　图 4-30 OB124 程序

4.3.4 循环中断组织块

中断在计算机技术中的应用较为广泛。中断功能是用中断程序及时地处理中断事件,中断事件与用户程序的执行时序无关,因为有的中断事件不能事先预测何时发生。中断程序不是由用户程序调用的,而是在中断事件发生时由操作系统调用;中断程序是用户编写的;中断程序应该进行优化,在执行完某项特定任务后应返回被中断的程序;中断程序应尽量短小,以减少其程序的执行时间,同时减少对其他处理的延迟,否则可能引起主程序控制的设备操作异常。设计中断程序时,应遵循"越短越好"的原则。

S7-1200 PLC 提供了表 4-3 中所列的中断组织块。下面首先介绍循环中断组织块。

在设定的时间间隔内,循环中断(Cyclic interrupt)组织块被周期性地执行,如周期性定时执行闭环控制系统的 PID 运算程序等,循环中断 OB 的编号为 30~38 或大于或等于 123。

用生成程序循环组织块的方法生成循环中断组织块 OB30,如图 4-31 所示。可以看出,循环中断的时间间隔(循环时间)的默认值为 100 ms(是基本时钟周期 1 ms 的整数倍),可将它设置为 1~60 000 ms。

图 4-31 生成循环中断组织块 OB30

右键单击项目树下"程序块"文件夹中已生成的"Cyclic interrupt [OB30]",在弹出列表中选择"属性",打开循环中断 OB 的属性对话框,在"常规"中可以更改 OB 的编号;在"循环中断"中(如图 4-32 所示),可以修改已生成循环中断 OB 的循环时间及相移。

相移(相位偏移,默认值为 0)是基本时间周期相比启动时间所偏移的时间,用于错开不同时间间隔的几个循环中断 OB,使它们不会被同时执行,即如果使用多个循环中断 OB,当这些循环中断 OB 的时间基数有公倍数时,可以使用该相移来防止它们同时被启动。相移的设置范围为 1~100(单位为 ms),其数值必须是 0.001 的整数倍。

下面给出相移的使用实例:假设已在用户程序中插入两个循环中断 OB,即循环中断 OB30 和 OB31。对于循环中断 OB30,设置循环时间为 500 ms,用来使接在 QB0 端口的 8 个彩灯循环点亮(以跑马灯的形式);而对于循环中断 OB31,设置循环时间为 1000 ms,相移量为 50 ms,使 MW10 的数每隔 1s 加 1。当循环中断 OB31 的循环时间 1000 ms 到后,循环中断 OB30 第 2 次到达启动时间,而循环中断 OB31 是第 1 次到达启动时间,此时需要执行循环中断 OB31 的

图 4-32 循环中断组织块的属性对话框

相移，使得两个循环中断不同时执行。使用监控表在监控状态下可以看到 QB0 和 MW10 数据的变化。

注意：如果在生成循环中断组织块时设置好"循环时间"和"相移"，则在循环中断组织块中编写程序后，循环中断组织块被默认为自动执行（循环时间到）。若再想通过程序更改已生成的循环中断组织块中的"循环时间"或"相移"，可在程序块中通过设置循环中断参数 SET_CINT 指令来更改上述参数，该指令如图 4-33 所示。

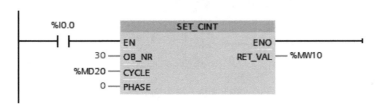

图 4-33 设置循环中断参数 SET_CINT 指令

当激活设置循环中断参数指令后，循环中断组织块执行的"循环时间"和"相移"这两个时间将按照设置循环中断参数指令中的参数 CYCLE 和 PHASE 的设置值进行。参数 CYCLE 和 PHASE 的单位均为微秒（μs），数据类型均为 UDInt，若 CYCLE 为 0，则循环中断组织块将停止执行。该指令中参数 OB_NR 是循环中断组织块的编号；RET_VAL 是指令的执行状态，如果指令执行出错，则该指令的实际参数将包含错误代码。

程序中虽然有激活设置循环中断参数指令的相关代码，但该代码在没有被执行前，循环中断组织块仍按生成循环中断组织块时组态的参数执行循环中断。

【**例 4-1**】每隔一段时间，将 MW2 中的值加 1。要求如果连接在 I0.0 端口的开关未接通，则每隔 1 s 将 MW2 中的值加 1；若连接在 I0.0 端口的开关接通，则每隔 2 s 将 MW2 中的值加 1。

用本节介绍的方法生成循环中断组织块 OB30，在 OB1 和 OB30 中编写的程序如图 4-34 和图 4-35 所示。

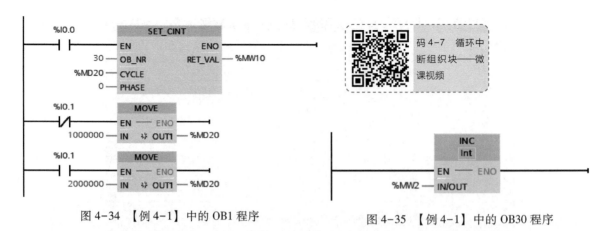

图 4-34 【例 4-1】中的 OB1 程序　　　　图 4-35 【例 4-1】中的 OB30 程序

4.3.5 延时中断组织块

定时器指令的定时误差较大，如果需要高精度的延时，可以使用时间延时中断（Time delay interrupt）。在过程事件出现后，延时一定的时间再执行延时中断 OB。在启动延时中断 SRT_DINT 指令的使能端 EN 为上升沿时，启动延时过程。该指令的参数 DTIME（1~60 000 ms）用于设置延时时间，如图 4-36 所示。

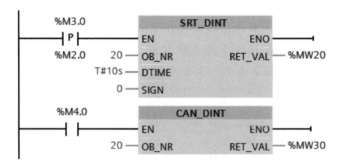

图 4-36 SRT_DINT 指令和 CAN_DINT 指令

在延时中断 OB 中配合使用计数器，可以得到比 60 s 更长的延时时间。参数 OB_NR 用于指定延时时间到时调用的 OB 的编号，S7-1200 PLC 未使用参数 SIGN，其可以设置为任意值。REN_VAL 是指令执行的状态代码。

延时中断启用后，若不再需要使用延时中断，则可使用取消延时中断 CAN_DINT 指令来取消已启动的延时中断 OB，还可以在超出所组态的延时时间之后取消调用待执行的延时中断 OB。在参数 OB_NR 中，可以指定将要取消调用的组织块编号。

用上述方法生成的时间延时中断 OB，其编号为 20~23 或大于或等于 123。要使用延时中断 OB，需要调用 SRT_DINT 指令且将延时中断 OB 作为用户程序的一部分下载到 CPU 中。只有 CPU 处于 RUN 模式时才执行延时中断 OB。暖启动将清除延时中断 OB 的所有启动事件。

 注意：1）若启动延时中断指令中参数 DTIME 的设置值超过 60 000 ms，在程序块编译时系统不会报错，但延时中断组织块将不会被执行。

2）启动延时中断指令在使能端 EN 断开后才开始延时计时，若要延时时间精准，则使能端必须使用边沿指令触发。

【例4-2】按下起动按钮5s后电动机直接起动并运行；若按下停止按钮，则10s后电动机停止运行；按下起动或停止按钮后，在延时时间未到前可通过按下撤回按钮撤回当前的操作。

用本节介绍的方法生成两个延时中断组织块OB20和OB21，在OB1和OB20及OB21中编写的程序如图4-37~图4-39所示（图4-37中，I0.0连接的是起动按钮，I0.1连接的是停止按钮，I0.2连接的是撤回按钮）。

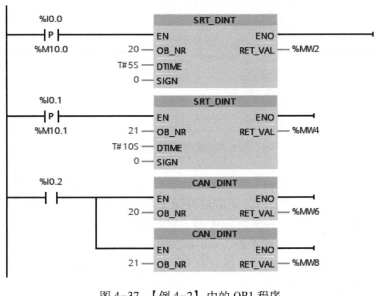

图4-37 【例4-2】中的OB1程序

图4-38 【例4-2】中的OB20程序

图4-39 【例4-2】中的OB21程序

4.3.6 时间中断组织块

时间中断（Time of day）又称"日时钟中断"，它用于在设置的日期和时间产生一次中断，或者从设置的日期时间开始，周期性地重复产生中断，如每分钟、每小时等。时间中断组织块的编号应为10~17，或大于或等于123，可以用专用指令来设置、激活、取消和查询。

与时间中断有关的指令在指令树的"扩展指令"→"中断"文件夹中。在图4-40中，在I0.0的上升沿调用SET_TINTL指令和ACT_TINT指令来分别设置和激活时间中断OB10；在I0.1的上升沿调用CAN_TINT指令来取消时间中断；调用QRY_TINT指令来查询时间中断的状态，读取的状态字保存在MW18中。

图4-40中，与时间中断有关的指令的参数OB_NR是组织块的编号，SET_TINTL指令用来设

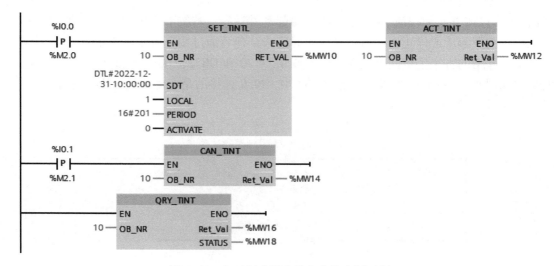

图 4-40 与时间中断有关指令的应用示例

置时间中断,它的参数 SDT 是开始产生中断的日期和时间,数据类型是 DTL。参数 LOCAL 为 TURE(1)和 FALSE(0),分别表示使用本地时间和系统时间。参数 PERIOD 用来设置执行的方式,如 W#16#0000 表示只产生一次时间中断,W#16#0201 表示每分钟产生一次时间中断,W#16#0401 表示每小时产生一次时间中断,W#16#1001 表示每天产生一次时间中断,W#16#1201 表示每周产生一次时间中断,W#16#1401 表示每月一次产生时间中断,W#16#1801 表示每年产生一次时间中断,W#16#2001 表示每月末产生一次时间中断。参数 ACTIVATE 为 1 时,该指令设置并激活时间中断;为 0 时仅设置时间中断,需要调用 ACT_TINT 指令来激活时间中断。RET_VAL 是执行时可能出现的错误代码(可使用软件的信息系统查询),为 0 时表示无错误。

【例 4-3】2023 年 10 月 7 日为某 PLC 控制设备维保期结束日,从 2023 年 10 月 8 日 0 点开始,系统自动统计该设备超过维保日期的天数。

用本节介绍的方法生成时间中断组织块 OB10,在主程序 OB1 及时间中断程序 OB10 中编写的程序如图 4-41 和图 4-42 所示(使用时间读取 RD_LOC_L 指令,将读取的本地时间与

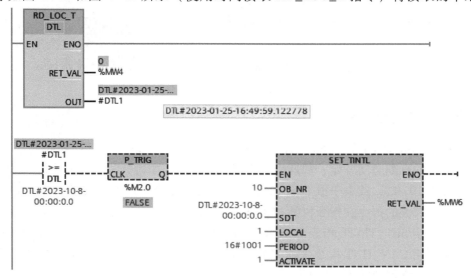

图 4-41 【例 4-3】中的 OB1 程序

2023年10月8日0点进行比较，若超过该时间则激活时间中断）。

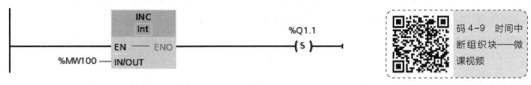

图4-42 【例4-3】中的OB10程序

4.3.7 硬件中断组织块

1. 硬件中断事件与硬件中断组织块

硬件中断（Hardware interrupt）组织块用来处理需要快速响应的过程事件。出现CPU内置的数字量输入的上升沿、下降沿或高速计数器事件时，立即中止当前正在执行的程序，改为执行对应的硬件中断OB。硬件中断组织块没有启动信息。

S7-1200 PLC中最多可以生成50个硬件中断OB，在硬件组态时定义中断事件，硬件中断OB的编号为40~47或大于或等于123。S7-1200 PLC支持下列中断事件。

1）上升沿事件，CPU内置的数字量输入（根据CPU型号而定，最多为12个）和4点信号板上的数字量输入由OFF变为ON时，产生的上升沿事件。

2）下降沿事件，上述数字量由ON变为OFF时，产生的下降沿事件。

3）高速计数器1~6的实际计数值等于设置值（CV=PV）。

4）高速计数器1~6的方向改变，计数值由增大变为减小，或由减小变为增大。

5）高速计数器1~6的外部复位，某些高速计数器的数字量外部复位输入由OFF变为ON时，将计数值复位为0。

2. 生成硬件中断组织块

用本节介绍的方法生成硬件中断组织块OB40，如图4-43所示。可以看出，硬件中断OB默认的编号是40，名称为Hardware interrupt，编程语言为LAD（梯形图），若再生成一个硬件中断OB，则编号为41，名称为Hardware interrupt_1。

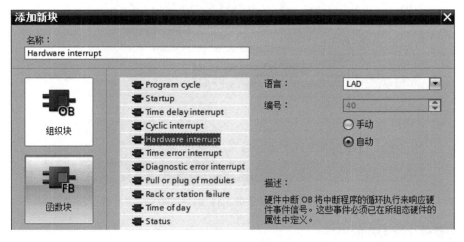

图4-43 生成的硬件中断组织块OB40

3. 组态硬件中断 OB40

双击项目树的"PLC_1"文件夹中的"设备组态",打开设备视图。首先选中 CPU,在巡视窗口中选择"属性"→"常规"→"DI 14/DQ 10"→"数字量输入"→"通道0",即 I0.0,如图 4-44 所示,勾选"启用上升沿检测"。单击"硬件中断"右边的按钮,在弹出的 OB 下拉列表中选择"Hardware interrupt [OB40]",如图 4-45 所示,然后单击按钮以确定。如果单击按钮,则取消当前选择的中断 OB;如果单击按钮,则说明弹出的 OB 列表中没有需要选中的硬件中断组织块,需要新增一个硬件中断组织块。如果选择 OB 下拉列表中的"—",表示没有 OB 连接到 I0.0 的上升沿中断事件。在此将 OB40 指定给 I0.0 的上升沿中断事件,出现该中断事件后,将会调用 OB40。

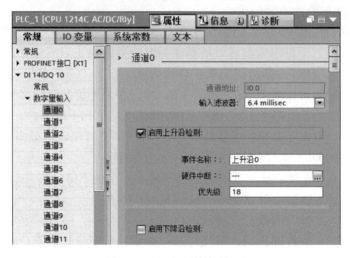

图 4-44 组态硬件中断 OB

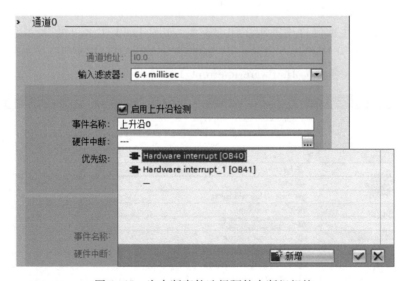

图 4-45 为中断事件选择硬件中断组织块

4. 编写硬件中断 OB 的程序

根据控制要求,在硬件中断 OB 中编写相应的控制程序,其程序编辑器窗口同主程序,编程内容根据控制要求而定。

5. 硬件中断连接指令和硬件中断分离指令

在硬件中断组态时已将某个通道的硬件事件与固定的硬件中断组织块连接好，若要更改为与其他硬件中断组织块相连接，可使用硬件中断连接 ATTACH 指令和硬件中断分离 DETACH 指令，如图 4-46 所示。

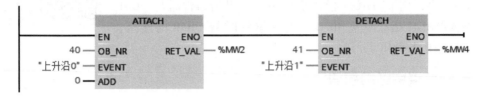

图 4-46　硬件中断连接指令与硬件中断分离指令

图 4-46 中，参数 OB_NR 是硬件中断组织块的编号；参数 EVENT 是使中断发生的事件；参数 ADD 的设置值将对先前分配的 OB 产生影响，ADD 值为 0（默认值）时，指定的事件将取代连接到原来分配给这个 OB 的所有事件；ADD 值为 1 时，将指定的事件添加到此 OB 之前的事件分配中。

【例 4-4】 使用硬件中断实现单按钮起动一台电动机。

用本节介绍的方法生成两个硬件中断组织块 OB40 和 OB41，首先选中 CPU，在巡视窗口中选择"属性"→"常规"→"DI 14/DQ 10"→"数字量输入"→"通道 0"，勾选"启用上升沿检测"，即启用 I0.0（本案例按钮连接到 I0.0 的端口）的上升沿中断功能，并且将 OB40 分配给 I0.0 的上升沿中断事件（如果在此将 OB41 分配给 I0.0 的上升沿中断事件，则首次按下按钮电动机不运行，再次按下按钮电动机才运行）。

根据控制要求，在硬件中断组织块 OB40 和 OB41 中编写的程序如图 4-47 和图 4-48 所示（本案例中，不需要编写 OB1 中的程序）。

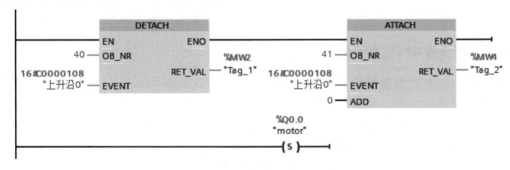

图 4-47　【例 4-4】中的 OB40 程序

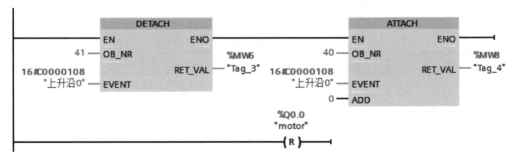

图 4-48　【例 4-4】中的 OB41 程序

在图 4-47 中，用 DETACH 指令断开 I0.0 上升沿事件时与 OB40 的连接，用 ATTACH 指令建立 I0.0 上升沿事件时与 OB41 的连接，使用置位指令起动电动机。图 4-47 中的中断事件"上升沿 0"的代码值为 16#C0000108，在 PLC 默认的变量表的"系统常量"选项卡中，也能找到"上升沿 0"的代码值。

码 4-10 硬件中断组织块——微课视频

在图 4-48 中，用 DETACH 指令断开 I0.0 上升沿事件时与 OB41 的连接，用 ATTACH 指令建立 I0.0 上升沿事件时与 OB40 的连接，使用复位指令停止电动机。

4.3.8 时间错误中断组织块

如果发生以下事件之一，操作系统将调用时间错误中断（Time error interrupt）OB。
1）循环程序超出最大循环时间。
2）被调用的 OB（如延时中断 OB 和循环中断 OB）正在执行。
3）中断 OB 队列发生溢出。
4）由于中断负载过大而导致中断丢失。
在用户程序中只能使用一个时间错误中断 OB（OB80）。
时间错误中断 OB 的启动信息如表 4-4 所示。

表 4-4 时间错误中断 OB 的启动信息

变量	数据类型	描述
fault_id	Byte	0x01：超出最大循环时间 0x02：仍在执行被调用的 OB 0x07：队列溢出 0x09：中断负载过大而导致中断丢失
csg_OBnr	OB_Any	出错时要执行的 OB 的编号
csg_prio	UInt	出错时要执行的 OB 的优先级

4.3.9 诊断错误中断组织块

可以为具有诊断功能的模块启用诊断错误中断（Diagnostic error interrupt）功能，使模块能检测到 I/O 状态的变化，因此模块会在出现故障（进入事件）或故障不再存在（离开事件）时触发诊断错误中断。如果没有其他中断 OB 被激活，则调用诊断错误中断 OB。若已经执行其他中断 OB，则诊断错误中断 OB 将置于同优先级的队列中。

用户程序中只能使用一个诊断错误中断 OB（OB82）。

诊断错误中断 OB 的启动信息如表 4-5 所示。表 4-6 列出了局部变量 IO_state 所包含的可能的 I/O 状态。

表 4-5 诊断错误中断 OB 的启动信息

变量	数据类型	描述
IO_state	Word	包含具有诊断功能的模块的 I/O 状态
laddr	HW_Any	HW-ID
Channel	UInt	通道编号
Multi_error	Bool	为 1 表示有多个错误

表 4-6 局部变量 IO_state 所包含的可能的 I/O 状态

IO_state	含 义
位 0	组态是否正确,为 1 表示组态正确
位 4	为 1 表示存在错误,如断路等
位 5	为 1 表示组态不正确
位 6	为 1 表示发生了 I/O 访问错误,此时 laddr 包含存在访问错误的 I/O 的硬件标识符

4.4 案例 7 流水灯系统的控制

4.4.1 任务导入

流水灯是在控制系统的控制下,多个灯按照设定的顺序和时间来点亮和熄灭,形成一定视觉效果的一组灯。流水灯常用在建筑物装饰方面,在夜晚其多种形式的变换和闪烁能起到美不胜收的效果。

本案例要求使用 S7-1200 PLC 实现 8 盏流水灯控制。按下起动按钮后,第 1 盏灯点亮,然后每过 1 s 向右依次增亮 1 盏灯,直到 8 盏灯全部被点亮,之后全部熄灭 1 s;接着第 8 盏灯点亮,再每过 1 s 向左依次增亮 1 盏灯,直到 8 盏灯全部被点亮,再全部熄灭 1 s,如此循环,直至按下停止按钮。

4.4.2 任务实施

1. I/O 地址分配

根据 PLC 输入/输出点的分配原则及本案例的控制要求进行 I/O 地址分配,如表 4-7 所示。

表 4-7 流水灯系统控制 I/O 分配表

输 入		输 出	
输入继电器	元器件	输出继电器	元器件
I0.0	起动按钮 SB1	Q0.0	灯 HL1
I0.1	停止按钮 SB2	Q0.1	灯 HL2
		Q0.2	灯 HL3
		Q0.3	灯 HL4
		Q0.4	灯 HL5
		Q0.5	灯 HL6
		Q0.6	灯 HL7
		Q0.7	灯 HL8

2. I/O 接线图

根据控制要求及表 4-7 的 I/O 分配表,流水灯系统控制的 I/O 接线图如图 4-49 所示。

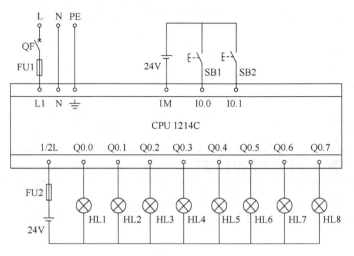

图 4-49 流水灯系统控制的 I/O 接线图

3. 创建工程项目

打开博途编程软件,在 Portal 视图中选择"创建新项目",输入项目名称"D_Liushui",选择项目保存路径,然后单击"创建"按钮完成项目创建。

4. 编写程序

本案例使用启动组织块将连接在 QB0 端口的 8 盏流水灯清零(熄灭),使用循环中断组织块实现流水灯点亮控制,使用硬件中断组织块实现 8 盏灯的熄灭控制。

(1) 生成组织块

按 4.3 节介绍的方法生成启动组织块 OB100、循环中断组织块 OB30(循环时间为 100 ms,相移为 0)、硬件中断组织块 OB40(启用 I0.1 上升沿中断功能,并将 OB40 指定给 I0.1 的上升沿中断事件)。

(2) 编写 OB100 程序

在启动组织块中将 QB0 端口清零,同时将辅助移位使用的寄存器 MD10 清零,其控制程序如图 4-50 所示。

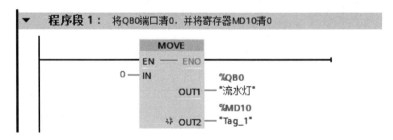

图 4-50 OB100 程序

(3) 编写 OB1 程序

在主程序中起动流水灯控制系统,并给流水灯点亮控制数据赋初值,其控制程序如图 4-51 所示。

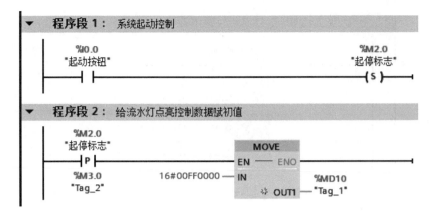

图 4-51 OB1 程序

(4) 编写 OB30 程序

在循环中断组织块中，主要编写流水灯的左移和右移程序，其控制程序如图 4-52 所示。其中，M2.1 未接通时，8 盏灯向左流动；M2.1 接通时，8 盏灯向右流动。

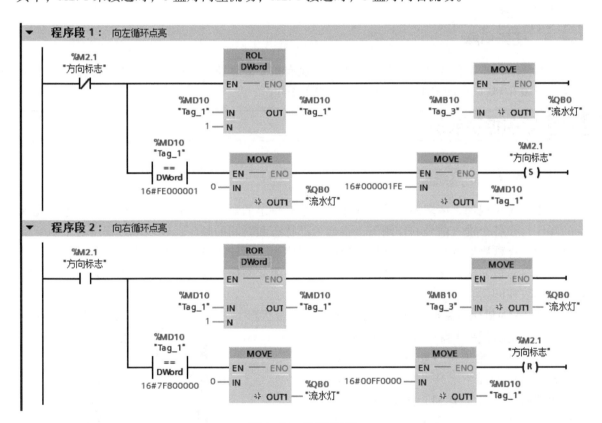

图 4-52 OB30 程序

(5) 编写 OB40 程序

在硬件中断组织块中，将程序中所有用到的寄存器清零，其控制程序如图 4-53 所示。

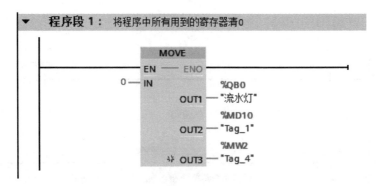

图 4-53　OB40 程序

5. 调试程序

将编译无误的程序下载到 PLC 中,按下起动按钮,观察 8 盏灯是否向左每隔 1 s 依次增加点亮 1 盏,再全部熄灭 1 s;然后是否向右每隔 1 s 依次增加点亮 1 盏,再全部熄灭 1 s,如此循环。无论何时按下停止按钮,8 盏灯均熄灭。若流水灯点亮形式完全符合控制要求,则说明本案例任务完成。

4.4.3　任务拓展

控制要求与本案例相同,同时还要求:若没有按下起动按钮,则每天 17:00 点流水灯自动点亮,凌晨 6:00 点自动关闭,或按下停止按钮关闭。

4.5　顺序控制系统

4.5.1　顺序控制系统简介

在工业应用现场,诸多控制系统的加工工艺有一定的顺序性,它们是按照生产工艺预先规定的顺序,在各个输入信号的作用下,根据内部状态和时间的顺序,在生产过程中各个执行机构自动地、有秩序地进行操作,这样的控制系统称为顺序控制系统。采用顺序控制设计法设计出的系统容易被初学者接受,有经验的工程师也会因此而提高设计的效率,它也方便了程序的调试、修改和阅读。

图 4-54 为机械手搬运工件的动作过程:在初始状态下(步 S0),若在工作台 E 点处检测到有工件,则机械手下降(步 S1)至 D 点处,然后开始夹紧工件(步 S2),夹紧时间为 3 s,之后机械手上升(步 S3)至 C 点处,手臂向左伸出(步 S4)至 B 点处,随后机械手下降(步 S5)至 D 点处,释放工件(步 S6),释放时间为 3 s,将工件放在工作台的 F 点处,机械手上升(步 S7)至 C 点处,手臂向右缩回(步 S8)至 A 点处,一个工作循环结束。若再次检测到工作台 E 点处有工件,则又开始下一工作循

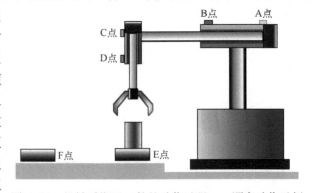

图 4-54　机械手搬运工件的动作过程——顺序动作示例

环，周而复始。

从以上描述可以看出，机械手搬运工件的动作过程是由一系列步（S）或功能组成，这些步或功能按顺序由转换条件激活，这样的控制系统就是典型的顺序控制系统，也称为步进系统。

4.5.2 顺序功能图

1. 顺序控制设计法

（1）顺序控制设计法的基本思想

将系统的一个工作周期划分为若干个顺序相连的阶段，这些阶段称为步（Step），并用编程软元件（如位存储器M）来代表各步。在任何一步之内，输出量的状态保持不变，这样步与输出量的逻辑关系就变得十分简单。

（2）步的划分

根据输出量的状态来划分步，只要输出量的状态发生变化就在该处划出一步，如图4-54所示，共分为9步。

（3）步的转换

系统不能总停在一步内工作，从当前步进入下一步称为步的转换，这种转换的信号称为转换条件。转换条件可以是外部输入信号，也可以是PLC内部信号或若干个信号的逻辑组合。顺序控制设计就是用转换条件去控制代表各步的编程软元件，让它们按一定的顺序变化，然后用代表各步的软元件去控制PLC的各输出位。

2. 顺序功能图的结构

顺序功能图（Sequential Function Chart）是描述控制系统的控制过程、功能和特性的一种图形，也是设计PLC的顺序控制程序的有力工具。它涉及所描述的控制功能的具体技术，是一种通用的技术语言。在IEC的PLC编程语言标准（IEC 61131-3）中，顺序功能图被确定为首选的PLC编程语言。现在还有很多PLC（包括S7-200 PLC）没有配备顺序功能图，但是可以用顺序功能图来描述系统的功能，并根据它来设计梯形图程序。

顺序功能图主要由步、初始步、与步对应的动作或命令、有向连线、活动步、转换、转换条件组成。

（1）步

步表示系统的某一工作状态，用矩形框表示，方框中可以用数字表示该步的编号，也可以用代表该步的编程软元件的地址作为步的编号（如M0.0），这样在根据顺序功能图设计梯形图时较为方便。

（2）初始步

初始步表示系统的初始状态，用双线框表示，初始状态一般是系统等待起动命令的相对静止的状态。每一个顺序功能图至少应有一个初始步。

（3）与步对应的动作或命令

与步对应的动作或命令用于在每一步内把状态为ON的输出位表示出来。可以将一个控制系统划分为被控系统和施控系统。对于被控系统，在某一步要完成某些"动作"（Action）；对于施控系统，在某一步要向被控系统发出某些"命令"（Command）。

为了方便，将命令或动作统称为动作，用矩形框中的文字或符号表示，该矩形框与对应的步相连表示在该步内的动作，并放置在步序框的右边。在每一步内，只标出状态为ON的输出位,一般用输出类指令(如输出、置位、复位等)。步相当于这些指令的子母线,这些动作平时不被执行,只有当对应的步被激活才被执行。

根据需要,指令与对象的动作响应之间可能有多种情况,如有的动作仅在指令激活的时间内有响应,指令结束后动作终止(点动动作);而有的一旦发出指令,动作就一直继续(存储型动作),除非再发出停止或撤销指令,这就需要用不同的符号来进行修饰。动作的修饰词如表4-8所示。

表4-8 动作的修饰词

修饰词	动作类型	说　明
N	非存储型	当步变为不活动步时动作终止
S	置位(存储型)	当步变为活动步时动作继续,直到动作被复位
R	复位(存储型)	被修饰词S、SD、SL和DS启动的动作被终止
L	时间限制	步或变为活动步时动作被启动,直到步变为不活动步或设定时间到
D	时间延迟	步变为活动步时延时定时器被启动,如果延迟后步仍然是活动的,则动作被启动和继续,直到步变为不活动步
P	脉冲	当步变为活动步时,动作被启动并且只执行一次
SD	存储与时间延迟	在时间延迟后动作被启动,直到动作被复位
DS	延迟与存储	在延迟后如果步仍然是活动的,则动作被启动直到被复位
SL	存储与时间限制	步变为活动步时动作被启动,直到设定的时间到或动作被复位

如果某一步有几个动作,可以用图4-55中的两种画法来表示,但是并不表示这些动作之间有任何顺序。

图4-55 动作

(4)有向连线

有向连线把每一步按照它们成为活动步的先后顺序用直线连接起来。

(5)活动步

活动步是指系统正在执行的那一步。步处于活动状态时,相应的动作被执行,即该步内的元件为ON状态;步处于不活动状态时,相应的非存储型动作被停止执行,即该步内的元件为OFF状态。有向连线的默认方向为由上至下,凡与此方向不同的连线均应标注箭头以表示方向。

(6)转换

转换用有向连线上与有向连线垂直的短画线来表示,将相邻两步分隔开。步的活动状态的进展是由转换的实现来完成的,并与控制过程的发展相对应。

转换表示从一个状态到另一个状态的变化，即从一步到另一步的转移，用有向连线表示转移的方向。

转换实现的条件：该转换所有的前级步都是活动步，且相应的转换条件得到满足。

转换实现后的结果：使该转换的后续步变为活动步，前级步变为不活动步。

（7）转换条件

使系统由当前步进入下一步的信号称为转换条件。转换是一种条件，当条件成立时，称为转换使能。该转换如果能够使系统的状态发生变化，则称为触发。转换条件是指系统从一个状态向一个状态转移的必要条件。

转换条件是与转换相关的逻辑命令，转换条件可以用文字语言、布尔代数表达式或图形符号标注在表示转换的短画线旁边，使用最多的是布尔代数表达式。

在顺序功能图中，只有当某一步的前级步是活动步时，该步才有可能变成活动步。如果用没有断电保持功能的编程软元件代表各步，则 CPU 进入 RUN 工作方式时，它们均处于"0"状态，必须在开机时将初始步预置为活动步，否则会因顺序功能图中没有活动步，系统将无法工作。

绘制顺序功能图应注意以下几点：

1) 步与步不能直接相连，应用转换隔开。

2) 转换也不能直接相连，应用步隔开。

3) 初始步描述的是系统等待起动命令的初始状态，通常在这一步里没有任何动作。但是初始步是不可缺少的，因为如果没有该步，则无法表示系统的初始状态，系统也无法返回停止状态。

4) 自动控制系统应能多次重复完成某一控制过程，要求系统可以循环执行某一程序，因此顺序功能图应是闭环的，即在完成一次工艺过程的全部操作后，应从最后一步返回初始步，系统停留在初始状态（单周期操作）；在连续循环工作方式下，系统应从最后一步返回下一工作周期开始运行的第一步。

3. 顺序功能图的类型

顺序功能图主要有单序列、选择序列、并行序列这 3 种类型。

（1）单序列

单序列是由一系列相继激活的步组成的，每一步的后面仅有一个转换，每一个转换的后面只有一个步，如图 4-56a 所示。

（2）选择序列

选择序列的开始称为分支，转换符号只能标在水平连线之下，如图 4-56b 所示。步 5 后有两个转换，即 h 和 k 所引导的两个选择序列，如果步 5 为活动步并且转换 h 使能，则步 8 被触发；如果步 5 为活动步并且转换 k 使能，则步 10 被触发。一般只允许选择一个序列。

选择序列的合并是指几个选择序列合并到一个公共序列中。此时，需要重新组合的序列用相同数量的转换符号和水平连线来表示，转换符号只允许在水平连线之上。图 4-56b 中，如果步 9 为活动步并且转换 j 使能，则步 12 被触发；如果步 11 为活动步并且转换 n 使能，则步 12 也被触发。

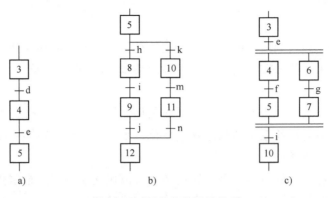

图 4-56 顺序功能图的类型
a）单序列　b）选择序列　c）并行序列

（3）并行序列

当转换的实现导致几个序列同时被激活时，这些序列称为并行序列。

并行序列用来表示系统的几个同时工作的独立部分，如图 4-56c 所示。并行序列的开始称为分支。

当步 3 是活动步并且转换条件 e 为 ON 时，步 4、步 6 这两步同时变为活动步，同时步 3 变为不活动步。为了强调转换的实现，水平连线用双线表示。步 4、步 6 被同时激活后，每个序列中活动步的进展将是独立的。在表示同步的水平双线上，只允许有一个转换符号。并行序列的结束称为合并，在表示同步水平双线之下，只允许有一个转换符号。当直接连在双线上的所有前级步（步 5、步 7）都处于活动状态，并且转换条件 i 为 ON 时，才会发生步 5 和步 7 转到步 10 的进展，步 5 和步 7 同时变为不活动步，而步 10 变为活动步。

4.5.3　顺序控制系统的编程方法

根据控制系统的工艺要求画出系统的顺序功能图后，若 PLC 没有配备顺序功能图，则必须将顺序功能图转换成 PLC 可执行的梯形图（S7-300 PLC 配备有顺序功能图）。将顺序功能图转换成梯形图的方法主要有两种，分别是起保停电路的设计方法和采用置位（S）/复位（R）指令的设计法。

1. 起保停设计法

起保停电路仅仅使用与触点和线圈有关的指令，任何一种 PLC 的指令系统都有这一类指令，因此起保停设计法是一种通用的编程方法，可以用于任何型号的 PLC。

图 4-57a 给出了自动小车运动的示意图。当按下起动按钮时，小车由原点 SQ0 处前进（Q0.0 动作）到 SQ1 处，停留 2 s 后返回（Q0.1 动作）到原点，停留 3 s 后前进至 SQ2 处，停留 2 s 后返回到原点。当再次按下起动按钮时，重复上述动作。

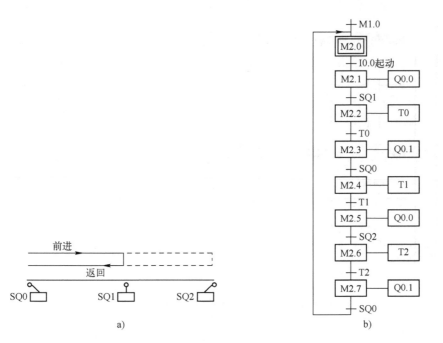

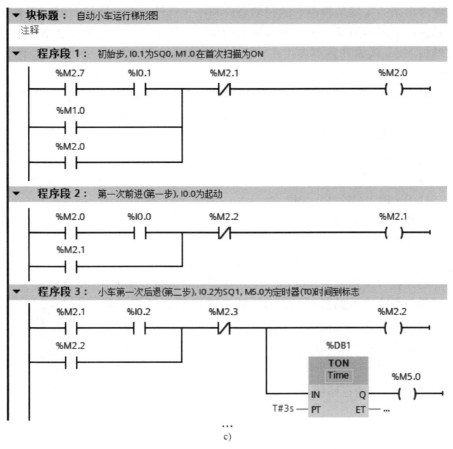

图 4-57 自动小车运动 PLC 控制系统

a）示意图 b）顺序功能图 c）梯形图

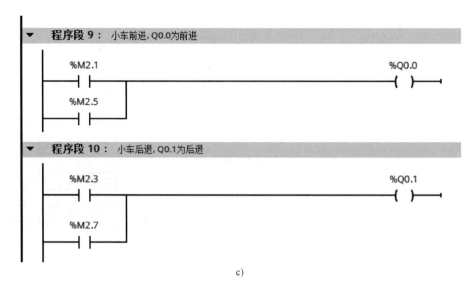

c)

图 4-57 自动小车运动 PLC 控制系统（续）

c）梯形图

设计起保停电路的关键是找出它的起动条件和停止条件。根据转换实现的基本规则，转换实现的条件是它的前级步为活动步，并且满足相应的转换条件。在起保停电路中，应将代表前级步的存储器位 Mx.x 的常开触点和代表转换条件的常开触点（如 Ix.x）串联，作为控制下一位的启动电路。

图 4-57b 给出了自动小车运动的顺序功能图，当 M2.1 和 SQ1 的常开触点均闭合时，步 M2.2 变为活动步，这时步 M2.1 应变为不活动步，因此可以将 M2.2 为 ON 状态作为使存储器位 M2.1 变为 OFF 的条件，即将 M2.2 的常闭触点与 M2.1 的线圈串联。该逻辑关系可以用逻辑代数式表示如下：

$$M2.1 = (M2.0 \cdot I0.0 + M2.1) \cdot \overline{M2.2}$$

根据上述逻辑代数式可知，使用起保停设计法的步程序设计如图 4-58 所示（其中 M_{i-1} 是前级步，M_i 是当前步，M_{i+1} 是后续步，$X_{X.X}$ 是转换条件）。

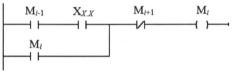

图 4-58 起保停设计法的步程序设计

根据上述的编程方法和顺序功能图，很容易画出梯形图，如图 4-57c 所示。

顺序控制梯形图输出电路部分的设计：由于步是根据输出变量的状态变化来划分的，它们之间的关系极为简单，可以分为两种情况来处理。其一，若某输出量仅在某一步为 ON，则可以将它的线圈与对应步的存储器位 M 的线圈并联；其二，如果某输出在几步中都为 ON，则应将使用各步的存储器位的常开触点并联后，驱动其输出线圈，如图 4-57c 中程序段 9 和程序段 10 所示。

码 4-13 起保停顺控设计法——微课视频

2. 置位/复位指令设计法

（1）使用 S、R 指令设计顺序控制程序

在使用 S、R 指令设计顺序控制程序时，将各转换的所有前级步对应的常开触点与转换对应的触点或电路串联，该串联电路即为起保停电路中的启动电路，用它作为使所有后续步置位

（使用 S 指令）和使所有前级步复位（使用 R 指令）的条件。在任何情况下，各步的控制电路都可以使用这一原则来设计，每一个转换对应一个这样的控制置位和复位的电路块，有多少个转换就有多少个这样的电路块。这种设计方法有规律可循，梯形图与转换实现的基本规则之间有着严格的对应关系，在设计复杂的顺序功能图的梯形图时，既容易掌握，又不容易出错。

（2）使用 S、R 指令设计顺序功能图的方法

1）单序列的编程方法。

某组合机床的动力头在初始状态时停在最左边，限位开关 I0.1 为 ON 状态。按下起动按钮 I0.0，动力头的进给运动图如图 4-59a 所示，工作一个循环后，返回并停在初始位置。动力头 PLC 控制系统的顺序功能图如图 4-59b 所示。

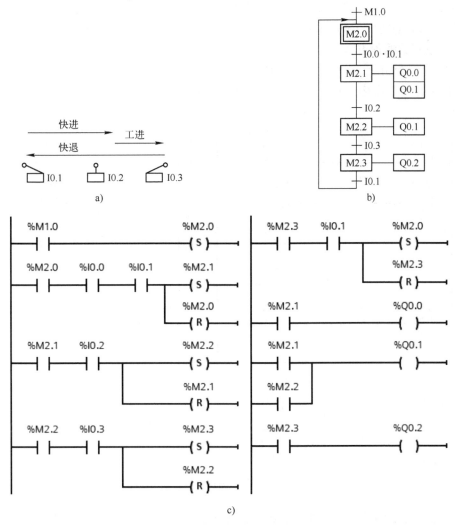

图 4-59 动力头 PLC 控制系统
a）进给运动图 b）顺序功能图 c）梯形图

实现图 4-59 中 I0.2 对应的转换需要同时满足两个条件，即该步的前级步是活动步（M2.1 为 ON），同时转换条件满足（I0.2 为 ON）。在梯形图中，可以用 M2.1 和 I0.2 的常开触点组成的串联电路来表示上述条件。该电路接通时，两个条件同时满足。此时应将该

转换的后续步变为活动步，即用置位指令将 M2.2 置位；还应将该转换的前级步变为不活动步，即用复位指令将 M2.1 复位。图 4-59c 中 M1.0 为 CPU 首次扫描接通位，本节中如无特殊说明 M1.0 均为此含义。

使用这种编程方法时，不能将输出位的线圈与置位/复位指令并联，这是因为图 4-59 中控制置位/复位的串联电路接通的时间只有一个扫描周期，转换条件满足后前级步马上被复位，该串联电路断开，而输出位的线圈至少应该在某一步对应的全部时间内被接通。所以应根据顺序功能图，用代表步的存储器位的常开触点或它们的并联电路来驱动输出位的线圈。

2) 并行序列的编程方法。

图 4-60 是一个并行序列的顺序功能图，采用 S 指令和 R 指令进行并行序列控制程序设计的梯形图如图 4-61 所示。

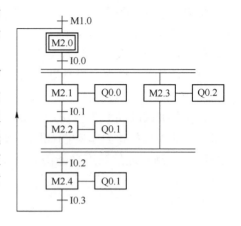

图 4-60 并行序列的顺序功能图

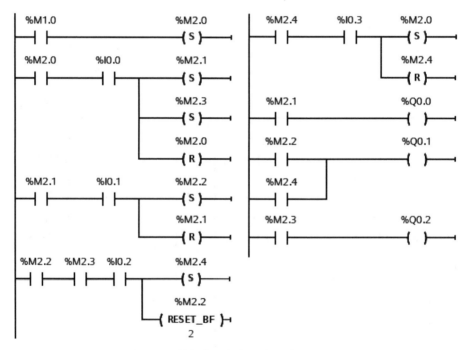

图 4-61 并行序列控制程序设计的梯形图

① 并行序列分支的编程。在图 4-60 中，步 M2.0 之后有一个并行序列的分支。当 M2.0 是活动步，并且转换条件 I0.0 为 ON 时，步 M2.1 和步 M2.3 同时变为活动步，这时用 M2.0 和 I0.0 的常开触点串联电路使 M2.1 和 M2.3 同时置位，用复位指令使步 M2.0 变为不活动步，编程如图 4-61 所示。

② 并行序列合并的编程。在图 4-60 中，在转换条件 I0.2 之前有一个并行序列的合并。当所有的前级步 M2.2 和 M2.3 都是活动步，并且转换条件 I0.2 为 ON 时，实现并行序列的合

并。用 M2.2、M2.3 和 I0.2 的常开触点串联电路使后续步 M2.4 置位，用复位指令使前级步 M2.2 和 M2.3 变为不活动步，编程如图 4-61 所示。

某些控制要求有时需要并行序列的合并和并行序列的分支由一个转换条件同步实现，如图 4-62a 所示。转换的上面是并行序列的合并，转换的下面是并行序列的分支，该转换实现的条件是所有的前级步 M2.0 和 M2.1 都是活动步且转换条件 I0.1 或 I0.3 为 ON。因此，应将 I0.1 的常开触点与 I0.3 的常开触点并联后再与 M2.0、M2.1 的常开触点串联，作为 M2.2、M2.3 置位和 M2.0、M2.1 复位的条件，其梯形图如图 4-62b 所示。

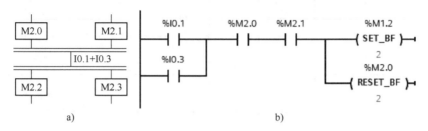

图 4-62　并行序列转换的同步实现
a）顺序功能图　b）梯形图

3）选择序列的编程方法。

图 4-63 是一个选择序列的顺序功能图，采用 S 指令和 R 指令进行选择序列控制程序设计的梯形图如图 4-64 所示。

① 选择序列分支的编程。在图 4-63 中，步 M2.0 之后有一个选择序列的分支。当 M2.0 为活动步时，可以有两种不同的选择，当转换条件 I0.0 满足时，后续步 M2.1 变为活动步，M2.0 变为不活动步；而当转换条件 I0.1 满足时，后续步 M2.3 变为活动步，M2.0 变为不活动步。

M2.0 被置为"1"时，后面有两个分支可以选择。若转换条件 I0.0 为 ON 时，执行程序段中置位 M2.1 指令，活动步将转换到步 M2.1，然后向下继续执行；若转换条件 I0.1 为 ON 时，执行程序段中置位 M2.3 指令后，将转换到步 M2.3，然后向下继续执行。

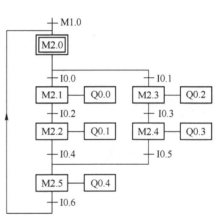

图 4-63　选择序列的顺序功能图

② 选择序列合并的编程。在图 4-63 中，步 M2.5 之前有一个选择序列的合并，当步 M2.2 为活动步，并且转换条件 I0.4 满足，或者步 M2.4 为活动步，并且转换条件 I0.5 满足时，步 M2.5 变为活动步。在步 M2.2 和步 M2.4 后续对应的程序段中，分别用 I0.4 和 I0.5 的常开触点驱动置位 M2.5 指令，就可以实现选择序列的合并。

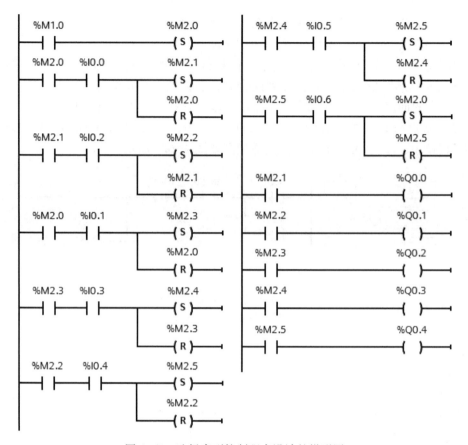

图 4-64 选择序列控制程序设计的梯形图

4.6 案例 8 剪板机系统的 PLC 控制

4.6.1 任务导入

机械零件或产品都是严格按照设计的工艺流程进行加工的,其生产加工的自动化设备中的机构动作在产品加工过程中大多数都具有一定的顺序性。本案例要求使用 S7-1200 PLC 实现剪板机系统的控制。图 4-65 是某剪板机的工作示意图,具体控制要求如下:开始时压钳和剪刀都在上限位,限位开关 I0.0 和 I0.1 都为 ON。按下压钳下行按钮 I0.5 后,板料右行 (Q0.0 为 ON) 至限位开关 I0.3 动作,压钳下行 (Q0.3 为 ON 并保持) 压紧板料后,压力继电器 I0.4 为 ON,压钳保持压紧,剪刀开始下行 (Q0.1 为 ON)。剪断板料后,剪刀限位开关 I0.2 变为 ON, Q0.1 和 Q0.3 为 OFF,延时 2 s 后,剪刀和压钳同时上行 (Q0.2 和 Q0.4 为 ON),碰到限位开关 I0.0 和 I0.1 后,它们分别停止上行,直至再次按下压钳下行按钮,才进行下一个周期的工作。为简化程序工作量,此处省略液压泵及压钳驱动电动机相关控制。

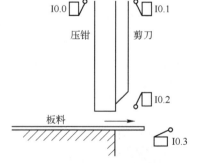

图 4-65 某剪板机的工作示意图

4.6.2 任务实施

1. I/O 地址分配

根据 PLC 输入/输出点分配原则及本案例的控制要求，进行 I/O 地址分配，如表 4-9 所示。

表 4-9 剪板机系统 PLC 控制的 I/O 地址分配表

输入		输出	
输入继电器	元器件	输出继电器	元器件
I0.0	压钳上限位 SQ1	Q0.0	板料右行 KM1
I0.1	剪刀上限位 SQ2	Q0.1	剪刀下行 KM2
I0.2	剪刀下限位 SQ3	Q0.2	剪刀上行 KM3
I0.3	板料右限位 SQ4	Q0.3	压钳下行 YV1
I0.4	压力继电器 KP	Q0.4	压钳上行 YV2
I0.5	压钳下行 SB		

2. I/O 接线图

根据控制要求及表 4-9 的 I/O 分配表，剪板机系统 PLC 控制的 I/O 接线图如图 4-66 所示。

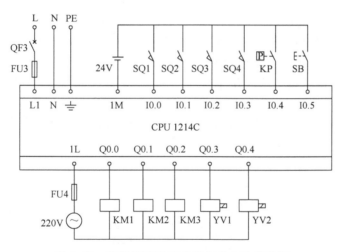

图 4-66 剪板机系统 PLC 控制的 I/O 接线图

3. 创建工程项目

打开博途编程软件，在 Portal 视图中选择"创建新项目"，输入项目名称"M_jianban"，选择项目保存路径，然后单击"创建"按钮创建项目。

4. 硬件组态

在项目视图的项目树中双击"添加新设备"图标，添加设备名称为 PLC_1 的设备，CPU 为 1214C。启用系统存储器字节 MB1，位 M1.0 为首次扫描且为 ON。

5. 编辑变量表

打开 PLC_1 下的"PLC 变量"文件夹，双击"添加新变量表"，生成图 4-67 所示的变量表。

	名称	变量表	数据类型	地址
1	压钳上限位SQ1	默认变量表	Bool	%I0.0
2	剪刀上限位SQ2	默认变量表	Bool	%I0.1
3	剪刀下限位SQ3	默认变量表	Bool	%I0.2
4	板料右限位SQ4	默认变量表	Bool	%I0.3
5	压力继电器KP	默认变量表	Bool	%I0.4
6	压钳下行SB	默认变量表	Bool	%I0.5
7	板料右行KM1	默认变量表	Bool	%Q0.0
8	剪刀下行KM2	默认变量表	Bool	%Q0.1
9	剪刀上行KM3	默认变量表	Bool	%Q0.2
10	压钳下行YV1	默认变量表	Bool	%Q0.3
11	压钳上行YV2	默认变量表	Bool	%Q0.4

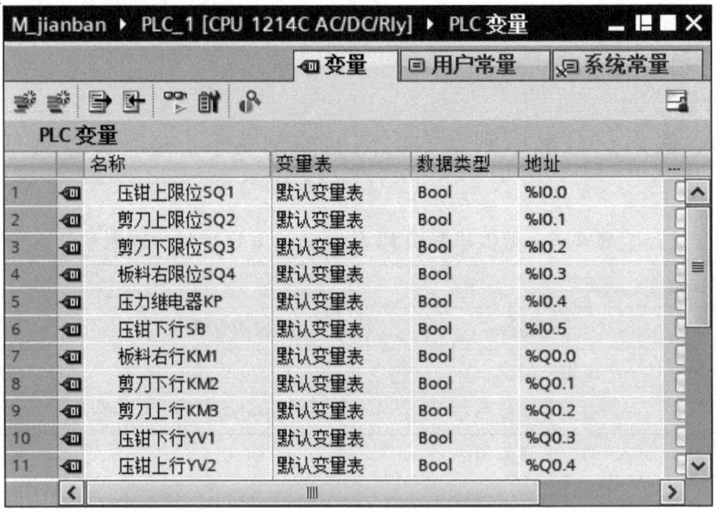

图 4-67　剪板机系统 PLC 控制的变量表

6. 编写程序

根据工作过程要求，绘制的顺序功能图如图 4-68 所示，使用置位/复位指令编写的 PLC 控制程序如图 4-69 所示。

7. 调试程序

将调试好的用户程序及设备组态分别下载到 CPU 中，并连接好线路。首先观察压钳和剪刀上限位是否动作，若已动作，说明它们已在原位准备就绪，这时按下压钳下行按钮，观察板料是否右行。若碰到右行限位开关，观察板料是否停止运行，同时压钳是否下行。当压力继电器动作时，观察剪刀是否下行；当剪完本次板料时，是否延时一段时间后压钳和剪刀均上升，各自上升到位后，是否停止上升；若再次按下压钳下行按钮，压钳是否再次下行，若下行，则说明剪板机系统能进行循环剪料工作。若上述调试现象与控制要求一致，则说明本案例任务实现。

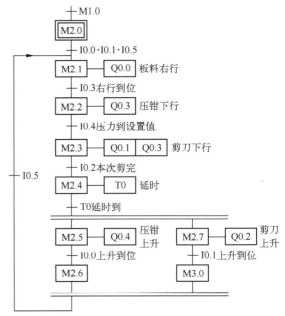

图 4-68　剪板机系统动作的顺序功能图

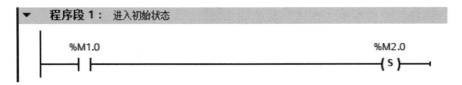

图 4-69　剪板机系统的 PLC 控制程序

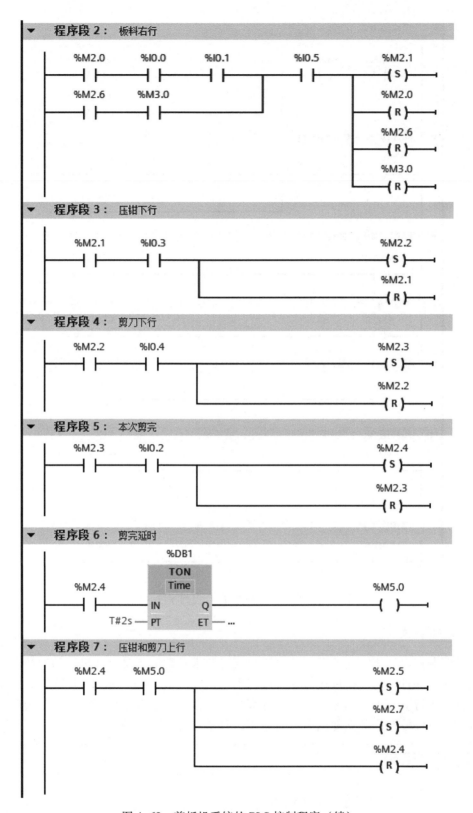

图 4-69 剪板机系统的 PLC 控制程序(续)

```
程序段 8：  压钳上升到位
    %M2.5    %I0.0                          %M2.6
    ─┤ ├──────┤ ├───────────────────────────( S )──
                                              %M2.5
                                             ─( R )──

程序段 9：  剪刀上升到位
    %M2.7    %I0.1                          %M3.0
    ─┤ ├──────┤ ├───────────────────────────( S )──
                                              %M2.7
                                             ─( R )──

程序段 10：  板料右行
    %M2.1                                    %Q0.0
    ─┤ ├────────────────────────────────────( )──

程序段 11：  剪刀下行
    %M2.3                                    %Q0.1
    ─┤ ├────────────────────────────────────( )──

程序段 12：  剪刀上升
    %M2.7                                    %Q0.2
    ─┤ ├────────────────────────────────────( )──

程序段 13：  压钳下行
    %M2.2                                    %Q0.3
    ─┤ ├────────────────────────────────────( )──
    %M2.3
    ─┤ ├──┘

程序段 14：  压钳上升
    %M2.5                                    %Q0.4
    ─┤ ├────────────────────────────────────( )──
```

图 4-69　剪板机系统的 PLC 控制程序（续）

4.6.3　任务拓展

用起保停顺控设计法实现本案例的控制，同时要求：在液压泵电动机起动的情况下，才可进行剪板工作，并且对剪板数量进行计数，当剪板数量达到 10 块时，结束当前工作循环，并在原点处待命等待下一工作循环。在加工过程中，若按下停止按钮，则在本次剪板结束后停止工作；若按下急停按钮，则立即结束当前动作，且指示灯发出报警指示。

4.7　习题与思考

1. S7-1200 PLC 用户程序中的块包括_____、_____、_____和_____。
2. 背景数据块是_____的存储区。
3. 调用_____、_____、_____等指令及_____块时需要指定其背景数据块。

4. 在梯形图调用函数块时，方框内是函数块的_____，方框外是对应的_____。方框的左边是块的_____参数和_____参数，右边是块的_____参数。

5. S7-1200 PLC 在系统起动时调用 OB_____。

6. CPU 检测到故障或错误时，如果没有下载对应的错误处理组织块，CPU 将进入_____模式。

7. 什么是符号地址？采用符号地址有哪些优点？

8. 函数和函数块有什么区别？

9. 组织块可否调用其他组织块？

10. 在变量声明表内，所声明的静态变量和临时变量有何区别？

11. 如何实现多重背景？

12. 延时中断与定时器都可以实现延时，它们有什么区别？

13. 设计求圆周长的函数 FC，FC 的输入变量为直径 Diameter（整数），取圆周率为 3.14，用浮点数运算指令计算圆的周长，存放在双字输出变量 Circle 中。在 OB1 中调用 FC，直径的输入值为 100，存放圆周长的地址为 MD10。

14. 用 I0.0 控制接在 Q0.0~Q0.7 上 8 盏彩灯的循环移位，用定时器定时，每 0.5 s 移 1 位，首次扫描时给 Q0.0~Q0.7 置初值，用 I0.1 控制彩灯移位的方向。

15. 用 I0.0 控制接在 Q0.0~Q0.7 上 8 盏彩灯的循环移位，用循环中断组织块 OB35 定时，每隔 0.5 s 增亮 1 盏，8 盏彩灯全亮后，反方向每隔 0.5 s 熄灭 1 盏，8 盏彩灯全灭后再逐位增亮，如此循环。

16. 在功能图中，什么是步、初始步、活动步、动作和转换条件？

17. 在顺序控制系统中，设计顺序功能图时应注意什么？

18. 编写顺序控制系统梯形图程序有哪些常用的方法？

19. 根据图 4-70 所示的顺序功能图编写程序，要求用起保停电路和置位/复位指令分别进行编写。

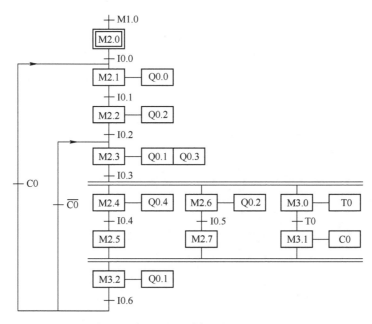

图 4-70　顺序功能图

20. 用 PLC 设计液体混合装置控制系统，其示意图如图 4-71 所示，上、中、下限位为液位检测开关，当它们被液体淹没时为 ON 状态，阀 A、阀 B 和阀 C 为电磁阀，线圈通电时打开，线圈断电时关闭。在初始状态时容器是空的，各阀门均关闭，所有传感器均为 OFF 状态。按下起动按钮后，打开阀 A，液体 A 流入容器，中限位液位检测开关变为 ON 状态时，关闭阀 A，打开阀 B，液体 B 流入容器。液面升到上限位液位检测开关时，关闭阀 B，电动机 M 开始运行，搅拌液体，60 s 后停止搅拌，打开阀 C，放出混合液，当液面降至下限位液位检测开关之后 5 s，容器放空，关闭阀 C，打开阀 A，又开始下一轮周期的操作。任意时刻按下停止按钮，当前工作周期的操作结束后，才停止操作，返回并停留在初始状态。

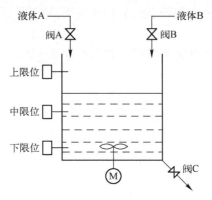

图 4-71　液体混合装置控制系统示意图

第 5 章 工艺指令及编程

本章主要对 S7-1200 PLC 中模拟量模块的组态与使用、过程控制、高速计数器、高速脉冲输出、运动控制等指令进行介绍，并通过示例和案例较为详细地介绍它们的组态及编程。通过本章学习，希望读者能尽快理解及熟练掌握模拟量模块及上述工艺指令及其在工程中的应用。

5.1 模拟量

模拟量是区别于数字量的一个连续变化的电压或电流信号。模拟量可作为 PLC 的输入或输出，通过传感器或控制设备对控制系统的温度、压力、流量等模拟量进行检测或控制。通过模拟量转换模块或变送器可将传感器提供的电量或非电量转换为标准的直流电流（0~20 mA、4~20 mA、±20 mA 等）信号或直流电压信号（0~5 V、0~10 V、±10 V 等）。

5.1.1 模拟量模块

S7-1200 PLC 的模拟量模块包括模拟量输入模块 SM 1231、模拟量输出模块 SM 1232、模拟量输入/输出模块 SM 1234。

5-1 模拟量模块及线路连接方法——微课视频

1. 模拟量输入模块

模拟量输入模块 SM 1231 用于将现场各种模拟量测量传感器输出的直流电压或电流信号转换为 S7-1200 PLC 内部处理用的数字信号。模拟量输入模块 SM 1231 可选择的输入信号类型有电压型、电流型、电阻型、热电阻型和热电偶型等。目前，模拟量输入模块 SM 1231 主要有 AI4×13/16 bit、AI4/8×RTD、AI4/8×TC 三种类型，直流信号主要有±1.25 V、±2.5 V、±5 V、±10 V、0~20 mA、4~20 mA。而该模块有几路输入、分辨率有多少位、信号类型及大小是多少，这要根据每个模拟量输入模块的订货号而定。

在此以 SM 1231 AI4×13 bit 为例进行介绍。该模块的输入量范围可选±2.5 V、±5 V、±10 V 或 0~20 mA，分辨率为 12 位加上符号位，电压型的输入电阻大于或等于 9 MΩ，电流型的输入电阻为 250 Ω。该模块有中断和诊断功能，可监控电源电压和断线故障。所有通道的最大循环时间为 625 μs。额定范围的电压转换后对应的数字为 -27648~27648。25℃ 或 0~55℃ 满量程的最大误差为±0.1% 或±0.2%。

可按无、弱、中、强 4 个级别对模拟量信号进行平滑（滤波）处理，"无"表示不进行平滑处理。模拟量模块的电源电压均为 DC 24 V。

S7-1200 PLC 的紧凑型 CPU 模块已集成 2 通道模拟量信号输入，其中 CPU 1215C 和 CPU 1217C 还集成有 2 通道模拟量信号输出。

2. 模拟量输出模块

模拟量输出模块 SM 1232 用于将 S7-1200 PLC 的数字量信号转换成系统所需要的模拟量信号，用于控制模拟量调节器或执行设备。目前，模拟量输出模块 SM 1232 主要有 AQ2×14 bit

和 AQ4×14 bit 两种，其输出电压为±10 V 或输出电流为 0~20 mA。

在此以模拟量输出模块 SM 1232 AQ2×14 bit 为例进行介绍。该模块的输出电压为-10~+10 V，分辨率为 14 位，最小负载阻抗为 1000 MΩ；输出电流为 0~20 mA 时，分辨率为 13 位，最大负载阻抗为 600 Ω；有中断和诊断功能，可监控电源电压短路和断线故障；数字-27648~27648 被转换为-10~+10 V 的电压，数字 0~27648 被转换为 0~20 mA 的电流；电压输出负载为电阻时，转换时间为 300 μs；负载为 1 μF 电容时，转换时间为 750 μs。电流输出负载为 1 mH 电感时，转换时间为 600 μs；负载为 10 mH 电感时，转换时间为 2 ms。

3. 模拟量输入/输出模块

模拟量输入/输出模块 SM 1234 目前只有 4 通道模拟量输入/2 通道模拟量输出模块。SM 1234 的模拟量输入和模拟量输出通道的性能指标分别与 SM 1231 AI4×13 bit 和 SM 1232 AQ2×14 bit 的相同，相当于这两种模块的组合。

在控制系统需要模拟量通道较少的情况下，为了不增加设备的占用空间，可通过信号板来增加模拟量通道。目前，主要有 AI1×12 bit、AI1×RTD、AI1×TC 和 AQ1×12 bit 等几种信号板。

5.1.2 模拟量模块的地址分配

模拟量模块以通道为单位，一个通道占一个字（2B）的地址，因此在模拟量地址中只有偶数。S7-1200 PLC 的模拟量模块的系统默认地址为 I/QW96~I/QW222。一个模拟量模块最多有 8 个通道，从 96 号字节开始，S7-1200 PLC 给每一个模拟量模块分配 16B（8 个字）的地址。N 号槽的模拟量模块的起始地址为 $(N-2)×16+96$，其中 $N≥2$。集成的模拟量输入/输出系统默认地址是 I/QW64、I/QW66；信号板上模拟量输入/输出系统默认地址是 I/QW80。

对模拟量模块组态时，CPU 将会根据模块所在的槽号，按上述原则自动地分配模块的默认地址。打开"设备组态"，双击相应模块，在其"常规"选项卡中列出了每个通道的模拟量输入或模拟量输出的起始地址。

在模块的"属性"对话框的"常规"选项卡中，用户可以通过编程软件修改系统自动分配的地址，一般采用系统分配的地址，因此没必要严格按照上述的地址分配原则。但是必须根据组态时确定的 I/O 点的地址来编程。

模拟量输入地址的标识符是 IW，模拟量输出地址的标识符是 QW。

5.1.3 模拟量模块的组态

由于模拟量输入模块或模拟量输出模块提供不止一种类型信号的输入或输出，每种信号的测量范围又有多种选择，因此必须对模块的信号类型和测量范围进行设定。

5-2 模拟量模块的组态——微课视频

CPU 上集成的模拟量，均为模拟量输入电压（0~10 V）通道和模拟量输出电流通道（0~20 mA），且无法对其更改。通常每个模拟量模块都可以更改其测量信号的类型和范围，在参考了硬件手册正确地进行接线后，再利用编程软件进行更改。

 注意： 必须在 CPU 为 STOP 模式时才能设置参数，且需要将参数进行下载。当 CPU 从 STOP 模式切换到 RUN 模式后，CPU 会将设定的参数传送到每个模拟量模块中。

在此以第 1 槽上的 SM 1234 AI4×13 bit/ AQ2×14 bit 为例进行介绍。

在项目视图中打开"设备组态"，单击选中第 1 号槽上的模拟量模块，单击巡视窗口上方最右边的按钮，便可展开其模拟量模块的属性窗口（或双击第 1 号槽上的模拟量模块，便可直接打开其属性窗口），如图 5-1 所示。在"常规"选项卡下有"常规"和"AI4/AQ 2"两个选项，"常规"给出了该模块的名称、描述、注释、订货号及固件版本等。

选择"AI4/AQ 2"→"模拟量输入"，可设置信号的测量类型、测量范围及滤波级别（一般选择"弱"级，可以抑制工频信号对模拟量信号的干扰）。单击"测量类型"后面的按钮，可以看到，测量类型有"电压"和"电流"两种。单击"电压范围"后面的按钮，若"测量类型"选为"电压"，则"电压范围"为±2.5 V、±5 V、±10 V；若"测量类型"选为"电流"，则"电流范围"为 0~20 mA 和 4~20 mA。还可以激活输入信号的"启用断路诊断""启用溢出诊断""启用下溢出诊断"等功能。

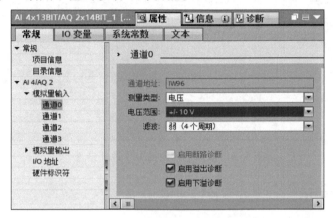

图 5-1　模拟量模块的输入通道设置

在"模拟量输出"中可设置输出模拟量的信号类型（电压和电流）及范围（若输出为电压信号，则范围为 0~10 V；若输出为电流信号，则范围为 0~20 mA）。还可以设置 CPU 进入 STOP 模式后，各输出点保持最后的值，或使用替换值，如图 5-2 所示；选中后者时，可以设置各点的替换值。可以激活电压输出的短路诊断功能、电流输出的断路诊断功能，以及超出上限值 32511 或低于下限值-32512 的诊断功能（模拟量的上限值为 32767，下限值为-32768）。

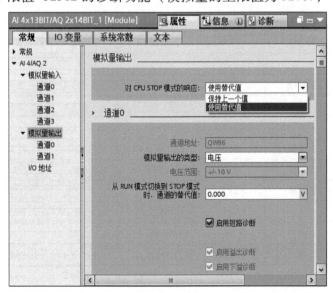

图 5-2　模拟量模块的输出通道设置

图 5-3 为模拟量模块的 I/O 地址设置,这里不作详细介绍。

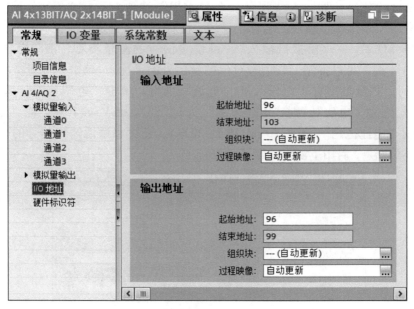

图 5-3　模拟量模块的 I/O 地址设置

5.1.4　模拟值的表示

模拟值用二进制补码表示,宽度为 16 位,符号位总在最高位。模拟量模块的精度最高位为 15 位,如果少于 15 位,则模拟值左移调整,再保存到模块中,未用的低位为 0。若模拟值的精度为 12 位加符号位,左移 3 位后未使用的低位(第 0~2 位)为 0,相当于实际的模拟值乘以 8。

以电压测量范围(±10~±2.5 V)为例,其模拟值的表示如表 5-1 所示。

表 5-1　电压测量范围为 ±10 V ~ ±2.5 V 的模拟值的表示

当前值占标准值的百分比	转换值		模拟值			范围
	十进制	十六进制	±10 V	±5 V	±2.5 V	
118.515%	32 767	7FFF	11.851 V	5.926 V	2.963 V	上溢
…	…					
117.593%	32 512	7F00	11.759 V	5.879 V	2.939 V	
117.589%	32 511	7EFF	11.759 V	5.879 V	2.940 V	超出范围
…	…					
100.004%	27 649	6C01	10.000 4 V	5.000 2 V	2.500 1 V	
100.000%	27 648	6C00	10 V	5 V	2.5 V	正常范围
75.000%	20 736	5100	7.5 V	3.75 V	1.875 V	
0.003 617%	1	1	361.7 μV	180.8 μV	90.4 μV	
0%	0	0	0V	0V	0V	
−0.003 617%	−1	FFFF	−361.7 μV	−180.8 μV	−90.4 μV	
−75.000%	−20 736	AF00	−7.5 V	−3.75 V	−1.875 V	
−100.000%	−27 648	9400	−10 V	−5 V	−2.5 V	

(续)

当前值占标准值的百分比	转换值		模拟值			范围
	十进制	十六进制	±10 V	±5 V	±2.5 V	
−100.004%	−27 649	93FF	−10.000 4 V	−5.000 2 V	−2.500 1 V	低于范围
…			…			
−117.589%	−32 511	8100	−11.759 V	−5.879 V	−2.939 V	
−117.593%	−32 512	80FF	−11.759 3 V	−5.879 6 V	−2.939 8 V	下溢
…			…			
−118.515%	−32 767	8000	−11.851 V	−5.926 V	−2.963 V	

电流测量范围为 0~20 mA 和 4~20 mA 的模拟值的表示如表 5-2 所示。

表 5-2 电流测量范围为 0~20 mA 和 4~20 mA 的模拟值的表示

当前值占标准值的百分比	转换值		模拟值		范围
	十进制	十六进制	0~20 mA	4~20 mA	
118.515%	32 767	7FFF	23.703 0 mA	22.962 4 mA	上溢
…			…		
117.593%	32 512	7F00	23.519 5 mA	22.814 8 mA	
117.589%	32 511	7EFF	23.517 8 mA	22.814 2 mA	超出范围
…			…		
100.004%	27 649	6C01	20.000 7 mA	20.000 6 mA	
100.000%	27 648	6C00	20 mA	20 mA	
75.000%	20 736	5100	15 mA	15 mA	正常范围
0.003 617%	1	1	723.4 nA	4 mA +578.7 nA	
0%	0	0	0 mA	4 mA	

【例 5-1】 流量变送器的量程为 0~100 L，输出信号为 4~20 mA，模拟量输入模块的量程为 4~20 mA，转换后的数字量为 0~27 648，设转换后得到的数字为 N，试求以 L 为单位的流量值。

根据题意可知：0~100 L 对应于转换后的数字 0~27 648，转换公式为

$$l = \frac{100N}{27648}$$

【例 5-2】 某温度变送器的量程为 −100~500℃，输出信号为 4~20 mA，某模拟量输入模块将 0~20 mA 的电流信号转换为数字 0~27 648，设转换后得到的某数字为 N，求以℃为单位的温度值 T。

根据题意可知：0~20 mA 的电流信号转换为数字 0~27 648，画出图 5-4 所示模拟量与转换值的关系曲线，根据比例关系得

$$\frac{T-(-100)}{N-5530} = \frac{500-(-100)}{27648-5530}$$

整理后得到温度 T（单位为℃）的计算

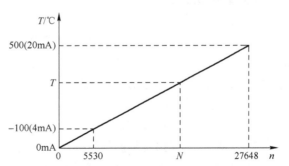

图 5-4 模拟量与转换值的关系曲线

公式为

$$T = \frac{600 \times (N - 5530)}{22118} - 100$$

5.2 过程控制指令

5.2.1 PID控制原理

1. 模拟量闭环控制系统的组成

模拟量闭环控制系统的组成如图5-5所示,虚线部分在PLC内。在模拟量闭环控制系统中,被控量$c(t)$(如温度、压力和流量等)是连续变化的模拟量,某些执行机构(如电动调节阀和变频器等)要求PLC输出模拟量信号$M(t)$,而PLC的CPU只能处理数字量。$c(t)$首先被检测元件(传感器)和变送器转换为标准量程的直流电流或直流电压信号$pv(t)$,PLC的模拟量输入模块用A-D转换器将它们转换为数字量$pv(n)$。

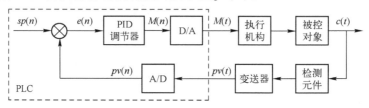

图5-5 模拟量闭环控制系统的组成

PLC按照一定的时间间隔采集反馈量,并进行调节控制的计算,这个时间间隔被称为采样周期(或采样时间)。图中的$sp(n)$、$pv(n)$、$e(n)$和$M(n)$均为第n次采样时的数字量,$pv(t)$、$M(t)$和$c(t)$为连续变化的模拟量。

在图5-5中,$sp(n)$是给定值,$pv(n)$为A-D转换后的反馈量,误差$e(n) = sp(n) - pv(n)$。D-A转换器将PID控制输出的数字量$M(n)$转换为模拟量$M(t)$,再控制执行机构。

如在温度闭环控制系统中,用传感器检测温度,温度变送器将传感器输出的微弱的电信号转换为标准量程的电流或电压,然后送入模拟量输入模块,经A-D转换后得到与温度成比例的数字量,CPU将它与温度设定值进行比较,并按某种控制规律(如PID控制算法)对误差进行计算,将计算结果(数字量)送入模拟量输出模块,经D-A转换后变为电流信号或电压信号,用来控制加热器的平均电压,实现对温度的闭环控制。

2. PID控制原理

(1)比较与判断

在此以恒压供水系统为例。首先为PID调节器给定目标水压,当压力传感器将恒压供水系统的实际压力传送给PID调节器输入端时,PID调节器将其与目标压力设定值进行比较,得到系统的偏差信号(给定值减反馈值)。当偏差信号大于0时,表示目标压力设定值大于供水的实际值,在这种情况下,水泵电动机的转速将增加,直到供水的实际值与目标压力设定值相符;当偏差信号小于0时,表示目标压力设定值小于供水的实际值,在这种情况下,水泵电动机的转速将降低,直到实际值与目标压力设定值相符。偏差信号越大,水泵电动机的速度变化也越大;偏差信号越小,则反应就可能越不灵敏。另外,无论控制系统的动态响应有多好,都不可能完全消除静差。这里的静差是指偏差信号的值不可能完全降到0,而始终有一个很小的静差存在,从而使控制系统出现误差。

(2) 问题的提出

上述工作过程明显存在一个矛盾:一方面,要求管网的实际压力(其大小由反馈信号来体现)应无限接近目标压力设定值,也就是说,要求偏差信号约等于 0;另一方面,水泵电动机的转速又是由目标压力设定值和实际值相减的结果来决定的。可以想象,如果偏差信号等于 0,水泵电动机的转速也必然等于 0,管网的实际水压就无法维持,系统将达不到预想的目的。

也就是说,为了维持管网有一定的压力,水泵电动机就必须有一定的转速,这就要求有一个与此相对应的给定信号,这个给定信号既需要有一定的值,又要和偏差信号相联系,这就是矛盾所在。

(3) PID 调节功能

1) 比例增益环节。

解决上述问题的方法是将偏差信号进行放大后再作为频率给定信号,如图 5-6 所示,即引入比例增益环节(P,比例),P 功能就是将偏差信号的值按比例进行放大(放大 K_P 倍),这样尽管偏差信号的值很小,但是经放大后再来调整水泵电动机的转速也会比较准确、迅速。放大后,偏差信号的值大大增加,静差在偏差信号中占的比例也相对减小,从而使控制的灵敏度增大,误差减小,如图 5-7a 所示。

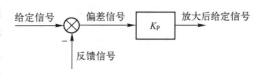

图 5-6 比例增益环节(P)

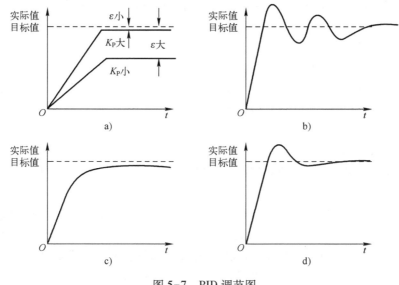

图 5-7 PID 调节图
a) P 调节 b) 振荡 c) PI 调节 d) PID
ε—误差

如果 P 值过大,偏差信号的值变得很大,系统的实际压力调整到给定值的速度必定很快。但由于供水系统的惯性原因,很容易引起超调。于是控制又必须反方向调节,这样就会使系统的实际压力在给定值(恒压值)附近来回振荡,如图 5-7b 所示。

产生振荡现象主要是加、减过程都太快的缘故。为了缓解因 P 功能给定过大而引起的超调振荡,可以引入积分功能。

2) 积分环节。

积分环节就是对偏差信号取积分后输出，其作用是延长加速和减速的时间，以缓解因为 P 功能设置过大而引起的超调。P 功能与 I（积分）功能结合，就是 PI 功能，如图 5-7c 就是经 PI 调节后系统实际压力的变化波形。

从图 5-7c 中来看，尽管增加积分功能后使得超调减小，避免了系统的压力振荡，但是也延长了压力重新回到给定值的时间。为了克服上述缺陷，又增加了微分功能。

3) 微分环节。

微分环节就是对偏差信号取微分后再输出。也就是说当实际压力刚开始下降时，dp/dt 最大，此时偏差信号的变化率最大，D（微分）输出也就最大。随着水泵电动机转速的逐渐升高，管网压力会逐渐恢复，dp/dt 会逐渐减小，D 输出也会迅速衰减，系统又呈现 PI 调节。图 5-7d 即为 PID 调节后，管网水压的变化情况。

可以看到，经 PID 调节后的管网水压，既保证了系统的动态响应速度，又避免了在调节过程中的振荡，因此 PID 调节功能在闭环控制系统中得到了广泛的应用。

5.2.2　PID 指令及组态

S7-1200 PLC 使用 PID_Compact 指令实现 PID 控制，该指令的背景数据块称为 PID_Compact_1 工艺对象背景数据块。PID 控制器具有参数自调节功能和自动/手动模式。

PID 控制器连续地采集测量的被控量的实际值（简称为实际值或输入值），并与期望的设定值比较。根据得到的系统误差，PID 控制器计算控制器的输出，使被控量尽可能快地接近设定值或进入稳态。

1. 生成一个新项目

打开博途编程软件的项目视图，生成一个名为"PID 应用"的新项目。双击项目树中的"添加新设备"，添加一个 PLC 设备，CPU 的型号为 CPU 1214C。将硬件目录中的 AQ 信号板拖放到 CPU 中，设置模拟量输出的类型为电压（默认为±10 V），集成的模拟量输入 0 通道的量程默认为 0~10 V。

2. 调用 PID_Compact 指令

调用 PID_Compact 指令的时间间隔为采样周期。为了保证精确的采样时间，用固定的时间间隔执行 PID 指令，在循环中断 OB 中调用 PID_Compact 指令。

在项目树中，打开"PLC_1"→"程序块"文件夹，双击其中的"添加新块"，在弹出的对话框中选择"组织块"，再选中右侧的"Cyclic interrupt"（循环中断），生成循环中断 OB30，设置循环时间为 300 ms，单击"确定"按钮，自动生成和打开 OB30。

如图 5-8 所示，打开"指令"→"工艺"→"PID 控制"文件夹，双击"PID_Compact"指令或将该指令拖放到 OB30 中，打开"调用选项"对话框。将默认的背景数据块的名称改为 PID_DB，单击"确定"按钮，则会在"程序块"文件中生成名为"PID_Compact"的函数块 FB1130。生成的背景数据块 PID_DB 在项目树的"工艺对象"文件夹中。

3. PID 指令的模式

（1）未活动模式

PID_Compact 工艺对象被组态并首先下载到 CPU 之后，PID 控制器处于未活动模式，此时需要在调试窗口进行首次启动自调节。在运行时出现错误，或者单击调试窗口的"STOP"（停止测量）按钮，PID 控制器将进入未活动模式。选择其他运行模式时，活动状态的错误被确认。

(2) 预调试模式和精确调节模式

打开 PID 调试窗口，可以选择预调试模式或精确调节模式。

(3) 自动模式

在自动模式下，PID_Compact 工艺对象根据设置的 PID 参数进行闭环控制。

满足下列条件之一时，PID 控制器将进入自动模式：

1) 成功地完成了首次启动自调节和运行中自调节的任务。

2) 在 PID 组态窗口选中了"启用手动输入"。

(4) 手动模式

在手动模式下，PID 控制器的输出变量用手动设置。

满足下列条件之一时，PID 控制器将进入手动模式：

1) 指令的输入参数"ManualEnable"（启用手动）为"1"状态。

2) 在 PID 调试窗口选中了"手动模式"。

4. 组态基本参数

打开 OB30，选中"PID_Compact [FB1130]"，在巡视窗口中选择"组态"→"基本设置"，可以设置 PID 的基本参数。

(1) 控制器类型

默认值为"常规"，设定值与输入值的单位为%。可以用下拉列表选择控制器类型为控制时具体的物理量，如转速、温度、压力和流量等。

(2) 反向调节

有些控制系统需要反向调节，如在冷却系统中，增大阀门开度时可以降低液位，或者增大制冷作用可以降低温度。为此应选中"反转控制逻辑"。

(3) 控制器的 Input/Output 参数

控制器的 Input/Output（输入/输出）参数分别为设定值、输入值（即被控制的变量的反馈值）和输出值。可以用各数值左边的按钮 选择数值来自函数块或来自背景数据块。用"Input"下面的下拉列表选择输入值是来自用户程序的"Input"，还是来自模拟量外设输入"Input_PER（模拟量）"，即直接指定模拟量输入的地址。用"Output"下面的下拉列表选择输出值是来自用户程序的"Output""Output_PWM（脉冲宽度调制的数字量开关输出）"还是"Output_PER（模拟量）"，即直接指定模拟量输出的地址。可以用下拉列表设置参数，也可以直接输入参数的绝对地址或符号地址。

图 5-8 中的"Tag_1"和"Tag_2"分别是 IW64（CPU 集成的模拟量输入通道 0）和 QW80（1AQ 信号板的模拟量输出）。

5. 组态过程值缩放比例

在巡视窗口中，选择"组态"→"过程值设置"→"过程值标定"（也称输入值标定），可以缩放过程（输入）值，或给过程值设置偏移量，如图 5-9 所示。图中采用默认的比例：模拟量的实际值（或来自用户程序的输入值）为 0.0%~100.0%时，A-D 转换后的数字为 0.0~27648.0，可以修改这些参数。

可以设置过程值的上限值和下限值。在运行时一旦超过上限值或低于下限值，则停止正常的控制，输出值被设置为 0。

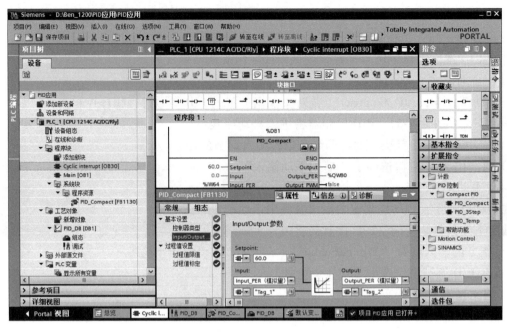

图 5-8 组态 PID 控制器的基本参数 1

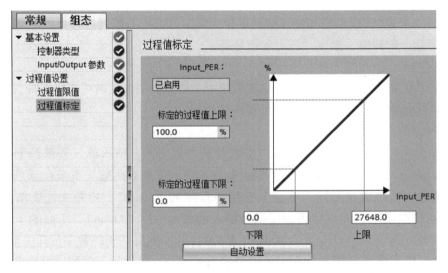

图 5-9 组态 PID 控制器的基本参数 2

6. 组态 PID 控制器的高级参数

为了设置 PID 的高级参数，在项目树中打开"PLC_1"→"工艺对象"→"PID_DB"文件夹，双击其中的"组态"（如图 5-8 所示），打开 PID_Compact 组态窗口。或者单击图 5-8 所示的 PID_Compact 指令框右上角的图标，也可以打开 PID 组态窗口，如图 5-10 所示。

选择"功能视野"→"高级设置"，可设置高级参数。

（1）过程值监视

在 PID 组态窗口选中"过程值监视"（或输入），如图 5-10 所示，在该窗口右边可以设置过程值的警告的上限和警告的下限。运行时如果过程值超过设置的上限值或低于下限值，指令的 Bool 型输出参数"InputWarning_H"或"InputWarning_L"将变为"1"状态。

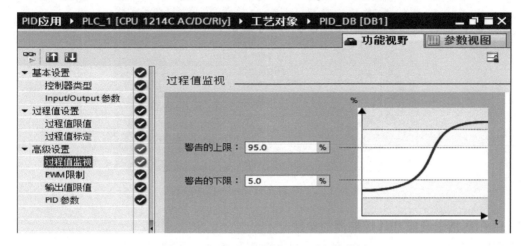

图 5-10　PID 组态窗口——过程值监视

(2) PWM 限制

在图 5-10 中,选中"PWM 限制",在右边可以设置 PWM 的最短接通时间和最短关闭时间。该设置影响 PID 指令的输出变量"Output_PWM"。PWM 的开关量输出受 PID_Compact 指令的控制,与 CPU 集成的脉冲发生器无关。

(3) 输出值限值

在图 5-10 中,选中"输出值限值",在右边可以设置输出变量的限制值(见图 5-11)。在手动模式或自动模式时,PID 的输出值不超过上限,也不低于下限。用"Output_PWM"作 PID 的输出时,只能控制正的输出变量。

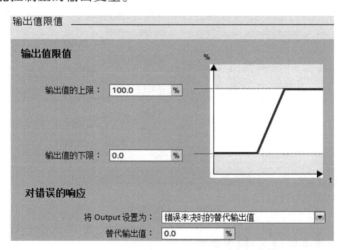

图 5-11　PID 组态窗口——输出值限值

(4) PID 参数

在图 5-10 中,选中"PID 参数",在右边(见图 5-12)勾选"启用手动输入",可以手动设置 PID 的参数。

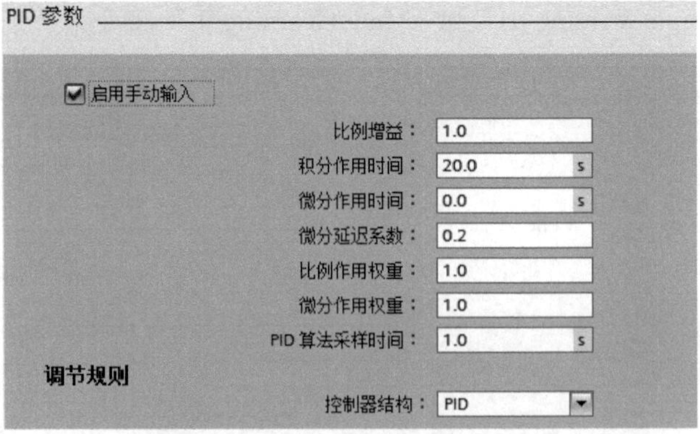

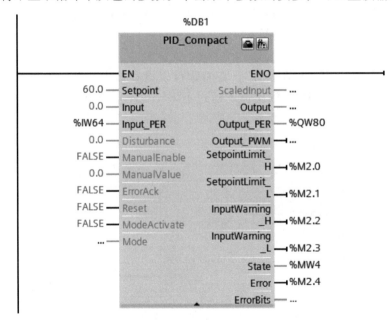

图 5-12 PID 组态窗口——PID 参数

7. 用 PID 指令设置 PID 控制器的参数

除了可以在 PID_Compact 工艺对象的组态窗口和指令下面的巡视窗口中设置 PID_Compact 指令的参数，还可以直接输入指令的参数，未设置（采用默认值）的参数为灰色。单击指令框下边沿向下的箭头▼，将显示出更多的参数，如图 5-13 所示。单击图中指令方框下边沿向上的箭头▲，将不显示指令中灰色的参数。单击某个参数的实参，可以直接输入地址或常数。

图 5-13 PID 指令

8. PID_Compact 指令的输入/输出参数

PID_Compact 指令的输入/输出参数如表 5-3 和表 5-4 所示。

表 5-3 PID_Compact 指令的输入参数

参 数 名 称	数据类型	说　　　明	默认值
Setpoint	Real	自动模式的控制设定值	0.0
Input	Real	作为实际值（即反馈值）来源的用户程序的变量	0.0

参数名称	数据类型	说明	默认值
Input_PER	Int	作为实际值来源的模拟量输入	0
Disturbance	Real	扰动变量或预控制值	0.0
ManualEnable	Bool	上升沿选择手动模式，下降沿选择最近激活的操作模式	FALSE
ManualValue	Real	手动模式的 PID 输出变量	0.0
ErrorAck	Bool	确认后将复位 ErrorBits 和 Warning	FALSE
Reset	Bool	重新起动控制器，1 状态时进入未激活模式，控制器输出变量为 0，临时值被复位，PID 参数保持不变	FALSE
ModeActivate	Bool	1 状态时，PID_Compact 指令将切换到保存在 Mode 参数中的工作模式	FALSE

表 5-4　PID_Compact 指令的输出参数

参数名称	数据类型	说明	默认值
ScaledInput	Real	经比例缩放的实际值的输出（标定的过程值）	0.0
Output	Real	用于控制器输出的用户程序变量	0.0
Output_PER	Int	PID 控制的模拟量输出	0
Output_PWM	Real	使用 PWM 的控制开关输出	FALSE
SetpointLimit_H	Bool	1 状态时达到或超过设定值的绝对值上限	FALSE
SetpointLimit_L	Bool	1 状态时达到或低于设定值的绝对值下限	FALSE
InputWarning_H	Bool	1 状态时达到或超过实际值（过程值）报警上限	FALSE
InputWarning_L	Bool	1 状态时达到或低于实际值（过程值）报警下限	FALSE
State	Int	PID 控制器的当前运行模式，0~5 分别表示未激活、预调节、精确调节、自动模式、手动模式、带错误监视的替代输出值	0
Error	Bool	1 状态时，此周期内至少有一条错误消息处于未决状态	
ErrorBits	DWord	参数显示了处于未决状态的错误消息。通过 Reset 或 ErrorAck 的上升沿来保持并复位 ErrorBits	DW#16#0

工作模式 Mode：数据类型为整型，0 表示未激活；1 表示预调节；2 表示精确调节；3 表示自动模式；4 表示手动模式。工作模式由以下边沿激活：ModeActivate 的上升沿，或 Reset 的下降沿，或 ManualEnable 的下降沿。

 注意：PID 控制器可以同时组态使用输入 Input 或 Input_PER，可以同时使用 Output、Output_PER 和 Output_PWM 输出。

9. PID 自整定

PID 控制器要能够正常运行，需要符合实际运行系统及工艺要求的参数设置。但由于每套系统不完全一样，所以每套系统的控制参数也不尽相同。用户可以自己手动调试，通过参数访问方式修改对应的 PID 参数，在调试面板中观察曲线图，也可以使用系统提供的参数自整定功能进行设定。PID 自整定是按照一定的数学算法，通过外部输入信号激励系统，并根据系统的反应方式来确定 PID 参数。

在项目树中，打开"PLC_1"→"工艺对象"→"PID_DB"文件夹，双击其下的"调试"（见图 5-8），或者单击"PID_Compact"指令框中右上角的图标，打开 PID 调试窗口，如图 5-14 所示。可以用趋势视图监控 PID 控制器的设定值（Setpoint）、标定的过程值（ScaledInput）、输出值（Output）的曲线，横轴为时间轴。

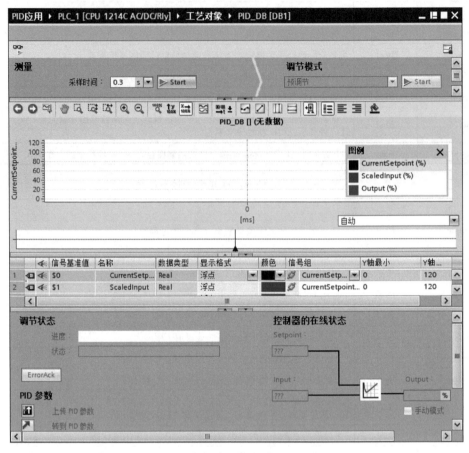

图 5-14　PID 调试窗口

可以在图 5-14 中的"采样时间"下拉列表中设置采样时间。CPU 与计算机建立好连接通信后，单击"测量"处的"Start"（开始测量在线值）按钮，再单击"调节模式"处的"Start"（开始调节）按钮（可以选择预调节或精确调节），在曲线图处会显示实时调节的曲线，在"调节状态"及"控制器的在线状态"处会实时显示调节进度及状态。

5.3　案例 9　恒液位系统的控制

5.3.1　任务导入

过程控制在企业现场的应用很普遍，如恒温控制、恒压控制、恒流量控制等。本案例要求使用 S7-1200 PLC 实现恒液位控制（即恒液位系统的控制），储水箱中的水由泵机填补，泵机由变频器驱动。要求在系统起动后储水箱中的水位保持在水箱中心高度的中心（储水箱内层高度为1000 mm），若水位高于或低于水箱高度的中心150 mm时，系统发出报警指示。

5.3.2 任务实施

1. I/O 地址分配

根据PLC输入/输出点的分配原则及本案例的控制要求，进行I/O地址分配，如表5-5所示。

表5-5 恒液位控制I/O地址分配表

输入		输出	
输入继电器	元器件	输出继电器	元器件
I0.0	起动按钮SB1	Q0.0	接触器KM
I0.1	停止按钮SB2	Q0.5	泵机运行指示灯HL1
		Q0.6	水位上报报警指示灯HL2
		Q0.7	水位上报报警指示灯HL3

2. I/O 接线图

根据控制要求及表5-5的I/O分配表，恒液位控制的主电路及I/O接线图如图5-15所示。本案例使用CPU集成的模拟量输入通道，并添加一块模拟量输出的信号板。液位传感器检测到的水位高度为0.0~1.0 m，相应输出为0~10 V。变频器选用西门子G120。

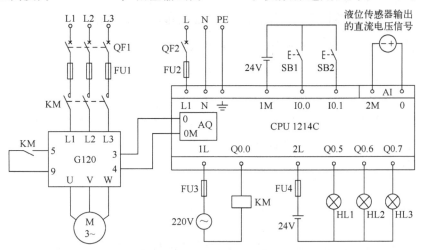

图5-15 恒液位控制的主电路及I/O接线图

3. 创建工程项目

打开博途编程软件，在Portal视图中选择"创建新项目"，输入项目名称"S_yewei"，然后单击"创建"按钮完成项目创建。在项目树中，双击"设备组态"，将"硬件目录"中信号板SB 1232模块拖拽到PLC正面的信号板安装位置上。

4. 编辑变量表

恒液位控制变量表如图5-16所示。

5. 参数及模块组态

首先生成循环中断组织块OB30，循环时间为250 ms，此处的循环时间并非PID控制器的采样时间，采样时间为中断时间的倍数，由系统自动计算得出。在 OB30 中添加 PID 指令块，将 PID 指令的背景数据块的名称改为 PID_yewei_DB，定义与指令块对应的工艺对象背景数据块。

	名称	变量表	数据类型	地址
1	起动按钮SB1	默认变量表	Bool	%I0.0
2	停止按钮SB2	默认变量表	Bool	%I0.1
3	接触器KM	默认变量表	Bool	%Q0.0
4	泵机运行指示HL1	默认变量表	Bool	%Q0.5
5	上限位报警指示HL2	默认变量表	Bool	%Q0.6
6	下限位报警指示HL3	默认变量表	Bool	%Q0.7
7	水位采集	默认变量表	Int	%IW64
8	控制输出	默认变量表	Int	%QW80
9	上限位报警标志	默认变量表	Bool	%M2.0
10	下限位报警标志	默认变量表	Bool	%M2.1

图 5-16　恒液位控制变量表

打开 PID_Compact 指令的组态窗口，"控制器类型" 选为 "常规"，单位为 "%"；将 "CPU 重启后激活 Mode" 设置为 "自动模式"；将 "Input/Output 参数" 中的输入设置为 "Input_PER（模拟量）"，输出设置为 "Output_PER（模拟量）"；将 "过程值监视" 中的 "警告的上限" 设置为 "65.0%"，"警告的下限" 设置为 "35.0%"；"PID 参数" 勾选 "启用手动输入" 时，可手动修改 PID 调试的参数，在此选用默认参数。

 注意：选择 PID 参数时，若有已调试好的参数，则可选择手动设置，也可选择系统默认参数。

双击 "设备组态"，双击信号板 SB 1232，打开其巡视窗口，将 "模拟量输出的电压类型" 选择为 "电压"，"电压范围" 默认为 "±10 V"，在此可以看到 SB 1232 的输出地址为 QW80（系统集成的模拟量第 1 通道地址为 IW64）。

6. 编写程序

液位传感器将检测到的水位高度（0.0~1.0 m）转换为 0~10 V 的电压输出。当储水箱中的水位低于-150 mm 时，即低于输入量程的 35%时，或高于+150 mm 时，即高于输入量程的 65%时，系统进行报警。

根据要求，并使用 PID 指令编写的恒液位控制系统程序如图 5-17 和图 5-18 所示。

7. 变频器的参数设置

本案例采用的是模拟量输入控制变频器的输出频率，变频器的相关参数设置（读者可根据实际使用的电动机设置电动机的额定数据）如表 5-6 所示。

表 5-6　变频器的相关参数设置

参数号	设置值	参数号	设置值
P0015	12	P0758	0
P0756	0	P0759	10
P0757	0	P0760	100

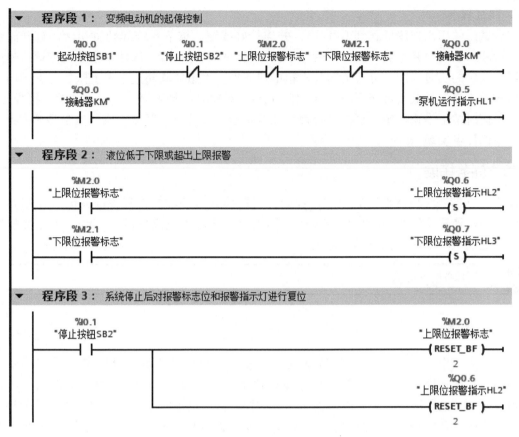

图 5-17　恒液位控制系统程序——OB1 程序

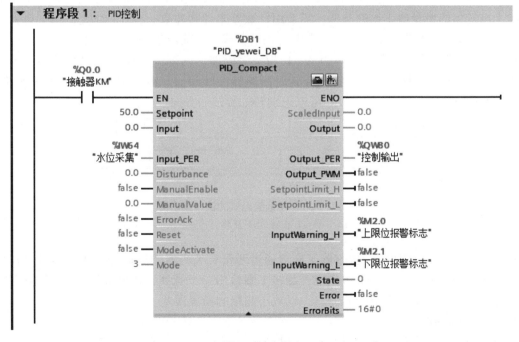

图 5-18　恒液位控制系统程序——OB30 程序

8. 调试程序

将调试好的用户程序下载到 CPU 中，并连接好线路。按下系统起动按钮后，打开储水箱的进水阀和出水阀，并每隔一段时间就手动调节出水阀的开口度，以便观察泵机的运行速度和储水箱中水位的实时高度。可人为向储水箱中快速加入水量使其超过报警上限位（+150 mm），或快速排出水量使其低于报警下限位（-150 mm），观察泵机是否停止运行，并发出报警指示；观察无论何时按下停止按钮，泵机是否都立即停止运行。若上述调试现象与控制要求一致，则说明本案例任务实现。

5.3.3 任务拓展

使用 PID 指令实现储水箱的恒液位控制，当转换开关处在自动操作模式时，控制要求同本案例；当转换开关处在手动操作模式时，输出值为水箱水位高度的 50.0%，当液位超过水箱最高水位的 75.0%时，停止手动输出。

5.4 运动控制指令

5.4.1 编码器

在生产实践中，经常需要检测高频脉冲，如检测步进电动机的运动距离，而 PLC 中的普通计数器受扫描周期的影响，无法计量频率较高的脉冲信号。S7-1200 PLC 提供的高速计数器，可用来实现高频脉冲计数功能，而高速计数器一般与增量式编码器一起使用，后者每圈发出一定数量的计数脉冲和一个复位脉冲，作为高速计数器的输入。编码器常用以下两种类型。

1. 增量式编码器

增量式编码器中光电增量式编码器的使用较多，在其码盘上有均匀刻制的光栅。码盘旋转时，输出与转角的增量成正比的脉冲，需要用计数器来计脉冲数。有 3 种增量式编码器：

1) 单通道增量式编码器，内部只有 1 对光耦合器，只能产生一个脉冲列。

2) 双通道增量式编码器，又称为 A、B 相型编码器，内部只有两对光电耦合器，输出相位差为 90°的两组独立脉冲列。正转和反转时两路脉冲的超前、滞后关系相反，如图 5-19 所示。如果使用 A/B 相型编码器，PLC 可以识别转轴旋转的方向。

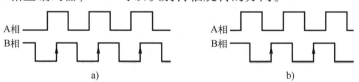

图 5-19 A、B 相型编码器的输出波形图
a) 正转 b) 反转

3) 三通道增量式编码器，内部除了有双通道增量式编码器的两对光电耦合器外，在脉冲码盘的另外一个通道内还有一个透光段，每转 1 圈输出一个脉冲，该脉冲称为 Z 相零位脉冲，用于系统清零信号，或作为坐标的原点，以减小测量的积累误差。

2. 绝对式编码器

绝对式编码器分为 8 位码、16 位码和 32 位码，则 N 位绝对式编码器有 N 个码道，最外层的码道对应于编码的最低位。每一码道有一个光电耦合器，用来读取该码道的 0、1 数据。绝

对式编码器输出的 N 位二进制数反映了运动物体所处的绝对位置，根据位置的变化情况，可以判别出转轴旋转的方向。

5.4.2 高速计数器

PLC 普通计数器的计数过程与扫描工作方式有关，CPU 通过一个扫描周期读取一次被测信号的方法来捕捉被测信号的上升沿，被测信号的频率较高时，会丢失计数脉冲，因此普通计数器的最高工作频率一般为几十赫兹，而高速计数器能对数千赫兹的频率脉冲进行计数。

S7-1200 PLC 最多提供 6 个高速计数器（High Speed Counter，HSC）其独立于 CPU 的扫描周期进行计算，可测量的单相脉冲频率最高达 100 kHz，双相或 A/B 相频率最高为 30 kHz。可用高速计数器连接增量式旋转编码器，通过对硬件组态和调用相关指令来使用此功能。

1. 高速计数器的工作模式

S7-1200 PLC 高速计数器的工作模式有以下 5 种。

1）单相计数，外部方向控制，如图 5-20 所示。

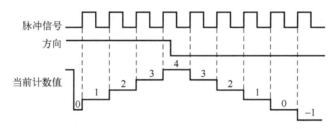

图 5-20 单相计数的工作原理图

2）单相计数，内部方向控制，如图 5-20 所示。
3）双相加/减计数，双脉冲输入，如图 5-21 所示。

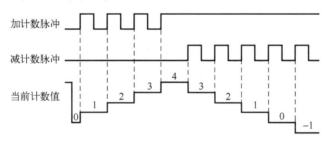

图 5-21 双相加/减计数的工作原理图

4）A/B 相正交脉冲输入计数。图 5-22 所示为 1 倍速模式 A/B 相正交脉冲输入计数示意图，还有 4 倍速模式。1 倍速模式在时钟脉冲的每一个周期计数 1 次，4 倍速模式在时钟脉冲的每一个周期计数 4 次。可见，使用 4 倍速模式计数更为准确。

5）监控 PTO（高速脉冲序列输出），即能监控到高速脉冲输出序列的个数。

每种高速计数器都有外部复位和内部复位两种工作状态。所有的高速计数器无须启动条件，在硬件设备中设置完成后下载到 CPU 中即可启动高速计数器。高速计数器的输入电压为 DC 24 V，目前不支持 DC 5 V 的脉冲输入。表 5-7 列出了高速计数器的工作模式和硬件输入定义。

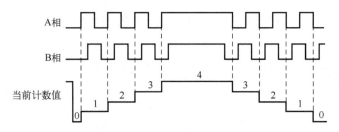

图 5-22 1 倍速模式 A/B 相正交脉冲输入计数示意图

表 5-7 高速计数器的工作模式与硬件输入定义

		描 述	输入点定义			功 能
HSC	HSC1	使用 CPU 集成 I/O 或信号板或监控 PTO1	I0.0 I4.0 PTO1	I0.1 I4.1 PTO1 方向	I0.3 I4.3	
	HSC2	使用 CPU 集成 I/O 或监控 PTO2	I0.2 I4.2 PTO2	I0.3 I4.3 PTO2 方向	I0.1 I4.1	
	HSC3	使用 CPU 集成 I/O	I0.4	I0.5	I0.7	
	HSC4	使用 CPU 集成 I/O	I0.6	I0.7	I0.5	
	HSC5	使用 CPU 集成 I/O 或信号板	I1.0 I4.0	I1.1 I4.1	I1.2 I4.3	
	HSC6	使用 CPU 集成 I/O	I1.3	I1.4	I1.5	
模式	单相计数，内部方向控制		时钟		复位	计数或频率测量 计数
	单相计数，外部方向控制		时钟	方向	复位	计数或频率测量 计数
	双相计数，两路时钟输入		增时钟	减时钟	复位	计数或频率测量 计数
	A/B 相正交脉冲输入计数		时钟 A	时钟 B	Z 相	计数或频率测量
	监控 PTO		时钟	方向		计数

注：1. 高速计数器的硬件指标，如计数器的最高频率等，应以最新的系统手册为准。
   2. HSC3 只能用于 CPU 1211C，且没有复位输入。
   3. 如果使用 DI2/DO2 信号板，则 HSC5 也可用于 CPU 1211C/12C。

并非所有的 CPU 都可以使用 6 个高速计数器，如 1211C 只有 6 个集成输入点，所以只能支持 4 个（使用信号板的情况下）高速计数器。

由于不同计数器在不同的模式下，同一个物理点会有不同的定义，因此在使用多个计数器时，需要注意不是所有的计数器可以同时定义为任意工作模式。高速计数器的输入使用与普通数字量输入相同的地址，当某个输入点已定义为高速计数器的输入点时，就不能再用于其他功能的输入，但在某个模式下，没有用到的输入点还可以用于其他功能的输入。

监控 PTO 只有 HSC1 和 HSC2 支持。使用此模式时，不需要外部接线，CPU 在内部已做了硬件连接,可直接检测通过 PTO 功能所发脉冲。

S7-1200 PLC 除了提供计数功能,还提供了频率测量功能,有 3 种不同的频率测量周期:1.0s、0.1s 和 0.01s。频率测量周期是指计算并返回频率值的时间间隔。返回的频率值为上一个测量周期中所有测量值的平均值,无论测量周期如何选择,测量出的频率值总是以 Hz(每秒脉冲数)为单位。

2. 高速计数器寻址

CPU 将每个高速计数器的测量值以 32 位双整数型有符号数的形式存储在输入过程映像区内,在程序中可直接访问这些地址,可以在设备组态中修改这些存储地址。由于输入过程映像区受扫描周期的影响,在一个扫描周期内高速计数器的测量数值不会发生变化,但高速计数器中的实际值有可能会在一个扫描周期内发生变化,因此可通过直接读取外设地址的方式读取当前时刻的实际值。以 ID1000 为例,其外设地址为"ID1000:P"。表 5-8 为高速计数器默认的地址列表。

表 5-8 高速计数器默认的地址引表

高速计数器号	数据类型	默认地址	高速计数器号	数据类型	默认地址
HSC1	DInt	ID1000	HSC4	DInt	ID1012
HSC2	DInt	ID1004	HSC5	DInt	ID1016
HSC3	DInt	ID1008	HSC6	DInt	ID1020

3. 中断功能

S7-1200 PLC 在高速计数器中提供了中断功能,用以在某些特定条件下触发,共有 3 种中断条件。

1)当前值等于预置值。
2)使用外部信号复位。
3)带有外部方向控制时,计数方向发生改变。

4. 高速计数器指令块

高速计数器指令块需要使用背景数据块,用于存储参数。在指令树中,打开"工艺"→"计数"文件夹,将其中的 CTRL_HSC 指令拖放到 OB1 中,单击出现的"调用选项"对话框中的"确定"按钮,生成该指令默认名称的背景数据块 CTRL_HSC_0_DB,如图 5-23 所示,其参数如表 5-9 所示。

表 5-9 高速计数器指令块参数

参 数	数据类型	含 义
HSC	HW_HSC	高速计数器硬件标识符(HSC1~HSC6 对应的硬件标识符为 257~262)
DIR	Bool	为 1 表示使能新方向
CV	Bool	为 1 表示使能新初始值
RV	Bool	为 1 表示使能新参考值
PERIOD	Bool	为 1 表示使能新频率测量周期
NEW_DIR	Int	方向选择:1 表示加计数,-1 表示减计数
NEW_CV	DInt	新初始值
NEW_RV	DInt	新参考值

(续)

参　数	数据类型	含　义
NEW_PERIOD	Int	新频率测量周期
BUSY	Bool	为 1 表示指令正处于运行状态
STATUS	Word	指令的执行状态，可查找指令执行期是否出错

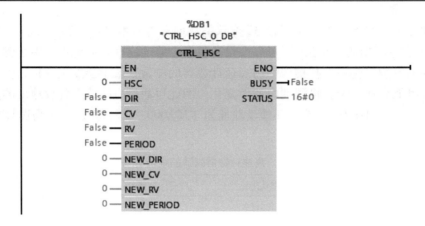

图 5-23　高速计数器指令块

5. 高速计数器的组态

1) 打开 PLC 的设备视图，选中其中的 CPU。

2) 在巡视窗口中，选择"属性"→"常规"→"高速计数器（HSC）"→"HSC1"→"常规"，选中"启用该高速计数器"，即激活 HSC1，如图 5-24 所示。

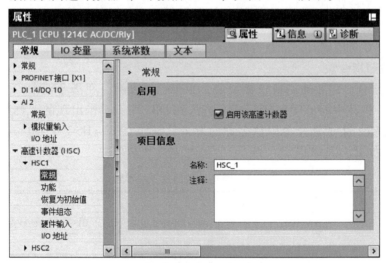

图 5-24　高速计数器"常规"参数组

如果激活了脉冲发生器 PTO1 或 PTO2，则它们分别使用 HSC1 和 HSC2 的"运动轴"计数模式来监控硬件输出。如果组态 HSC1 和 HSC2 用于其他任务，则它们不能被脉冲发生器 PTO0 和 PTO1 使用。

3) 选中图 5-24 左边"功能"参数组，如图 5-25 所示，可以设置下列参数：

① 使用"计数类型"下拉列表，可选计数、周期（在指定的时间周期内计算输入脉冲的次数，返回脉冲的次数及持续时间，且使用扩展高速计数器指令 CTRL_HSC_EXT）、频率和 Motion Control（运行控制）。

② 使用"工作模式"下拉列表，可选单相、两相位、A/B 计数器和 AB 计数器四倍频。

③ 使用"计数方向取决于"下拉列表，可选用户程序（内部方向控制）、输入（外部方向控制）。

④ 使用"初始计数方向"下拉列表，可选加计数、减计数。

⑤ 使用"频率测量周期"下拉列表，可选 1.0s、0.1s 和 0.01s（需要在"计数类型"中选择周期或频率）。

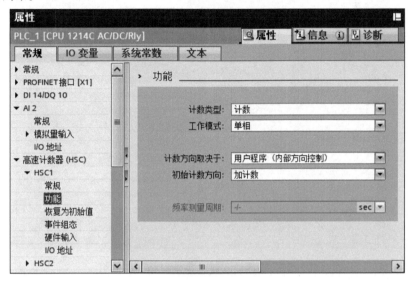

图 5-25 高速计数器"功能"参数组

4）选中图 5-24 左边的"恢复为初始值"参数组，如图 5-26 所示，可以设置初始计数器值、初始参考值，还可以设置是否"使用外部同步输入"。

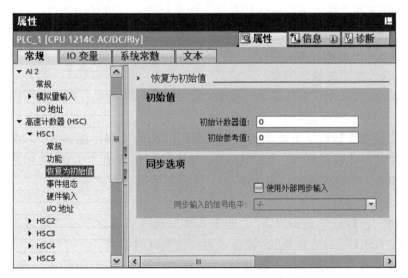

图 5-26 高速计数器"恢复为初始值"参数组

5) 选中图 5-24 左边的"事件组态"参数组,如图 5-27 所示,可以设置下列事件出现时是否产生中断:计数值等于参考值、出现外部同步事件和出现计数方向改变事件。

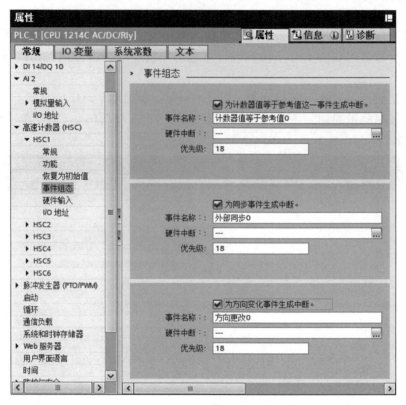

图 5-27 高速计数器"事件组态"参数组

 注意:使用外部同步事件中断须确认使用外部同步信号,使用计数方向改变事件中断须先选择外部方向控制,如图 5-27 所示。

可以输入中断事件名称或采用默认的名称。生成处理各事件的中断组织块后,可以将它们指定给中断事件。

6) 选中图 5-24 左边的"硬件输入"参数组,如图 5-28 所示,在右边可以看到该 HSC 使用的硬件输入点和可用的最高频率。

7) 选中图 5-24 左边的"I/O 地址"参数组,如图 5-29 所示,在右边可以修改该 HSC 的起始地址。

【例 5-3】假设在旋转机械上有单相增量式编码器作为反馈,接到 S7-1200 PLC。要求在计数 1000 个脉冲时,计数器复位,置位 Q0.0,并设定新预置值为 1500 个脉冲。当计满 1500 个脉冲后复位 Q0.0,并将预置值再设为 1000,周而复始执行此功能。

(1) 硬件组态

1) 在项目树中,打开"设备组态",选中 CPU,选择"属性"→"常规"→"高速计数器(HSC)"→"HSC1"→"常规",勾选"启用该高速计数器"。

2) 在"功能"参数组中将"计数类型"设为"计数","工作模式"设为"单相",将"计数方向取决于"设为"用户程序(内部控制方向)","初始计数方向"设为"加计数"。

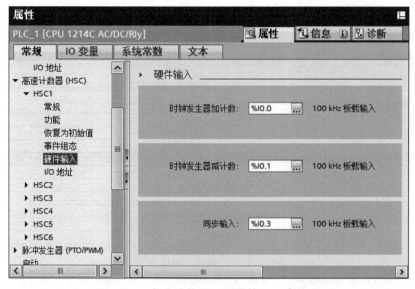

图 5-28 高速计数器"硬件输入"参数组

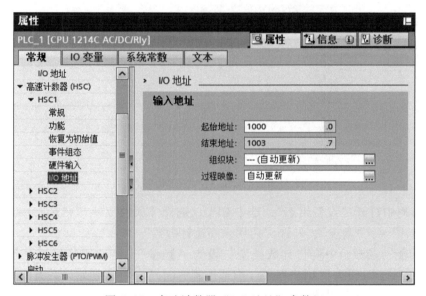

图 5-29 高速计数器"I/O 地址"参数组

3) 在"恢复为初始值"参数组中将"初始计数器值"设为"0","初始参考值"设为"1000"。

4) 在"事件组态"参数组中勾选"为计数器值等于参考值这一事件生成中断",在"硬件中断"下拉列表中选择新增硬件中断(Hardware interrupt)OB40。

5) "硬件输入"及"I/O 地址"参数组中均使用系统默认值。

(2) 硬件连接

参考单相增量式编码器的使用说明书,将单相增量式编码器的电源连接好,一般都是直流 24 V,此电源可与 PLC 的输入信号电源为同一电源,或将此电源的某一极性端与 PLC 的输入信号公共端 1M 相连接(根据输入信号的 PNP 或 NPN 接法而定),再将其中一相(A 相或 B 相)连接到 PLC 的 I0.0 端口。

(3) 编写程序

硬件中断组织块 OB40 的程序如图 5-30 所示。

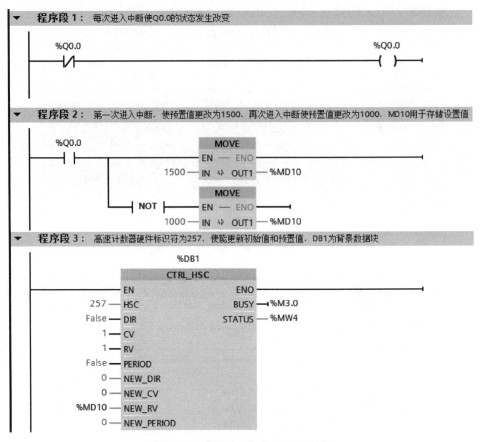

图 5-30 【例 5-3】的 OB40 程序

1) 在项目树中打开"设备组态",选中 CPU,选择"属性"→"常规"→"高速计数器 HSC"→"HSC1"→"常规",勾选"启用该高速计数器"。

2) 在"功能"参数组中将"计数类型"设为"频率",将"工作模式"设为"单相",将"计数方向取决于"设为"用户程序(内部控制方向)",将"初始计数方向"设为"加计数",将"频率测量周期"设为"1 s"。

3) 选中 CPU,选择"属性"→"常规"→"DI 14/DQ 10"→"数字量输入"→"通道 0",将"输入滤波器"设为 10 μs(设电动机的额定转速为 1430 r/min)。

上述组态完成后,选中"设备视图"窗口中的 CPU,然后单击工具栏中的"编译"按钮 进行编译。

其程序如图 5-31 所示。

注意:CPU 和信号板的数字量输入通道的输入滤波时间默认值为 6.4 ms,如果滤波时间过长,输入脉冲将被过滤掉。对于高速计数器的数字量输入,可以用期望的最小脉冲宽度来设置对应的数字量输入滤波器。如输入脉冲宽度为 1 ms,则设置用于高速脉冲输入的数字量输入端(如 I0.0)的输入滤波时间为 0.8 ms。如果改变了输入脉冲宽度,应同时改变输入滤波器的滤波时间。

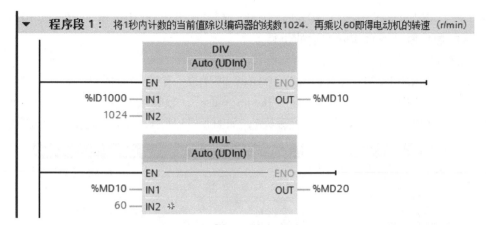

图 5-31 【例 5-3】的控制程序

【例 5-4】 滑台运动的实时距离测量系统如图 5-32 所示。光电编码器（设编码器的线数为 1024）与滑台和电动机同轴安装，电动机的角位移和光电编码器的角位移相等，滚珠丝杠螺距是 10 mm（即电动机每转一圈滑台移动 10 mm）。

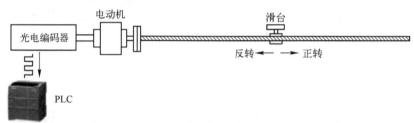

图 5-32 滑台运动的实时距离测量系统

（1）硬件连接与组态

1）光电编码器接通直流 24 V 电源，且该直流 24 V 电源的某一极性与 PLC 的输入信号的公共端 1M 相连，并将光电编码器的 A 相、B 相分别与 PLC 的端口 I0.0 和 I0.1 相连接。

2）在项目树中打开"设备组态"，启用系统存储器。

3）在 CPU 的"属性"中打开"数字量输入"文件夹，分别选择"通道 0"和"通道 1"，将"输入滤波器"设为 3.2 μs（注意：当输入通道被高速计数器占用时，它们的上升沿和下降沿不能启用）。

4）在 CPU 的"属性"中选择"高速计数器 HSC"→"HSC1"→"常规"，勾选"启用该高速计数器"。

5）在"功能"参数组中将"计数类型"设为"计数"，将"工作模式"设为"A/B 计数器"，将"初始计数方向"设为"加计数"。

6）"硬件输入"及"I/O 地址"参数组均使用系统默认值。

上述组态完成后，选中设备视图中的 CPU，然后单击工具栏中的"编译"按钮进行编译。

（2）编写程序

1）测量原理。

编写程序前要知晓滑台距离的测量原理：由于光电编码器与电动机同轴安装，所以光电编码器的旋转圈数与电动机的旋转圈数相同。PLC 的高速计数器测量光电编码器产生脉冲的个数，光电编码器的线数为 1024，丝杠螺距是 10 mm，所以 PLC 每测量 1024 个脉冲，就表示电动机旋转 1 圈，相当于滑台移动了 10 mm。因此，存储在 ID1000 中的脉冲数除以 1024 后再除以 10，得到的数值就是滑台实际移动的位移。

2）测量程序。

先生成循环组织块 OB30，循环时间为 100 ms；再生成一个全局数据块，名称为"HSC_DB_huatai"，在此数据块中创建一个静态变量"Ratain_pulse"，数据类型为"DInt"，且将该变量设置为"保持"（即 PLC 断电后此数据不会丢失），如图 5-33 所示，最后对此数据块进行编译。

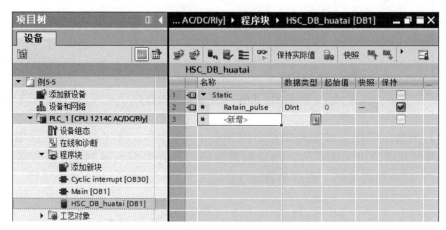

图 5-33 创建全局数据块及静态变量

测量程序如图 5-34 和图 5-35 所示。

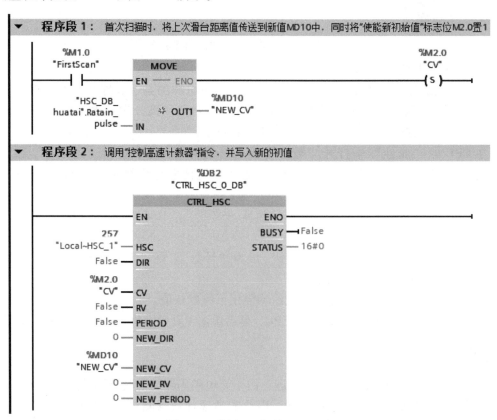

图 5-34 【例 5-4】的 OB1 程序

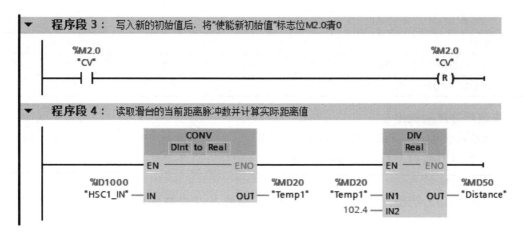

图 5-34 【例 5-4】的 OB1 程序（续）

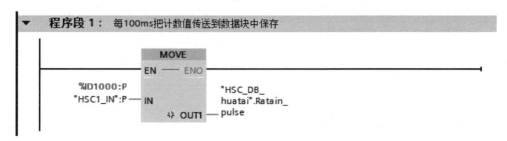

图 5-35 【例 5-4】的 OB30 程序

码 5-5 HSC 指令——微课视频

码 5-6 HSC 指令的应用——微课视频

5.4.3 高速脉冲输出

1. 高速脉冲输出

S7-1200 PLC 提供高速脉冲输出端口。其输出脉冲宽度与脉冲周期之比称为占空比，高速脉冲序列输出（PTO）功能提供占空比为 50% 的方波脉冲序列输出。脉冲宽度调制（PWM）能提供连续的、脉冲宽度可以用程序控制的脉冲序列输出。

S7-1200 PLC 每个 CPU 有两个（CPU 硬件版本为 2.2）或 4 个（CPU 硬件版本为 3.0 及以上）PTO/PWM 发生器，分别通过 CPU 集成的 Q0.0~Q0.3（或信号板上的 Q4.0~Q4.3）或 Q0.0~Q0.7 输出 PTO 或 PWM 脉冲，如表 5-10 所示，具体应根据所选 CPU 型号及硬件组态而定。CPU 1211C 没有 Q0.4~Q0.7，CPU 1212C 没有 Q0.6 和 Q0.7。

表 5-10 PTO/PWM 的输出点

PTO1		PWM1		PTO2		PWM2	
脉冲	方向	脉冲	方向	脉冲	方向	脉冲	方向
Q0.0 或 Q4.0	Q0.1 或 Q4.1	Q0.0 或 Q4.0	—	Q0.2 或 Q4.2	Q0.3 或 Q4.3	Q0.2 或 Q4.2	—

(续)

PTO3		PWM3		PTO4		PWM4	
脉冲	方向	脉冲	方向	脉冲	方向	脉冲	方向
Q0.4 或 Q4.0	Q0.5 或 Q4.1	Q0.4 或 Q4.0	—	Q0.6 或 Q4.2	Q0.7 或 Q4.3	Q0.6 或 Q4.2	—

2. 高速脉冲序列输出

高速脉冲序列输出（Pulse Train Output，PTO），又称高速脉冲串输出。每种 S7-1200 PLC 的 CPU 版本在 4.0 及以上都可使用 4 个 PTO。

（1）PTO 的信号类型

根据 PTO 的信号类型，每个 PTO（驱动器）需要 1~2 个脉冲发生器输出。PTO 的信号类型如表 5-11 所示。

表 5-11 PTO 的信号类型

信 号 类 型	脉冲发生器输出数目
脉冲 A 和方向 B（禁用方向输出）	1
脉冲 A 和方向 B	2
脉冲上升沿 A 和脉冲下降沿 B	2
A/B 相移	2
A/B 相移，四相位	2

（2）PTO 的组态

使用 PTO 之前，首先对脉冲发生器组态，具体步骤如下。

1）打开 PLC 的设备视图，选中其中的 CPU。

2）在巡视窗口选择"属性"→"脉冲发生器（PTO/PWM）"→"PTO1/PWM1"→"常规"，勾选"启用该脉冲发生器"（见图 5-36），激活该脉冲发生器。

图 5-36 脉冲发生器的"常规"参数组

3）选中图 5-36 左边的"参数分配"，可以设置如图 5-37 所示参数。

使用"信号类型"下拉列表，可选择脉冲发生器 PWM 或 PTO。如果选择 PTO（共有 4 个选项），则下面的选项变为灰色，即不可编辑。

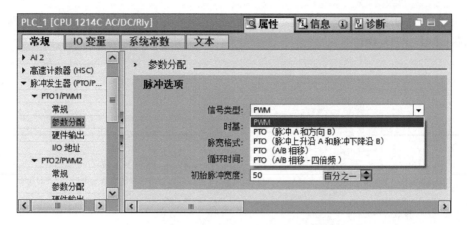

图 5-37 脉冲发生器的"参数分配"参数组

以 PTO1 为例：

如果选择"PTO（脉冲上升沿 A 和脉冲下降沿 B）"，则当 Q0.0 端有脉冲输出时，电动机旋转方向为正；当 Q0.1 端有脉冲输出时，电动机旋转方向为反。

如果选择"PTO（A/B 相移）"，则脉冲通过"信号 A"输出，相移通过"信号 B"输出。输出之间的相移定义了旋转方向，即当信号 A 超前信号 B 90°，电动机正转；当信号 B 超前信号 A 90°，电动机反转。

如果选择"PTO（A/B 相移-四倍频）"，即一个脉冲周期有四沿两相（A 和 B），则输出中的脉冲频率会减小到四分之一。其旋转方向同"PTO（A/B 相移）"。

4）选中图 5-36 左边的"硬件输出"参数组，在右边可以看到 PTO 的硬件输出端口。图 5-38 中"脉冲输出"为"%Q0.0"，可通过右侧浏览按钮选择其他输出端口。如果通过信号板输出，则选择 Q4.0 或 Q4.2。

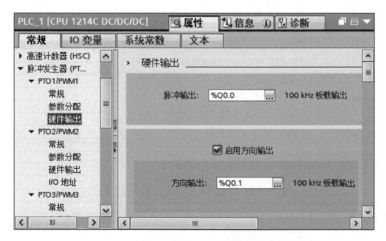

图 5-38 脉冲发生器的"硬件输出"参数组

如果勾选"启用方向输出"，则 PTO 有方向控制端，默认为 Q0.1（见图 5-38）。方向端输出高电平，则旋转方向为正；方向端输出低电平，则旋转方向为反。

(3) PTO 的编程

打开 OB1，打开"扩展指令"→"脉冲"文件夹，将其中的 CTRL_PTO 指令拖放到 OB1，如图 5-39 所示，单击出现的"调用选项"对话框中的"确定"按钮，生成该指令默认名称的背景数据块 CTRL_PTO_DB。

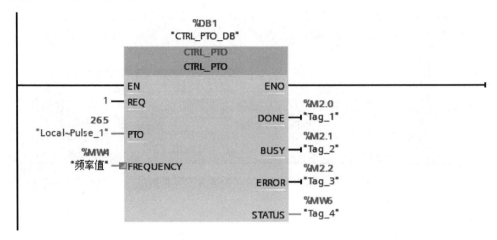

图 5-39　PTO 指令及编程

PTO 指令的参数如表 5-12 所示。

表 5-12　CTRL_PTO 指令的参数

参　数	数据类型	说　明
REQ	Bool	REQ=1：将脉冲发生器的频率设置为 FREQUENCY 的值；REQ=1 和 FREQUENCY=0：禁用脉冲发生器；REQ=0：脉冲发生器无变化
PTO	HW_PTO	脉冲发生器的硬件标识符（在脉冲发生器的属性中可查阅）
FREQUENCY	UDint	待输出的脉冲序列频率（单位为 Hz）
DONE	Bool	状态参数，可具有以下值： 0：作业尚未启动，或仍在执行过程中； 1：作业已经成功完成
BUSY	Bool	处理状态。由于 S7-1200 PLC 在执行 CTRL_PTO 指令时启用脉冲发生器，因此 S7-1200 PLC 中 BUSY 的值通常为 FALSE
ERROR	Bool	状态参数： 0：无错误； 1：指令执行过程中发生错误
STATUS	Word	该指令的状态（见表 5-13）

参数 STATUS（状态）的具体信息如表 5-13 所示。

表 5-13　参数 STATUS 的具体信息

错误代码（整数格式或 W#16#…格式）	说　明
0	无错误
8090	指定硬件 ID 的脉冲发生器已经在使用
8091	超出了参数 FREQUENCY 的范围
80A1	参数 PTO 不会寻址脉冲发生器的硬件 ID
80D0	指定硬件 ID 的脉冲发生器未激活或者未设置 PTO 属性。在脉冲发生器的"参数分配"参数组和"常规"参数组中，激活该脉冲发生器并选择信号类型"PTO"

双击参数 PTO 左边的"0",再单击出现的按钮![],在下拉列表选中"Local~Pulse_1",其硬件标识符(HW ID)为 265(因为从端口 Q0.0 输出高速脉冲,所以选择 Local~Pulse_1)。

3. 脉宽调制

使用脉宽调制(Pulse Width Modulation,PWM)时主要有两个步骤,分别为 PWM 的组态和 PWM 的编程。

(1) PWM 的组态

PWM 可提供可变占空比的脉冲输出,时间基准可以设置为 μs 或 ms(即微秒或毫秒)。脉冲宽度为 0 时,占空比为 0,没有脉冲输出,输出一直为"0"状态;脉冲宽度等于脉冲周期时,占空比为 100%,没有脉冲输出,输出一直为"1"状态。

PWM 的高频输出波形经滤波后可得到与占空比成正比例的模拟量输出电压,可以用来控制变频器的转速或阀门的开度等物理量。

使用 PWM 之前,首先对脉冲发生器组态,具体步骤如下:

1) 打开 PLC 的设备视图,选中 CPU 模块。

2) 在巡视窗口中,选择"属性"→"常规"→"脉冲发生器(PTO/PWM)"→"PTO1/PWM1"→"常规"参数组,勾选"启用该脉冲发生器",激活该脉冲发生器。

3) 选择"参数分配"参数组,如图 5-40 所示,在右边可以设置下列参数。

① 使用"信号类型"下拉列表,可选择脉冲发生器 PWM 或 PTO。

② 使用"时基"(时间基准)下拉列表,可选择毫秒或微秒。

③ 使用"脉宽格式"下拉列表,可选择的脉冲宽度格式有:百分之一(0~100)、千分之一(0~1000)、万分之一(0~10 000)和 S7 模拟量格式(0~27 648)。

④ 使用"循环时间",可以设置脉冲的周期值,单位与参数"时基"的一致。

⑤ 使用"初始脉冲宽度",可以设置脉冲的占空比。脉冲宽度的设置单位与参数"脉宽格式"的一致。

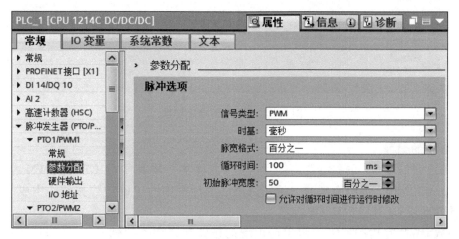

图 5-40 设置脉冲发生器的参数

4) 选中"硬件输出",在右边可以看到 PWM 输出端口,图 5-41 中为 Q0.0,可通过右侧浏览按钮![]选择其他输出端口,如果通过信号板输出,则应选择 Q4.0 或 Q4.2。

5) 选中"I/O 地址",在右边可以看到 PWM 输出地址项的起始地址、结束地址,如图 5-42

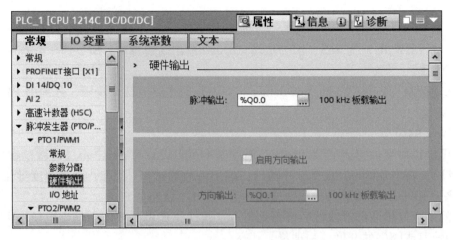

图 5-41　设置脉冲发生器的脉冲输出端口

所示，它为 PWM 所分配的脉宽调制地址，此地址为 Word 型，用于存放脉宽值，可以在系统运行时修改此值以达到修改脉宽的目的。在默认情况下，PWM1 的地址为 QW1000，PWM2 的地址为 QW1002，PWM3 的地址为 QW1004，PWM4 的地址为 QW1006。用户也可以修改其起始地址。

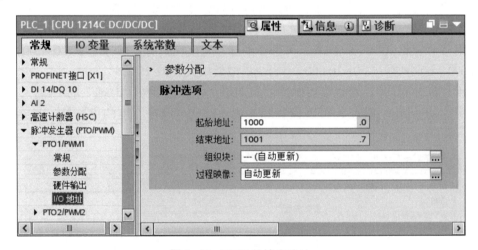

图 5-42　PWM 的输出地址

（2）PWM 的编程

打开 OB1，打开"扩展指令"→"脉冲"文件夹，将其中的 CTRL_PWM 指令拖放到 OB1，如图 5-43 所示，单击出现的"调用选项"对话框中的"确定"按钮，生成该指令默认名称的背景数据块 CTRL_PWM_DB。

双击参数 PWM 左边的"0"，再单击出现的按钮，在下拉列表选中"Local~Pulse_1"，其硬件标识符（HW ID）为 265（因为从端口 Q0.0 输出高速脉冲，所以选择 Local~Pulse_1）。

图 5-43 中输入信号 EN 为"1"状态时，用参数 ENABLE（I0.0）来启用或禁止（停止）脉冲发生器（即启动脉冲发生器时该位需要一直保持为"1"状态），用 PWM 的输出地址来修改脉冲宽度。在执行 CTRL_PWM 指令时，S7-1200 PLC 激活了脉冲发生器，输出 BUSY 总是"0"状态，参数 STATUS 是状态代码。

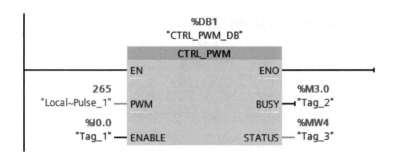

图 5-43 PWM 指令及编程

可通过下面的方法修改脉冲宽度和脉冲周期：

1) 通过用户程序更改脉冲宽度（即脉冲的持续时间）。

通过用户程序可更改"脉冲选项"（见图 5-40）中所设置的脉冲持续时间，并将"初始脉冲宽度"的设定值写入脉冲发生器的输出字节中。其起始地址和结束地址将显示在"I/O 地址"（见图 5-42）中。要更改脉冲的持续时间，需要将相应值写入设备组态中所指定的输出字地址中，如 QW1000。

2) 通过用户程序更改脉冲周期（即脉冲的循环时间）。

在相应脉冲发生器的"脉冲选项"（见图 5-40）中，勾选"允许对循环时间进行运行时修改"，则输出的前 2 个字节为脉冲的宽度，输出的 3~6 字节为脉冲的周期。在脉冲发生器的运行过程中，可在所分配的输出存储器的结尾处更改该双字的值。这将导致 PWM 信号的循环时间发生变更。如勾选该复选框后，CPU 将为 PWM1 分配 6 个输出字节 QB1008~QB1013。将程序加载到 CPU 中并启动脉冲发生器后，可通过写入 QW1008 更改脉冲宽度，通过写入 QD1010 更改脉冲周期。

【例 5-5】使用模拟量控制数字量输出，当模拟量发生变化时，CPU 输出的脉冲宽度也随之变化，但周期不变，可用于控制脉冲方式的加热设备。在此应用 PWM 实现该功能，脉冲周期为 1 s，模拟量值在 0~27648 变化。

（1）硬件组态

在硬件组态中定义相关输出点，并进行参数组态。打开"设备组态"，选中 CPU，定义 IW64 为模拟量输入，输入信号为直流 0~10 V。PWM 参数组态如下所述。

1) 在"常规"参数组中启用 PTO1/PMW1 脉冲发生器。

2) 在"参数分配"参数组将"信号类型"设为"PWM"，将"时基"设为"毫秒"，将"脉宽格式"设为"S7 模拟量格式"，将"循环时间"设为"1000 ms"，将"初始脉冲宽度"设为"0"。

（2）编写程序

将 CRTL_PWM 指令块拖入 OB1 中，定义背景数据块，添加模拟量赋值程序，如图 5-44 所示。

【例 5-6】用高速脉冲输出功能产生周期为 2 ms，占空比为 50% 的 PWM 脉冲序列，送给高速计数器 HSC1 计数。通过设置不同的参考值，在计数值分别为 2000、3000 和 1500 时产生中断（产生的波形为多个锯齿波）。在中断程序中修改计数值、参考值和计数方向，同时改变 Q0.4~Q0.6 的状态。

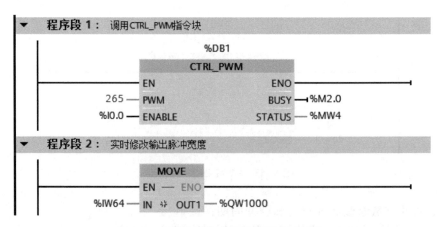

图 5-44 模拟量控制输出脉冲宽度程序

(1) 硬件连接

在使用高速脉冲输出时，需要使用直流输出型 PLC，在此选择 DC/DC/DC CPU 1214C PLC，或在继电输出型 PLC 的基础上增加一块 DQ 的信号板。若增加信号板，则硬件连接为：将 CPU 的 DC 24 V 输出的 L+与信号板的 L+相连，将 CPU 的 DC 24 V 输出的 M 与信号板的 M 相连、将 CPU 的 DC 24 V 输出的 M 与 CPU 的 1M 相连、将 CPU 的 I0.0 与信号板的 Q4.0 相连。

(2) PWM 的组态与编程

组态 PTO1/PWM1 产生 PWM 脉冲，如图 5-40 所示。时基为毫秒，脉宽格式为百分之一，脉冲的循环时间（周期）为 2000，初始脉冲的占空比为 0.5（即脉冲宽度为 50%）。

在 OB1 中调用 CTRL_PWM 指令，用 I0.4 启动脉冲发生器，如图 5-45 所示（其中 M1.0 为首次扫描接通）。

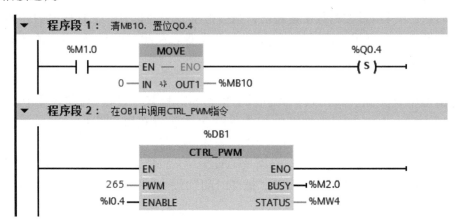

图 5-45 【例 5-6】中的 OB1 程序

(3) 高速计数器的组态

组态时设置 HSC1 的工作模式为单相脉冲计数（参考图 5-25 设置），使用 CPU 的集成输入点 I0.0，通过用户程序改变计数方向。设置 HSC1 的初始状态为加计数，初始计数值为 0，初始计数参考值为 0（参考图 5-26 设置）。出现计数值等于参考值的事件时，调用硬件中断组织块 OB40（参考图 5-27 设置）。HSC1 默认的地址为 1000，如图 5-29 所示，在运行时可以用该地址监视 HSC1 的计数值。

(4) 硬件中断的编程

如何判断是第几次进入硬件中断呢？在此采用一种处理方法，即设置 MB10 为标志字节，其取值范围为 0、1、2，其初始值为 0。HSC1 的计数值等于参考值时（硬件组态时初始参考值为 2000），调用 OB40。根据 MB10 的值，用比较指令来判断是哪一次中断，以调用程序中不同的 CTRL_HSC 指令，从而设置下一阶段的计数方向、计数值的初始值和参考值，同时对输出点进行置位和复位处理。处理完后，将 MB10 的值加 1，运行结果如果为 3，将 MB10 清零。

组态 CPU 时，采用默认的 MB1 作系统存储器字节。CPU 进入 RUN 模式后，M1.0 仅在首次扫描时为"1"状态。在 OB1 中，用 M1.0 的常开触点将标志字节 MB10 清零，将输出点 Q4.0 置位为"1"，如图 5-45 所示。

当计数值小于 2000 时，输出 Q0.4 点亮；当计数值等于参考值 2000 时，产生中断，调用硬件中断 OB40。此时标志字节 MB10 的值等于 0，执行第一条 CRTL_HSC 指令，使 Q0.4 复位，Q0.5 置位，同时更新参考值（3000）。当计数值等于 3000 时，执行第二条 CRTL_HSC 指令，使 Q0.5 复位，Q0.6 置位，同时更新参考值（1500）并改变计数方向（减计数）。当计数值等于 1500 时，执行第三条 CRTL_HSC 指令，使 Q0.6 复位，Q0.4 置位，同时更新参考值（2000）并改变计数方向（加计数），具体程序如图 5-46 所示。

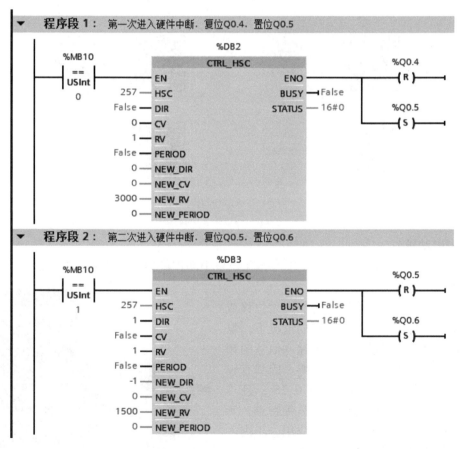

图 5-46 【例 5-6】中的 OB40 程序

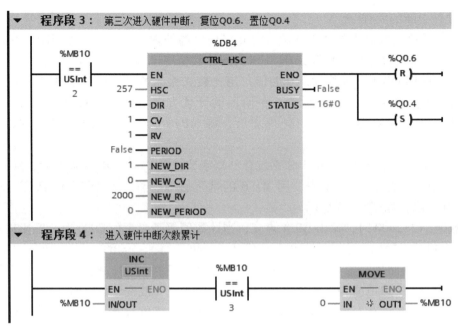

图 5-46 【例 5-6】中的 OB40 程序（续）

5.4.4 运动控制

1. 步进电动机

步进电动机作为执行元件，是机电一体化设备中动作机构的主要驱动装置之一，广泛应用在各种自动化控制系统中。

步进电动机是将电脉冲信号转变为角位移或线位移的开环控制元件。在非超载的情况下，电动机的转速、停止的位置只取决于脉冲信号的频率和脉冲数，而不受负载变化的影响。因具有较高的定位精度，其最小步距角可达 0.75°，且具有转动、停止、反转反应灵敏、可靠等特点，所以在开环数控系统中得到了广泛的应用。步进电动机及步进驱动器如图 5-47 所示。

（1）工作原理

通常步进电动机的转子为永磁体，当电流流

图 5-47 步进电动机及步进驱动器

过定子绕组时，定子绕组产生一矢量磁场。该磁场会带动转子旋转一个角度，使得转子的一对磁场方向与定子的磁场方向一致。当定子的矢量磁场旋转一个角度，转子也随着该磁场旋转一个角度。当步进驱动器接收到一个脉冲信号，它就驱动步进电机按设定的方向转动一个固定的角度，称为"步距角"，它的旋转是以固定的角度一步一步运行的。步进电动机输出的角位移与输入的脉冲数成正比、转速与脉冲频率成正比。改变绕组通电的顺序，电动机就会反转。

可以通过控制脉冲的数量、频率及电动机各相绕组的通电顺序来控制步进电动机的转动。可以通过控制脉冲个数来控制角位移量，从而达到准确定位的目的；同时，可以通过控制脉冲频率来控制电动机转动的速度和加速度，从而达到调速的目的。

（2）步进电动机的分类

步进电动机分为三种：永磁式（PM）、反应式（VR）和混合式（HB）。永磁式步进电动机一般为两相，转矩和体积较小，步进角一般为 7.5°或 15°；反应式步进电动机一般为三相，可实现大转矩输出，步进角一般为 1.5°，但噪声和振动都很大，在很多发达国家已被淘汰；混合式步进电动机是指混合了永磁式和反应式的优点，分为两相和五相，两相步进角一般为 1.8°，而五相步进角一般为 0.72°，这种步进电动机的应用最为广泛。

（3）步进驱动器

步进电动机的运行性能，不仅与步进电动机本身和负载有关，而且与配套的驱动装置有着十分密切的关系。步进电动机的驱动装置由环形脉冲分配器、功率放大驱动电路两大部分组成，其中，步进电动机功率放大驱动电路完成由弱电到强电的转换和放大，即将逻辑电平信号变换成电动机绕组所需的具有一定功率的电流信号。

一个完整的步进驱动系统如图 5-48 所示。可见，控制器（通常是 PLC）发出脉冲信号和方向信号，步进驱动器接收这些信号，先进行环形分配和细分，再进行功率放大，从而控制步进电动机的速度和位移。

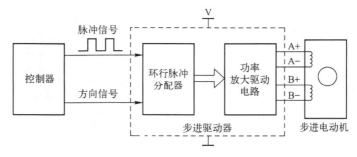

图 5-48　一个完整的步进驱动系统

（4）步进驱动器与 PLC 的连接

步进电动机通过驱动器驱动后才能运行，那么步进驱动器与 PLC 是如何连接的呢？步进驱动器的输入信号有脉冲信号正端、脉冲信号负端、方向信号正端和方向信号负端，其连接方式有 3 种。

1）共阳极方式：把脉冲信号正端和方向信号正端并联后连接至电源的正极性端，脉冲信号接入脉冲信号负端，方向信号接入方向信号负端，电源的负极性端接至 PLC 的电源并接入公共端。

2）共阴极方式：把脉冲信号负端和方向信号负端并联后连接至电源的负极性端，脉冲信号接入脉冲信号正端，方向信号接入方向信号正端，电源的正极性端接至 PLC 的电源并接入公共端。

3）差动方式：直接连接。

一般情况下，步进驱动器输入信号的幅值为 TTL 电平，最大为 5 V，如果控制电源为 5 V，则可以接入，否则需要在外部连接限流电阻 R，以保证给步进驱动器内部光耦元件提供合适的驱动电流。如果控制电源为 12 V，则外接 680 Ω 的电阻；如果控制电源为 24 V，则外接 2 kΩ 的电阻，具体连接可参考步进驱动器的相关操作说明。

（5）步进驱动器的细分

步进驱动器上常设有细分开关，细分有什么作用呢？细分的主要作用是提高步进电动机的精确率，其技术实质上是一种电子阻尼技术，其主要目的是减弱或消除步进电动机的低频振动，提高步进电动机的运转精度只是细分技术的一个附带功能。如步进角为 1.8° 的两相混合式步进电动机，如果步进驱动器的细分数设置为 4，那么步进电动机的运转分辨率为每个脉冲 0.45°，步进电动机的精度能否达到或接近 0.45°，还取决于步进驱动器的细分电流的控制精度等其他因素。不同厂家的步进驱动器的细分电流的控制精度可能差别很大；细分数越大精度越难控制。步进驱动器一般有 3 种细分方法：

1）2 的 N 次方，如 2、4、8、16、32、64、128、256 细分。

2）5 的整数倍，如 5、10、20、25、40、50、100、200 细分。

3）3 的整数倍，如 3、6、9、12、24、48 细分。

步进驱动器的侧面一般都印有细分表，用户可通过细分开关来设置步进驱动器的细分。

2. 伺服电动机

伺服电动机（Servo Motor）是指在伺服系统中控制机械元件运转的驱动装置。伺服电动机可以控制速度，位置精度非常高，可以将电压信号转化为转矩和转速以驱动控制对象。伺服电动机转子的转速受输入信号的控制，并能快速反应。在自动控制系统中，伺服电动机被用作执行元件，且具有机电时间常数小、线性度高等特性，可把所收到的电信号转换成电动机轴上的角位移或角速度输出。伺服电动机及伺服驱动装置如图 5-49 所示。

（1）工作原理

伺服系统是使物体的位置、方位、状态等被控量能够跟随输入目标（或给定值）的变化而变化的自动控制系统。伺服主要靠脉冲来定位，可以这样理解，伺服电动机接收到 1 个脉冲，就会旋转 1 个

图 5-49 伺服电动机及伺服驱动器

脉冲对应的角度，从而实现位移。因为伺服电动机本身具备发出脉冲的功能，所以伺服电动机每旋转一个角度，都会发出对应数量的脉冲，从而和伺服电动动机接收的脉冲形成了呼应，或者称为闭环，如此一来，系统就会知道发出了多少脉冲给伺服电动机，同时又接收了多少脉冲，这样就能够很精确地控制伺服电动机的转动，从而实现精确的定位，定位的精度可以达到 0.001 mm。

（2）伺服电动机的分类

伺服电动机分为直流和交流两大类，其主要特点是：当信号电压为零时，无自转现象，转速随着转矩的增加而匀速下降。

1) 直流伺服电动机。

直流伺服电动机分为有刷电动机和无刷电动机。有刷电动机的成本低、结构简单、起动转矩大、调速范围宽、控制容易，但维护不方便（换碳刷），会产生电磁干扰，对环境有要求。因此它可以在对成本敏感的普通工业和民用场合中使用。

无刷电动机体积小、重量轻、出力大、响应快、速度高、惯量小、转动平滑、力矩稳定、控制复杂，容易实现智能化；其换相方式灵活，可以方波换相或正弦波换相。该电动机免维护，效率很高，且运行温度低、电磁辐射很小、长寿命，可用于各种环境。

2) 交流伺服电动机。

交流伺服电动机也是无刷电动机，分为同步电动机和异步电动机，目前运动控制中一般都使用同步电动机。该电动机的功率范围大，可以做到很大的功率；大惯量，最高转动速度低，且随着功率的增大最高转速快速降低，因而适合在低速平稳运行的场合中使用。

伺服电动机内部的转子是永磁铁，伺服驱动器控制的 U/V/W 三相电形成电磁场，转子在此磁场的作用下转动，同时伺服电动机自带的编码器反馈信号给伺服驱动器，伺服驱动器根据反馈值与目标值进行比较，调整转子转动的角度。伺服电动机的精度取决于编码器的精度（线数）。

（3）永磁交流伺服电动机同直流伺服电动机性能的比较

同直流伺服电动机相比，永磁交流伺服电动机的主要优点有：

1) 无电刷和换向器，因此工作可靠，对维护和保养要求低。
2) 定子绕组散热比较方便。
3) 惯量小，易于提高系统的快速性。
4) 适应于高速大力矩工作状态。
5) 同功率下有较小的体积和重量。

（4）伺服电动机与单相异步电动机性能的比较

交流伺服电动机的工作原理与分相式单相异步电动机相似，但前者的转子电阻比后者大得多，所以伺服电动机与单机异步电动机相比，有 3 个显著特点：

1) 起动转矩大。

交流伺服电动机由于其转子的电阻大，其转矩特性曲线与普通异步电动机相比，有明显的区别。它可使临界转差率大于 1，这样不仅使转矩特性（机械特性）更接近线性，而且具有较大的起动转矩。因此，一旦定子有了控制电压，转子就会立即转动，即具有起动快、灵敏度高的特点。

2) 运行范围较广。

3) 无自转现象。

正常运转的伺服电动机，只要失去控制电压，电动机立即停止运转。当伺服电动机失去控制电压后，它处于单相运行状态，由于转子的电阻大，定子中两个相反方向旋转的旋转磁场与转子作用所产生的两个转矩以及合成转矩使得伺服电动机立即停止运转。

（5）伺服驱动器

伺服驱动器（Servo Drives）又称"伺服控制器""伺服放大器"，是用来控制伺服电动机的一种控制器，其作用类似于变频器作用于普通交流电动机，属于伺服系统的一部分，主要应用于高精度的定位系统。伺服驱动器一般是通过位置、速度和力矩对伺服电动机进行控制，以实现高精度的传动系统定位，目前伺服驱动器是传动技术的高端产品。

目前主流的伺服驱动器均采用数字信号处理器（DSP）作为控制核心，可以实现比较复杂的控制算法，实现数字化、网络化和智能化。功率器件普遍采用以智能功率模块（IPM）为核心设计的驱动电路，IPM（智能功率模块）内部集成了驱动电路，同时具有过电压、过电流、过热、欠压等故障检测保护电路，在主回路中还加入了软启动电路，以减小起动过程对伺服驱动器的冲击。功率驱动单元首先通过三相全桥整流电路对输入的三相电或者市电进行整流，得到相应的直流电。经过整流的三相电或市电，再通过三相正弦 PWM 电压型逆变器变频来驱动三相永磁式同步交流伺服电动机。功率驱动单元的整个过程可以认为就是 AC-DC-AC 的过程。整流单元（AC-DC）主要的拓扑电路是三相全桥不可控整流电路。

本章所涉及示例和案例都可使用伺服电动机实现。本章以步进电动机为例进行相关知识点的介绍。

3. 运动控制指令

(1) MC_Power 指令

在使用运动控制指令前，必须启动轴，且轴在运行期间，MC_Power 指令必须处于开启状态。因此 MC_Power 指令是必须使用的指令，该指令的作用是启用或禁用轴。

在指令树中，打开"工艺"→"Motion Control"文件夹，将其中的 MC_Power 指令拖放到 OB1 中，单击出现的"调用选项"对话框中的"确定"按钮，生成该指令默认名称的背景数据块 MC_Power_DB，如表 5-14 所示。

表 5-14 MC_Power 指令及其参数

指 令	输入/输出	参 数 含 义
	EN	使能
	Axis	已配置好的轴工艺对象
	StartMode	0：启用位置不受控的定位轴；1：启用位置受控的定位轴。使用带 PTO（Pulse Train Output）驱动器的定位轴时忽略该参数
	StopMode	轴停止模式
	Enable	1：轴使能；0：轴停止
	Status	轴的使能状态，0：禁用轴；1：轴已启用
	Busy	标记 MC_Power 指令是否处于活动状态
	Error	标记 MC_Power 指令是否产生错误
	ErrorID	错误 ID 码
	ErrorInfo	错误信息

MC_Power 指令中参数 StopMode 是轴停止模式，模式 0 是紧急停止（从当前速度下降到 0 的过程是一条线性斜率为负值的直线）；模式 1 是立即停止（从当前速度立即下降到 0 的过程是一条直竖线）；模式 2 是带有加速度变化率控制的紧急停止（从当前速度立即下降到 0 的过程是一条 S 形曲线）。

(2) MC_MoveRelative 指令

相对定位轴 MC_MoveRelative 指令的执行不需要建立参考点（原点），只需要定义距离、速度和方向。当上升沿使能后，轴按照设定的速度和距离运行，其方向由距离中的正负号（+/-）决定。

在指令树中，打开"工艺"→"Motion Control"文件夹，将其中的 MC_MoveRelative 指令

拖放到 OB1 中，单击出现的"调用选项"对话框中的"确定"按钮，生成该指令默认名称的背景数据块 MC_MoveRelative_DB，如表 5-15 所示。

表 5-15 MC_MoveRelative 指令及其参数

指　　令	输入/输出	参 数 含 义
	EN	使能
	Axis	已配置好的轴工艺对象
	Execute	上升沿使能
	Distance	运行距离（正或负值）
	Velocity	定义的速度。限制：启动/停止速度≤Velocity≤最大速度
	Done	1：目标位置已到达
	Busy	1：正在执行任务
	CommandAborted	1：任务在执行过程中被另一任务中止
	Error	1：执行任务出错
	ErrorID	错误 ID 码
	ErrorInfo	错误信息

（3）MC_MoveVelocity 指令

以设定速度移动轴 MC_MoveVelocity 指令的执行不需要建立参考点（原点），只需要定义速度和方向。当上升沿使能后，轴按照设定的速度和方向运行。

与上述指令相同，在调用 MC_MoveVelocity 指令时，会出现"调用选项"对话框，单击"确定"按钮后，生成该指令默认名称的背景数据块 MC_MoveVelocity_DB，如表 5-16 所示。

表 5-16 MC_MoveVelocity 指令及其参数

指　　令	输入/输出	参 数 含 义
	EN	使能
	Axis	已配置好的轴工艺对象
	Execute	上升沿使能
	Velocity	轴运动的指定速度
	Direction	运行方向，0：旋转方向取决于 Velocity 的符号；1：正旋转方向；2：负旋转方向
	Current	保持当前速度，0：保持当前速度已禁用，将使用参数 Velocity 和 Direction 的值；1：保持当前速度已启用，而不考虑参数 Velocity 和 Direction 的值
	PositionControlled	0：速度控制；1：位置控制
	InVelocity	0：达到参数 Velocity 中指定的速度；1：轴在启动时，以当前速度进行移动
	Busy	1：正在执行任务
	CommandAborted	1：任务在执行过程中被另一任务中止
	Error	1：执行任务出错
	ErrorID	错误 ID 码
	ErrorInfo	错误信息

(4) MC_MoveAbsolute 指令

绝对定位轴 MC_MoveAbsolute 指令的执行需要建立参考点（原点），通过定义距离、速度和方向。当上升沿使能后，轴按照设定的速度和绝对位置运行。

与上述指令相同，在调用 MC_MoveAbsolute 指令时，会出现"调用选项"对话框，单击"确定"按钮后，生成该指令默认名称的背景数据块 MC_MoveAbsolute_DB，如表 5-17 所示。

表 5-17 MC_MoveAbsolute 指令及其参数

指令	输入/输出	参数含义
（MC_MoveAbsolute 功能块图）	EN	使能
	Axis	已配置好的轴工艺对象
	Execute	上升沿使能
	Position	绝对目标位置
	Velocity	轴的速度。限制：启动/停止速度 ≤ Velocity ≤ 最大速度
	Direction	轴的运动方向
	Done	1：到达绝对目标位置
	Busy	1：正在执行任务
	CommandAborted	1：任务在执行过程中被另一任务中止
	Error	1：执行任务出错
	ErrorID	错误 ID 码
	ErrorInfo	错误信息

当"驱动器"选择 PTO 轴时，忽略参数 Direction。当该参数等于 0 时，由速度的符号（+/-）确定运动的方向；当该参数等于 1 时，为正方向（从正方向接近目标位置）；当该参数等于 2 时，为负方向（从负方向接近目标位置）；当该参数等于 3 时，为最短距离（轴将选择从当前位置开始，到目标位置的最短距离）。

(5) MC_Halt 指令

停止轴 MC_Halt 指令用于停止轴的运动。当上升沿使能后，轴会按照已配置的减速曲线停止运动。

与上述指令相同，在调用 MC_Halt 指令时，会出现"调用选项"对话框，单击"确定"按钮后，生成该指令默认名称的背景数据块 MC_Halt_DB，如表 5-18 所示。

表 5-18 MC_Halt 指令及其参数

指令	输入/输出	参数含义
（MC_Halt 功能块图）	EN	使能
	Axis	已配置好的轴工艺对象
	Execute	上升沿使能
	Done	1：到达绝对目标位置
	Busy	1：正在执行任务
	CommandAborted	1：任务在执行过程中被另一任务中止
	Error	1：执行任务出错
	ErrorID	错误 ID 码
	ErrorInfo	错误信息

(6) MC_Reset 指令

确认故障 MC_Reset 指令用于确认"伴随轴停止出现的运行错误"和"组态错误"。如果存在一个故障或错误需要确认，必须调用确认故障指令，进行复位。

与上述指令相同，在调用 MC_Reset 指令时，会出现"调用选项"对话框，单击"确定"按钮后，生成该指令默认名称的背景数据块 MC_Reset_DB，如表 5-19 所示。

表 5-19　MC_Reset 指令及其参数

指　　令	输入/输出	参　数　含　义
	EN	使能
	Axis	已配置好的轴工艺对象
	Execute	上升沿使能
	Restart	0：用来确认故障；1：将轴组态，从装载存储器下载到工作存储器，仅在禁用轴后，才能执行该命令
	Done	1：故障已确认
	Busy	1：正在执行任务
	Error	1：执行任务出错
	ErrorID	错误 ID 码
	ErrorInfo	错误信息

(7) MC_Home 指令

回参考点 MC_Home 指令用来使运动轴回归到参考点。参考点在系统中有时作为坐标原点，这对于运动控制系统非常重要。

与上述指令相同，在调用 MC_Home 指令时，会出现"调用选项"对话框，单击"确定"按钮后，生成该指令默认名称的背景数据块 MC_Home_DB，如表 5-20 所示。

表 5-20　MC_Home 指令及其参数

指　　令	输入/输出	参　数　含　义
	EN	使能
	Axis	已配置好的轴工艺对象
	Execute	上升沿使能
	Position	Mode=1 时：对当前轴位置的修正值；Mode=0, 2, 3 时：轴的绝对目标位置
	Mode	回原点模式
	Done	1：任务已完成
	Busy	1：正在执行任务
	CommandAborted	1：任务在执行过程中被另一任务中止
	Error	1：执行任务出错
	ErrorID	错误 ID 码
	ErrorInfo	错误信息
	ReferenceMarkPosition	显示工艺对象回原点位置

MC_Home 指令回原点模式有 0~3、6、7 等 6 种模式。回原点的详细介绍可参考网址：http://www.ad.siemens.com.cn/productportal/Prods/S7-1200_PLC_EAS Y_PLUS/SmartSMS/052.html

1) Mode = 0 绝对式直接回原点。

该模式下的 MC_Home 指令触发后轴并不运行，也不会寻找原点开关。指令执行后的结果是：轴的坐标值直接更新成新的坐标，新的坐标值就是 MC_Home 指令中参数"Position"的值。图 5-50 中，"Position"=0.0mm，则轴的当前坐标值也就更新成了 0.0mm。该坐标值属于"绝对"坐标值，也就是相当于轴已经建立了绝对坐标系，可以进行绝对运动。

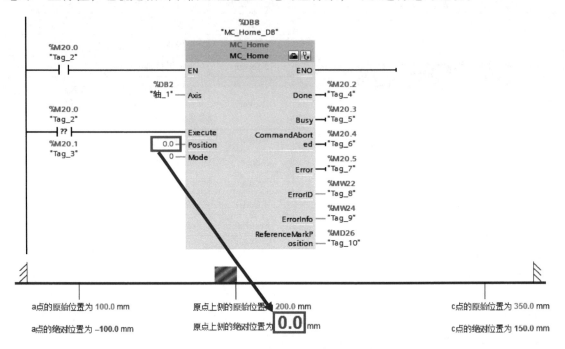

图 5-50 Mode=0 绝对式直接回原点

优点：该模式可以让用户在没有原点开关的情况下，进行绝对运动操作。

2) Mode=1 相对式直接回原点。

与 Mode=0 相同，以该模式触发 MC_Home 指令后轴并不运行，只是更新轴的当前位置值。更新的方式与 Mode=0 不同，而是在轴原来坐标值的基础上将加上参数 Position 的数值后得到的坐标值作为轴当前位置的新值。如图 5-51 所示，执行 MC_Home 指令后，轴的位置值变成了 210mm，a 和 c 点的坐标位置值也相应更新成新值。

3) Mode=2 被动回原点，轴的位置值为参数 Position 的值。

被动回原点指的是：轴在运行过程中碰到原点开关，轴的当前位置将设置为回原点位置值。以下详细介绍被动回原点的过程。

① 在工艺组态时，选择"参考点开关一侧"为"上侧"。

② 让轴执行一个相对运动指令，该指令设定的路径能让轴经过原点开关。

③ 在该指令执行过程中，触发 MC_Home 指令，设置模式为 2。

④ 触发 MC_MoveRelative 指令，应保证触发该指令的方向能够经过原点开关。也可以用 MC_MoveAbsolute 指令、MC_MoveVelocity 指令或 MC_MoveJog 指令取代 MC_MoveRelative 指令。

当轴在以 MC_MoveRelative 指令指定的速度运行过程中碰到原点开关的有效边沿时，轴立

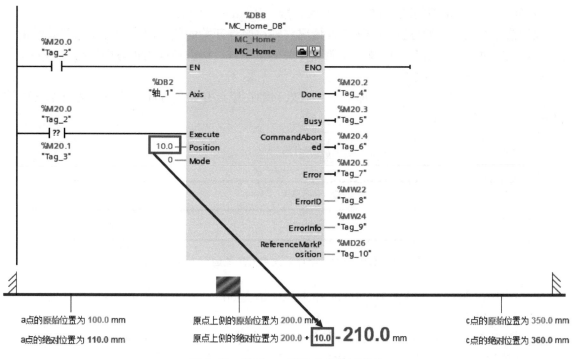

图 5-51 Mode=1 相对式直接回原点

即更新坐标位置为 MC_Home 指令上的"Position"值，如图 5-52 所示。在这个过程中轴并不停止运行，也不会更新运行速度。直到达到 MC_MoveRelative 指令的距离值，轴停止运行。

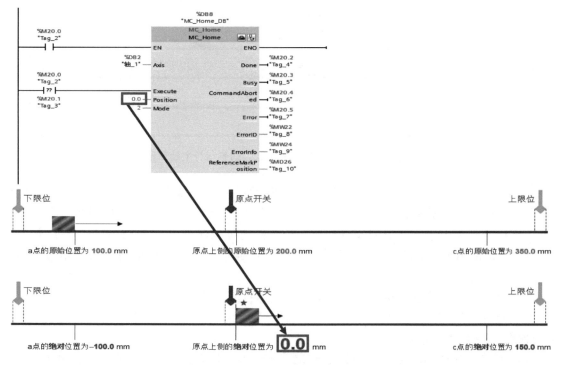

图 5-52 Mode=2 被动回原点示例

4) Mode=3 主动回原点，轴的位置值为参数"Position"的值。

根据轴与原点开关的位置，分成 4 种情况：轴在原点开关的负方向、轴在原点开关的正方向、轴刚执行过回原点指令，以及轴在原点开关的正下方。接近速度为正方向运行。

● 轴在原点开关的负方向

原点开关"上侧"（正方向的那一侧）有效和轴在原点开关负方向侧运行，运行示意图如图 5-53 所示，说明如下：

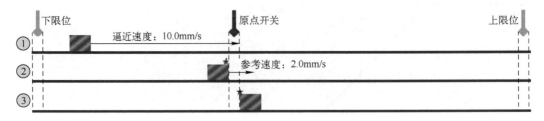

图 5-53 "上侧"有效和轴在原点开关负方向侧运行主动回原点示意图

① 当程序以 Mode=3 触发 MC_Home 指令时，轴立即以"接近速度 10.0 mm/s"向右（正方向）运行寻找原点开关。

② 当轴碰到参考点的有效边沿时，切换运行速度为"参考速度 2.0 mm/s"并继续运行。

③ 当轴的左边沿与原点开关有效边沿重合时，轴完成回原点动作。

● 轴在原点开关的正方向

原点开关"上侧"有效和轴在原点开关正方向侧运行，运行示意图如图 5-54 所示，说明如下：

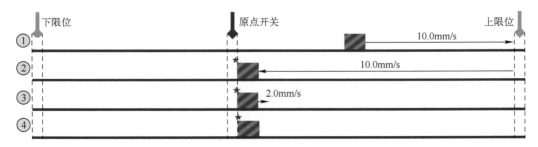

图 5-54 "上侧"有效和轴在原点开关正方向侧运行主动回原点示意图

① 当轴在原点开关的正方向（右侧）时，触发主动回原点指令，轴会以"接近速度"运行直到碰到右限位开关，如果在这种情况下，用户没有使能"允许硬件限位开关处自动反转"选项，则轴因错误取消回原点动作并按急停速度使轴制动；如果用户使能了该选项，则轴将以组态的减速度减速（不是以紧急减速度）运行，然后反向运行，反向继续寻找原点开关。

② 当轴掉头后继续以"接近速度"向负方向寻找原点开关的有效边沿。

③ 原点开关的有效边沿是右侧边沿，当轴碰到原点开关的有效边沿后，将速度切换成"参考速度"最终完成定位。

轴刚执行过回原点指令的示意图如图 5-55 所示，轴在原点开关的正下方的示意图如图 5-56 所示，在此，不再赘述（包括轴以"负方向"和"下侧"的方式主动回原点的过程）。

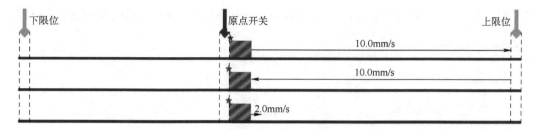

图 5-55 "上侧"有效和轴刚执行过回原点指令主动回原点示意图

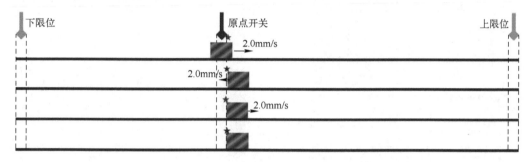

图 5-56 "上侧"有效和轴在原点开关正下方运行主动回原点示意图

5) Mode=6 绝对值编码器相对调试。

此模式只针对连接的编码器类型为绝对值编码器,该模式下的 MC_Home 指令触发后轴并不运行,也不会寻找原点开关,而会将当前位置值设为"当前位置值+参数'Position'的值",绝对值偏移值保持性地保存在 CPU 内,CPU 断电再上电后轴的位置值不会丢失。

6) Mode=7 绝对值编码器绝对调试。

此模式只针对连接的编码器类型为绝对值编码器,该模式下的 MC_Home 指令触发后轴并不运行,也不会寻找原点开关,而会将当前位置值设为"参数'Position'的值",绝对值偏移值保持性地保存在 CPU 内,CPU 断电再上电后轴的位置值不会丢失。

4. 工艺对象"轴"组态

"轴"表示驱动的工艺对象。工艺对象"轴"是用户程序与驱动的接口。工艺对象"轴"从用户程序中收到运动控制命令,在运行时执行并监视执行状态。"驱动"表示步进电动机加电源部分或伺服驱动加脉冲接口转换器的机电单元。驱动是由 CPU 产生的脉冲对工艺对象"轴"操作进行控制。运动控制中必须对工艺对象"轴"进行组态才能应用控制指令,参数组态主要定义了轴的工程单位(如脉冲数/秒,转/分钟)、软硬件限位、起动/停止速度、参考点定义等。进行参数组态前,需要添加工艺对象"轴",双击项目树"工艺对象"下的"新增对象",在打开的对话框中选择"运动控制",选中"TO_PositioningAxis",在"名称"中输入工艺对象名称,默认名称为"轴_1"(再次创建时,名称为"轴_2",依次递增),编号由系统自动产生便可,然后单击"确定"按钮(见图 5-57),便可新建一个工艺对象数据块。添加完成后,可以在项目树中看到已添加的工艺对象,双击"轴_1[DB1]"文件夹中的"组态"进行参数组态,如图 5-58 所示。

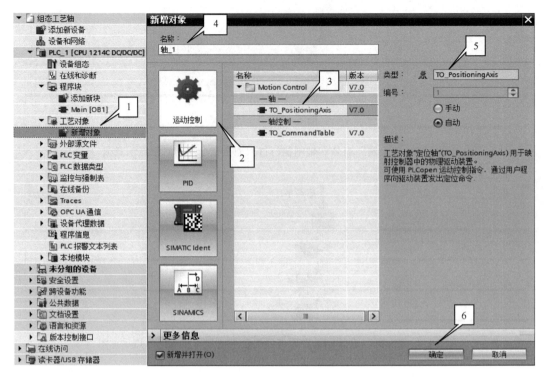

图 5-57 新增工艺对象"轴"

(1) 组态"基本参数"

在图 5-58 中,选择"功能图"→"基本参数"→"常规","驱动器"有三个选项:"PTO(Pulse Train Output)",表示运动控制由脉冲控制;"模拟驱动装置接口",表示运动控制由模拟量控制;"PROFIdrive",表示运动控制由通信控制。"测量单位"包括 mm(毫米)、m(米)、in(英寸)、ft(英尺)、脉冲和角度等。

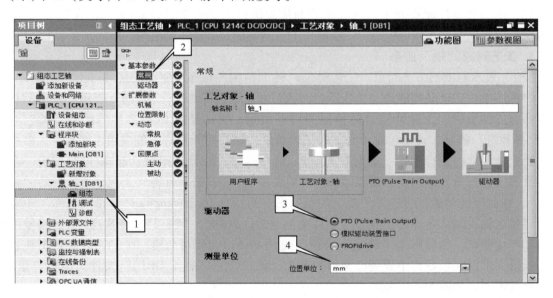

图 5-58 组态"基本参数"中的"常规"参数组

在"驱动器"参数组中,"脉冲发生器"包括 Pulse_1~Pulse_4,根据驱动器的硬件连接进行选择。当选择其中一项后,"信号类型""脉冲输出""方向输出"等组态项自动变为深色(即为可组态状态),这时对其脉冲类型、脉冲输出端口及脉冲方向输出等进行组态,如图 5-59 所示。

"驱动装置的使能和反馈"在工程中经常用到,当 PLC 准备就绪,会输出一个信号到伺服驱动器的使能端子上(即使能输出),通知伺服驱动器,PLC 已经准备就绪;当伺服驱动器准备就绪,会发出一个信号到 PLC 的输入端(即就绪输入),通知 PLC,伺服驱动器已经准备就绪。当"就绪输入"为 1 时,PLC 才能控制轴。如果驱动器不提供这种接口,可将此参数设为"TRUE"(见图 5-59)。

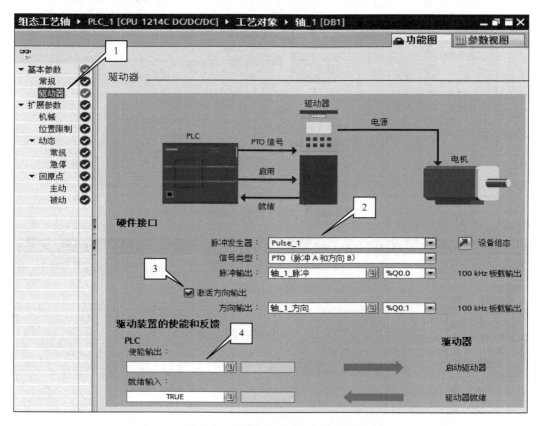

图 5-59 组态"驱动器"参数组

(2) 组态"扩展参数"

选中"扩展参数"中的"机械",如图 5-60 所示。可设置"电机每转的脉冲数"(即电动机旋转一周所需要的脉冲个数,用户可根据编码器的线数设置)"电机每转的负载位移"(即电动机旋转一周生产机械所产生的位移,此参数取决于机械结构,如伺服电动机与丝杠直接连接,则此参数就是丝杠的螺距。注意,这里的单位要与图 5-58 中的一致)"所允许的旋转方向"(包括双向、正方向和负方向)及是否使用"反向信号"(若勾选此复选框,则会颠倒整个驱动系统的运行方向)。

选中"扩展参数"中的"位置限制",如图 5-61 所示。若勾选"启用硬件限位开关"(还需选择上下限位开关所连接的 PLC 端口及有效电平,若限位开关连接的是常闭触点,则此处选择"低电平"有效),则将使能机械系统的硬件限位功能,在轴到达硬件限位开关时,它将使用急停减速斜坡停车;若勾选"启用软限位开关"(还需要定义软限位开关的位置,见图 5-61 中标号 5 处),则将使能机械系统的软限位功能,此功能通过程序或组态定义系统的极限位置。在轴达到软件限位位置时,激活的运动停止。工艺对象报故障,在故障被确认后,轴可以恢复在工作范围内的运动。

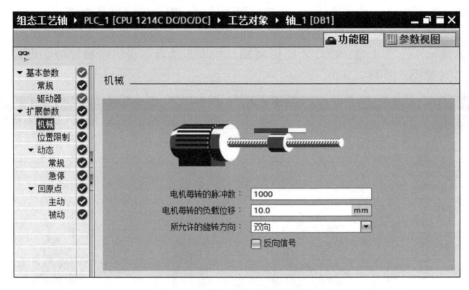

图 5-60 组态"机械"参数组

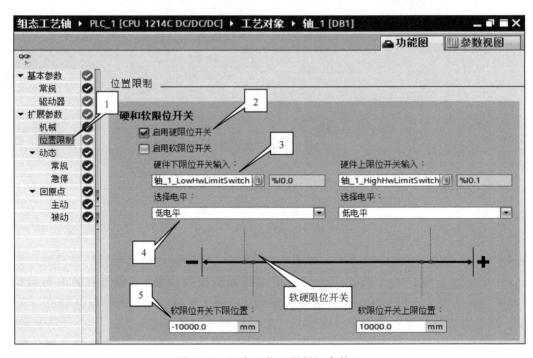

图 5-61 组态"位置限制"参数组

(3) 组态动态参数

选中"动态"中的"常规",如图 5-62 所示。在"速度限值的单位"中可选择速度限制值的单位,包括转/分钟、脉冲/s 和 mm/s 三种。可以定义系统的最大运行速度,系统自动运算以 mm/s 为单位的最大速度。在"启动/停止速度"中可以定义系统的启动/停止速度,考虑到电动机的扭矩等机械特性,其启动/停止速度不能为 0,系统自动运算以 mm/s 为单位的启动/停止速度。在图 5-62 中,还可以设置"加速度""减速度""加速时间"、"减速时间"等参数。

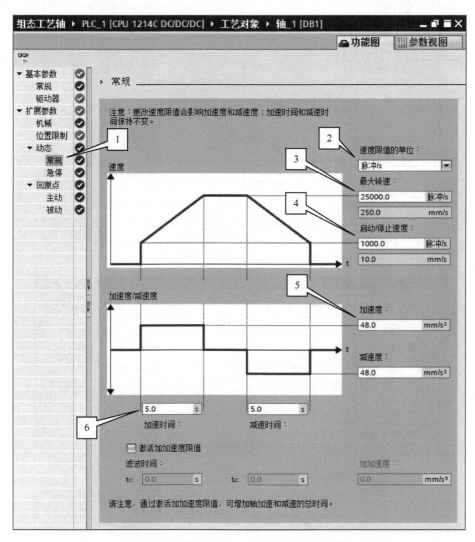

图 5-62 组态"动态"中的"常规"参数组

选中"动态"中的"急停",如图 5-63 所示。在"紧急减速度"中可定义从最大速度急停减速到启动/停止速度的减速度;在"急停减速时间"中可定义从最大速度急停减速到启动/停止速度的减速时间。

(4)组态"回原点"参数

选中"回原点"中的"主动",如图 5-64 所示。在"输入归位开关"中可定义原点,一般用数字量输入作为原点开关(并选择高电平或低电平有效)。

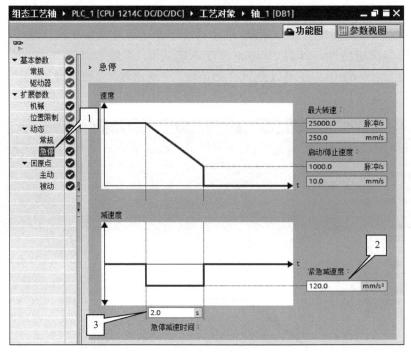

图 5-63 组态"急停"参数组

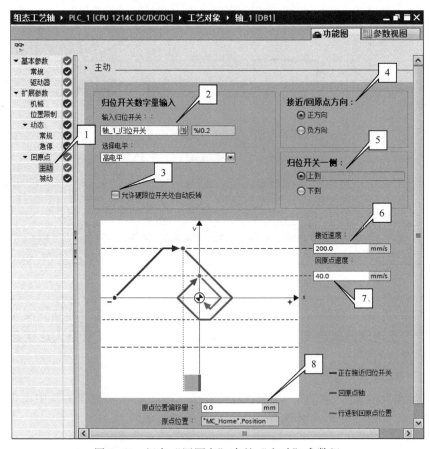

图 5-64 组态"回原点"中的"主动"参数组

或勾选"允许硬限位开关处自动反转",将使能在寻找原点过程中碰到硬件限位点自动反向,在激活回原点功能后,轴在碰到原点开关之前碰到了硬件限位点,此时系统认为原点在反方向,会按组态好的减速曲线停车并反转。若该功能没有被激活并且轴达到硬件限位,则回原点过程会因为错误被取消,并紧急停止。

在"接近/回原点方向"中可定义在执行寻找原点参考点的过程中的初始方向,包括正方向接近和负方向接近两种方式。在"归位开关一侧"中可定义使用原点的上侧或下侧。

在"接近速度"中可定义在进入参考点区域时的速度。在"回原点速度"中可定义进入原点区域后,到达原点位置时的速度。

当原点开关位置和原点位置有差别时,可在"原点位置偏移量"中定义距离原点的偏移量。可在 MC_Home 指令的参数"Position"中指定绝对参考点坐标。在"原点位置"中可定义原点坐标,原点坐标由 MC_Home 指令的参数"Position"确定。

被动回原点如图 5-65 所示,在此图中可定义"输入归位开关"及其有效电平、"归位开关一侧"和"原点位置"等参数。

图 5-65 组态"回原点"中的"被动"参数组

【例 5-7】用 S7-1200 PLC 实现由步进电动机驱动的丝杠机构运行速度控制,要求当按下按钮 SB1,丝杠机构以速度 100 mm/s 正向移动;当按下按钮 SB2,丝杠机构以速度 150 mm/s 反向移动;当按下按钮 SB3,丝杠机构停止移动。设步进电动机的步距角为 1.8°,丝杠螺距为 10 mm。

(1) 硬件连接

根据控制要求,步进电动机的 PLC 控制 I/O 接线图如图 5-66 所示(因驱动电动机的脉冲频率较高,输出为继电器型的 CPU 无法满足高速脉冲输出的要求,因此必须选用输出为晶体管型的 CPU 或增加一块数字量输出信号板,在此选用 CPU 型号为 CPU 1214C DC/DC/DC。注意,PLC 工作电源使用 DC 24 V 电源)。

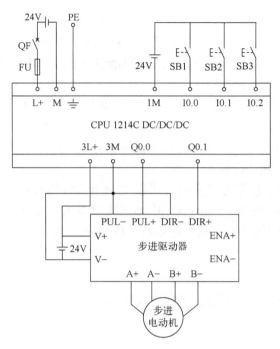

图 5-66 【例 5-7】的 I/O 接线图

(2) 硬件组态

1) 新建项目。

打开博途软件，新建一个名称为"M_Bujin_speed"的项目，然后添加一个新设备 CPU 1214C DC/DC/DC。

2) 启用系统存储器字节。

在设备视图中，打开 CPU 的属性窗口，选中"属性"→"常规"→"系统和时钟存储器"，勾选"启用系统存储器字节"。

3) 启用脉冲发生器。

在设备视图中，打开 CPU 的属性窗口，选中"属性"→"常规"→"脉冲发生器（PTO/PWM）"→"PTO1/PWM1"→"常规"，勾选"启用该脉冲发生器"。

4) 选择脉冲发生器类型。

在 CPU 的属性窗口中，选中"属性"→"常规"→"脉冲发生器（PTO/PWM）"→"PTO1/PWM1"→"参数分配"，将"信号类型"组态为"PTO（脉冲 A 和方向 B）"。

5) 组态硬件输出。

在 CPU 的属性窗口中，选中"属性"→"常规"→"脉冲发生器（PTO/PWM）"→"PTO1/PWM1"→"硬件输出"，使用默认脉冲输出端 Q0.0，并勾选"启用方向输出"，方向输出端为 Q0.1。

(3) 工艺对象轴组态

1) 新增对象。

在项目树中，选择"M_Bujin_speed"→"PLC_1"→"工艺对象"→"新增对象"，双击"新增对象"，在"新增对象"对话框中选中"运动控制"→"TO_PositioningAxis"，单击"确定"按钮，其他参数采用系统默认设置。

2)组态常规参数。

在项目树中,选择"M_Bujin_speed"→"PLC_1"→"工艺对象"→"轴_1[DB1]"→"组态",双击"组态",选中"功能图"→"基本参数"→"常规",在"驱动器"中选择"PTO(Pulse Train Output)","测量单位"选择"mm"。

3)组态驱动器参数。

如图 5-59 所示,选中"基本参数"→"驱动器",在"硬件接口"的"脉冲发生器"中选择"Pulse_1",其他参数采用系统默认设置(即脉冲输出端 Q0.0,方向输出端 Q0.1)。

4)组态机械参数。

如图 5-60 所示,选中"扩展参数"→"机械",设置"电机每转的脉冲数"为"200"(因为步进电动机的步距角为 1.8°,所以接收到 200 个脉冲转一圈);"电机每转的负载位移"为"10 mm","所允许的旋转方向"为"双向"。

 注意:以上所做的硬件组态及工艺轴参数的组态应分别进行编译。

(4)编写程序

根据控制要求,本案例的控制程序如图 5-67 所示。

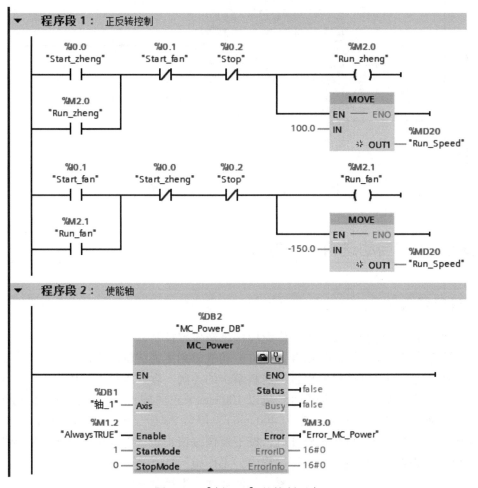

图 5-67 【例 5-7】的控制程序

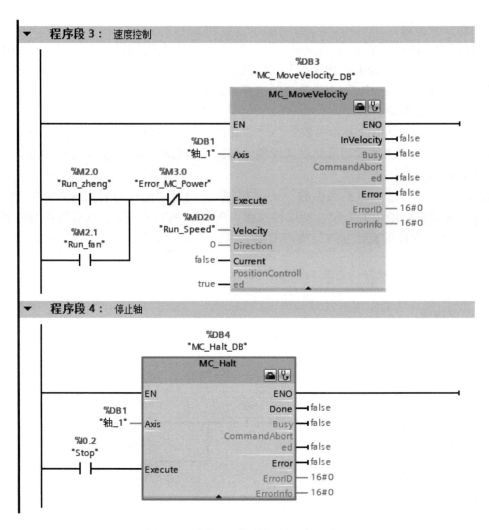

图 5-67 【例 5-7】的控制程序（续）

5.5 案例 10 自动送料系统的控制

5.5.1 任务导入

步进电动机除在速度控制方面得到广泛应用，在位置控制方面的应用也较为普遍，特别是在零件加工精度要求不是非常高的场合，步进电动机得到更为广泛的应用。

本案例要求使用步进电动机实现自动送料系统的控制。卷式板材通过固定在丝杠上的夹料装置夹紧，当按下起动按钮时，步进电动机以 100 mm/s 正向旋转带动丝杠将卷材送至离原点 400 mm 的裁剪处（即裁剪的板料长度为 400 mm），停留 2 s 后（卷材裁剪时间）以 200 mm/s 反向旋转返回至原点。当夹料装置松开时，按下复位按钮，步进电动机回至原点；当按下停止按钮时，系统立即停止。当系统在运行过程中，工作指示灯点亮。

为简化控制程序，卷式板材如何夹紧，如何裁剪，本控制系统省略。

5.5.2 任务实施

1. I/O 地址分配

根据 PLC 输入/输出点的分配原则及本案例的控制要求，进行 I/O 地址分配，如表 5-21 所示。

表 5-21 自动送料系统控制的 I/O 分配表

输入		输出	
输入继电器	元 件	输出继电器	元 件
I0.0	停止按钮 SB1	Q0.0	脉冲输出
I0.1	起动按钮 SB2	Q0.1	方向输出
I0.2	复位按钮 SB3	Q0.5	运行指示灯 HL
I0.3	压力继电器 KP		
I0.4	后限位 SQ1		
I0.5	原点 SQ2		
I0.6	前限位 SQ3		

2. I/O 接线图

根据控制要求及表 5-21 的 I/O 分配表，自动送料系统控制的 I/O 接线图如图 5-68 所示，此案例 PLC 选用 CPU 1214C DC/DC/DC 类型。

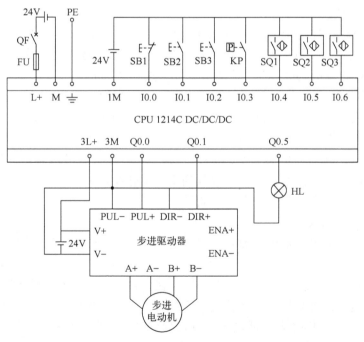

图 5-68 自动送料系统控制的 I/O 接线图

3. 硬件组态

(1) 新建项目

打开博途软件，新建一个名称为"M_songliao"的项目，然后添加一个新设备 CPU 1414C DC/DC/DC。

(2) 启用系统存储器字节

在设备视图中，打开 CPU 的属性窗口，选中"属性"→"常规"→"系统和时钟存储器"，勾选"启用系统存储器字节"。

(3) 启用脉冲发生器

在设备视图中，打开 CPU 的属性窗口，选中"属性"→"常规"→"脉冲发生器（PTO/PWM）"→"PTO1/PWM1"→"常规"，勾选"启用该脉冲发生器"。

(4) 选择脉冲发生器类型

在 CPU 的属性窗口中，选中"属性"→"常规"→"脉冲发生器（PTO/PWM）"→"PTO1/PWM1"→"参数分配"，将"信号类型"组态为"PTO（脉冲 A 和方向 B）"。

(5) 组态硬件输出

在 CPU 的属性窗口中，选中"属性"→"常规"→"脉冲发生器（PTO/PWM）"→"PTO1/PWM1"→"硬件输出"，使用默认脉冲输出端 Q0.0，并勾选"启用方向输出"，方向输出端为 Q0.1。

4. 工艺对象轴组态

(1) 新增对象

在项目树中，选择"M_songliao"→"PLC_1"→"工艺对象"→"新增对象"，双击"新增对象"，在"新增对象"对话框中选中"运动控制"→"TO_PositioningAxis"，单击"确定"按钮，其他参数采用系统默认设置。

(2) 组态基本参数

在项目树中，选择"M_songliao"→"PLC_1"→"工艺对象"→"轴_1[OB1]"→"组态"，双击"组态"，在"功能图"选项卡中，选中"基本参数"→"常规"，在"驱动器"项选择"PTO（Pulse Train Output）"，"测量单位"选择"mm"。

选中"功能图"→"基本参数"→"驱动器"，在"硬件接口"的"脉冲发生器"中选择"Pulse_1"，其他参数采用系统默认设置（即脉冲输出端 Q0.0，方向输出端 Q0.1）。

(3) 组态机械参数

如图 5-60 所示，选中"扩展参数"→"机械"，设置"电机每转的脉冲数"为"200"（因为步进电动机的步距角为 1.8°，所以接收到 200 个脉冲转一圈）；"电机每转的负载位移"为"10mm"，"所允许的旋转方向"为"双向"。

(4) 组态位置限制参数

如图 5-61 所示，选中"扩展参数"→"位置限制"，勾选"启用硬限位开关"和"启用软限位开关"。

在"硬件下限位开关输入"中选择"I0.4"，在"硬件上限位开关输入"中选择"I0.6"，选择"低电平"，这些设置必须与 I/O 接线图匹配。本案例中限位开关在 I/O 接线图中使用常闭触点，当限位开关起作用时为"低电平"，所以此处选择"低电平"。

在"软限位开关下限位置"中设置为"-20 mm"，在"软限位开关上限位置"中设置为"420 mm"。

(5) 组态动态参数

如图 5-62 所示，选中"扩展参数"→"动态"→"常规"，设置"最大转速"为"5000.0 脉冲/s"，对应转速为"250.0 mm/s"；设置"启动/停止速度"为"1000.0 脉冲/s"，对应转速为"50.0 mm/s"。

(6) 配置回原点参数

在图 5-64 中，选中"扩展参数"→"回原点"→"主动"，在"输入归位开关"中选择"I0.5"（必须与 I/O 接线图匹配）。由于 I0.5 使用的是接近开关的常开触点，所以"选择电平"选择"高电平"。"原点位置偏移量"设为"0.0 mm"。

其他参数在此不用组态，均采用系统默认设置。

 注意：以上所做的硬件组态及工艺轴参数的组态应分别进行编译。

5. 编辑变量表

按本案例控制程序的变量名称生成变量表。

6. 编写程序

根据控制要求，本案例的控制程序如图 5-69 所示。

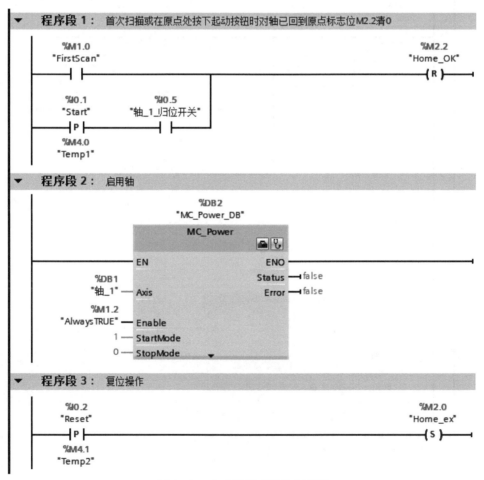

图 5-69 自动送料系统控制程序

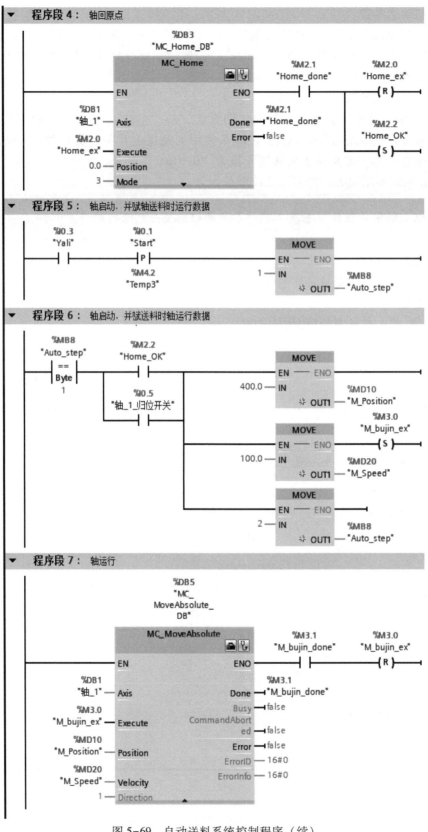

图 5-69 自动送料系统控制程序（续）

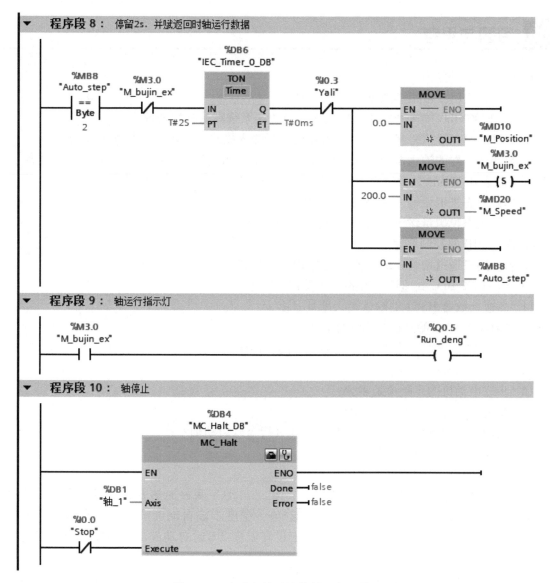

图 5-69　自动送料系统控制程序（续）

7. 调试程序

将调试好的用户程序下载到 CPU 中，并连接好线路。首先，按下复位按钮观察工艺轴是否能回归原点，然后使压力继电器触点接通，按下起动按钮，观察步进电动机是否正向旋转前进 400 mm，然后停留 2 s；使压力继电器触点断开，观察步进电动机是否反向旋转返回到原点处；再次按下起动按钮，在轴运动过程中，按下停止按钮，观察步进电动机是否停止运行；最后按下复位按钮，使工艺轴回归原点。若上述调试现象与控制要求一致，则说明本案例任务实现。

5.5.3　任务拓展

控制要求同本案例，同时系统还要求按下起动按钮后，连续工作循环 10 次后停止在原点，等待下一次工作循环起动指令。

5.6 习题与思考

1. 模拟量信号分为_____和_____。
2. S7-1200 PLC 常用模拟量信号模块为_____、_____、_____等。
3. S7-1200 PLC 第 4 号槽的模拟量输入模块的系统默认起始地址为_____。
4. 标准的模拟量信号经 S7-1200 PLC 模拟量输入模块转换后，其数据范围为_____。
5. 频率变送器的输入量程为 45~55 Hz，输出信号为直流 0~20 mA，模拟量输入模块的额定输入电流为 0~20 mA，设转换后的数字为 N，试求以 0.01 Hz 为单位的频率值。
6. 如何组态模拟量输入模块的测量类型及测量范围？
7. 如何组态模拟量输出模块的信号类型及输出范围？
8. 描述 PID 的控制原理。
9. 若使用三通道增量式编码器，它与 PLC 如何进行连接？
10. S7-1200 PLC 高速计数器的工作模式有哪些？
11. 高速计数器 HSC1 的默认输入地址是多少？
12. PTO1/PWM1 的默认输出地址是多少？
13. 使用 PWM 指令，输出占空比为 3∶7 的脉冲序列。
14. 步进电动机的工作原理是什么？
15. 步进电动机的步距角是多少？
16. 步进电动机与 PLC 之间如何连接？
17. 使用运动控制指令前，必须要执行什么指令以启动轴？
18. 运动轴停止的模式有哪些？
19. 简要描述工艺轴的组态过程？
20. 烘干室温度的控制要求：有"手动"和"自动"两种加热方式，当工作模式开关拨至"手动"时，由操作人员控制加热器的起/停，温度不能自动调节；当工作模式开关拨至"自动"时，系统起动后，若烘干室温度低于设置温度 3℃ 时自动起动加热器，当烘干室温度高于设置温度 5℃ 时自动停止加热器。
21. 送料车行走控制：送料车由步进电动机驱动，当检测到物料时，步进电动机以 60 r/min 前进送料（脉冲频率为 500 Hz），当到达指定位置 SQ2 处时，开始卸料，5 s 后以 90 r/min 返回（脉冲频率为 750 Hz），到达原点 SQ1 处停止。

第 6 章　通信指令及编程

本章主要介绍 S7-1200 PLC 的自由口通信、基于以太网的开放式用户通信、S7 通信、Modbus 通信和 USS 通信等指令。通过本章的学习，希望读者能对 S7-1200 PLC 的常用通信指令有所理解和掌握，并能根据通信双方设备的特点合理选择通信方式及完成通信双方的组态和控制程序的编写。

6.1　通信简介

6.1.1　通信基础知识

通信是指一地与另一地之间的信息传递。PLC 通信是指 PLC 与计算机、PLC 与 PLC、PLC 与人机界面（触摸屏）、PLC 与变频器、PLC 与其他智能设备之间的数据传递。

1. 通信方式

（1）有线通信和无线通信

有线通信是指以导线、电缆、光缆和纳米材料等看得见的材料为传输介质的通信。无线通信是指以看不见的材料（如电磁波）为传输介质的通信，常见的无线通信有微波通信、短波通信、移动通信和卫星通信等。

（2）并行通信与串行通信

并行通信是指数据的各个位同时进行传输的通信方式，其特点是数据传输速度快，但需要的传输线多，故成本高，只适合近距离的数据通信。PLC 主机与扩展模块之间通常采用并行通信。

串行通信是指数据一位一位地传输的通信方式，其特点是数据传输速度慢，但只需要一条传输线，故成本低，适合远距离的数据通信。PLC 与计算机、PLC 与 PLC、PLC 与人机界面、PLC 与变频器之间通常采用串行通信。

（3）异步通信和同步通信

串行通信又可分为异步通信和同步通信。PLC 与其他设备通信主要采用串行异步通信方式。

在异步通信中，数据是一帧一帧地传送，一帧数据传送完成后，可以传下一帧数据，也可以等待。串行通信时，数据是以帧为单位传送的，帧数据有一定的格式，它由起始位、数据位、奇偶校验位和停止位组成。

在异步通信中，每一帧数据发送前要用起始位，在结束时要用停止位，这样会导致数据传输速度较慢。为了提高数据传输速度，在计算机与一些高速设备数据通信时，常采用同步通信。同步通信的数据后面取消了停止位，前面的起始位用同步信号代替，在同步信号后面可以跟很多数据，所以同步通信传输速度快，但由于同步通信要求发送端和接收端严格保持同步，这需要用复杂的电路来保证，所以 PLC 不采用这种通信方式。

（4）单工通信和双工通信

在串行通信中，根据数据的传输方向不同，可分为 3 种通信方式：单工通信、半双工通信和全双工通信。

单工通信：顾名思义，数据只能往一个方向传送的通信，即只能由发送端传输给接收端。

半双工通信：数据可以双向传送，但在同一时间内，只能往一个方向传送，只有一个方向的数据传送完成后，才能往另一个方向传送数据。

全双工通信：数据可以双向传送，通信的双方都有发送器和接收器，由于有两条数据线，所以双方在发送数据的同时可以接收数据。

2. 通信传输介质

有线通信采用的传输介质主要有双绞线电缆、同轴电缆和光缆。

（1）双绞线电缆

双绞线电缆是将两根导线扭在一起，以减少电磁波的干扰，如果再加上屏蔽套层，则抗干扰能力更强。双绞线的成本低、安装简单，RS-232C、RS-422 和 RS-485 等接口多采用双绞线电缆进行通信。

（2）同轴电缆

同轴电缆的结构从内到外依次为内导体（芯线）、绝缘线、屏蔽层及外保护层。由于从截面看这 4 层构成了 4 个同心圆，故称为同轴电缆。根据通频带的不同，同轴电缆可分为基带和宽带两种，其中基带同轴电缆常用于 Ethernet（以太网）中。同轴电缆的传送速度高、传输距离远，但价格较双绞线电缆高。

（3）光缆

光缆是由石英玻璃经特殊工艺拉成细丝结构，这种细丝的直径比头发丝还要细，它能传输的数据量却是巨大的。它是以光的形式传输信号的，其优点是传输的是数字量的光脉冲信号，不会受电磁干扰，不怕雷击，不易被窃听，数据传输安全性好、传输距离长，且带宽宽、传输速度快。但由于通信双方发送和接收的都是电信号，因此通信双方都需要价格昂贵的光纤设备进行光电转换。此外，光纤连接头的制作与光纤连接需要专门的工具和专门的技术人员。

6.1.2　S7-1200 PLC 支持的通信类型

S7-1200 PLC 本体集成了一个 PROFINET 通信接口，支持以太网和基于 TCP/IP 的通信标准。使用这个通信口可以实现 S7-1200 PLC 与编程设备的通信、与触摸屏的通信，以及与其他 CPU 之间的通信。该 PROFINET 物理接口支持 10 Mbit/s、100 Mbit/s 的 RJ-45 口，并能自适应电缆的交叉连接。同时，S7-1200 PLC 通信扩展模块可实现串口通信，S7-1200 PLC 串口通信模块有 3 种型号，分别为 CM 1241 RS232 接口模块、CM 1241 RS485 接口模块和 CM 1241 RS422/485 接口模块。

CM 1241 RS232 接口模块支持基于字符的点到点（PtP）通信，如自由口协议和 Modbus RTU 主从协议。

CM 1241 RS485 接口模块支持基于字符的点到点（PtP）通信，如自由口协议、Modbus RTU 主从协议及 USS 协议。两种串口通信模块都必须安装在 CPU 模式的左侧，且数量之和不能超过 3 块，它们都由 CPU 模块供电，无须外部供电。模块上都有一个 DIAG（诊断）LED 灯，可根据此 LED 灯的状态判断模块的状态。模块上部盖板下有 Tx（发送）和 Rx（接收）两个 LED 灯，用于指示数据的收发。

6.2 自由口通信

6.2.1 自由口通信指令及通信模块组态

1. 自由口通信指令

S7-1200 的点到点（Point-to-Point，PtP）通信指令在右边指令树的"通信"→"通信处理器"→"点到点"文件夹下，这些指令分为用于组态的指令和用于通信的指令。

SEND_PTP 指令用于发送报文，如表 6-1 所示。RCV_PTP 指令用于接收报文，如表 6-2 所示。RCV_RST 指令用于清除接收数据的缓冲区，SGN_GET 指令用于读取 RS-232 通信信号的当前状态，SGN_SET 指令用于设置 RS-232 通信信号的状态。

所有的 PTP 指令的操作是异步的，用户程序可以使用轮询方式确认发送和接收的状态，SEND_PTP 指令和 RCV_PTP 指令可以同时执行。通信模块发送和接收报文的缓冲区最大为 1024B。

表 6-1 SEND_PTP 指令及其参数

指令	输入/输出	描述	数据类型
SEND_PTP EN ENO REQ DONE PORT ERROR BUFFER STATUS LENGTH PTRCL	REQ	发送请求，每个信号的上升沿发送一个消息帧	Bool
	PORT	串口通信模块的硬件标识符	Port
	BUFFER	指定发送缓冲区	Variant
	LENGTH	发送缓冲区的长度（发送的消息帧中包含多少字节的数据）	Uint
	PTRCL	等于 0 时，表示使用用户定义的通信协议而非西门子官方定义的通信协议	Bool
	DONE	状态参数，为 0 时表示尚未启动或正在执行发送操作；为 1 时表示已执行发送操作，且无任何错误	Bool
	ERROR	状态参数，为 0 时表示无错误，为 1 时表示出现错误	Bool
	STATUS	执行指令操作的状态	Word

表 6-2 RCV_PTP 指令及其参数

指令	输入/输出	描述	数据类型
RCV_PTP EN ENO EN_R NDR PORT ERROR BUFFER STATUS LENGTH	EN_R	接收请求，为 1 时，检测通信模块接收的消息，如果成功接收，则将接收的数据传送到 CPU 中	Bool
	PORT	串口通信模块的硬件标识符	Port
	BUFFER	接收数据存储的区域	Variant
	NDR	状态参数，为 0 时表示尚未启动或正在执行发送操作；为 1 时表示已接收到数据，且无任何错误	Bool
	ERROR	状态参数，为 0 时表示无错误，为 1 时表示出现错误	Bool
	STATUS	执行指令操作的状态	Word
	LENGTH	接收缓冲区中消息的长度（接收的消息帧中包含多少字节的数据）	Uint

2. 通信模块的组态方法

可以用下列两种方法组态通信模块。

1) 使用博途的设备视图组态接口参数，组态的参数永久保存在 CPU 中，CPU 进入 STOP 模式时不会丢失组态参数。

2) 在用户程序中用下列指令来组态：PORT_CFG（用于组态通信接口）、SEND_CFG（用于组态发送数据的属性）、RCV_CFG（用于组态接收数据的属性）。设置的参数仅在 CPU 处于 RUN 模式时有效。CPU 切换到 STOP 模式或断电后又上电，这些参数恢复为设备组态时设置的参数。

3. 组态通信模块

生成一个"Z_mokuai"项目，CPU 型号为 CPU 1214C。打开设备视图，在右边的"硬件目录"下，打开"通信模块"→"点到点"→"CM 1214（RS232）"文件夹，将"6ES7 241-1AH32-0XB0"拖放到 CPU 左边的 101 槽。选中该模块后，选中巡视窗口的"属性"→"常规"→"RS-232 接口"→"端口组态"（见图 6-1），可以设置通信接口的参数，如传输速率、奇偶校验、数据位的位数、停止位的位数和等待时间等。

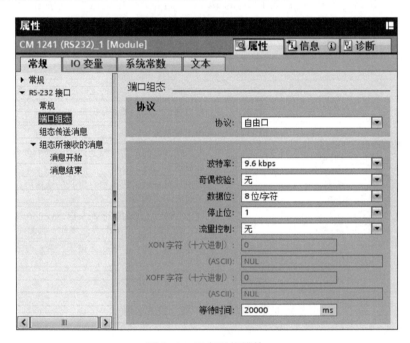

图 6-1　组态通信模块

奇偶校验的默认值是无奇偶校验，还可以选择偶校验、奇校验、Mark 校验（将奇偶校验位置位为 1）、Space 校验（将奇偶校验位置位为 0）和任意奇偶校验（将奇偶校验位设置为 0 进行传输，在接收时忽略奇偶校验错误）。

选中图 6-1 中的"组态传送消息"和"组态所接收的消息"，可以组态发送报文和接收报文的属性，详细情况可查阅 S7-1200 PLC 的系统手册。

4. 通信程序的轮询结构

必须周期性地调用 S7-1200 PLC 点到点通信指令，以检查接收的报文。主站典型的轮询顺序如下：

1) 在 SEND_PTP 指令的 REQ 信号的上升沿，启动发送过程。

2) 继续执行 SEND_PTP 指令，完成报文的发送。

3) SEND_PTP 指令的输出位 DONE 为 1 时,指示发送完成,用户程序可以准备接收从站返回的响应报文。

4) 反复执行 RCV_PTP 指令,模块接收到响应报文后,RCV_PTP 指令的输出位 NDR 为 1,表示已接收到新数据。

5) 用户程序处理响应报文。

6) 返回第 1) 步,重复上述循环。

从站典型的轮询顺序如下:

1) 在 OB1 中调用 RCV_PTP 指令。

2) 模块接到请求报文后,RCV_PTP 指令的输出位 DONE 为 1,表示新数据准备就绪。

3) 用户程序处理请求报文,并生成响应报文。

4) 用 SEND_PTP 指令将响应报文发送给主站。

5) 反复执行 SEND_PTP 指令,确保发送完成。

6) 返回第 1) 步,重复上述循环。

从站的等待响应期间,必须尽量频繁地调用 RCV_PTP 指令,以便能够在主站超时之前接到来自主站发送的数据。

可以在循环中断 OB 中调用 RCV_PTP 指令,但是循环时间间隔不能太长,应保证在主站的超时时间内执行两次 RCV_PTP 指令。

码 6-1 自由口通信指令——微课视频

6.2.2 S7-1200 PLC 之间的自由口通信

两台 S7-1200 PLC 之间的自由口通信应分别增加串行接口通信模块,此处通过【例 6-1】介绍两台 S7-1200 PLC 之间自由口通信的应用。

【例 6-1】使用 S7-1200 PLC 的串口通信实现第一台 PLC 上起/停按钮能起/停第二台 PLC 上的电动机。

1. 硬件连接

两台 S7-1200 PLC 的 CPU 均为 CPU 1214C,在 PLC 的左侧都添加一个 CM 1241 RS485 通信模块,并使用网络总线连接器进行连接,如图 6-2 所示。CPU 1214C(1)的输入元件为起动按钮和停止按钮(都使用常开触点),CPU 1214C(2)的输出元件为接触器 KM 的线圈,图中已省略(包括电动机的直接起动主电路)。

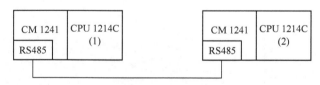

图 6-2 【例 6-1】的硬件配置及连接

2. 硬件组态

(1) 新建项目

新建一个项目,名称为"1200 之间自由口通信",在博途软件中添加两台 PLC 和两个 CM 1241 RS485 通信模块,如图 6-3 所示。

(2) 启用系统和时钟存储器字节

在 PLC_1 的"设备视图"窗口,选中 PLC_1 中的 CPU 1214C,打开 CPU 的属性窗口,选中"属性"→"常规"→"系统和时钟存储器",勾选"启用时钟存储器字节",在此采用默认的字节 MB0,则将 M0.5 设置成 1Hz 的周期脉冲。

用同样方法,在 PLC_2 的"设备视图"窗口,选中 PLC_2 中的 CPU 1214C,打开 CPU 的属性窗口,选中"属性"→"常规"→"系统和时钟存储器",勾选"启用系统存储器字节",在此采用默认的字节 MB1,则 M1.2 位始终为"1"。

（3）组态通信模块

在此,两个通信模块均采用系统默认设置,即"波特率"为"9.6 kbit/s","奇偶校验"为"无","数据位"为"8 位/字符","停止位"为"1","等待时间"为"20000 ms"。

3. 添加数据块并创建数组

分别在 PLC_1 和 PLC_2 中添加新块,选中数据块,均命名为 DB1。分别右键单击新生成的数据块 DB1,选择"属性",在弹出的对话框中选择"属性",取消勾选"优化的块访问"（见图 6-4）,再单击"确定"按钮。在弹出的"优化的块访问"对话框中,单击"确定"按钮。这样对该数据块中数据的访问就可采用绝对地址寻址,否则不能建立通信。

图 6-3 组态两个 CPU 1214C   图 6-4 将数据块 DB1 设置为绝对地址寻址

打开 PLC_1 中的数据块,创建数组 A[0..1],数组中有两个字节 A[0] 和 A[1],如图 6-5 所示。用同样的方法在 PLC_2 中创建数组 A[0..1]。

4. 编写程序

（1）PLC_1 中发送程序

打开 PLC_1 下程序块中的主程序 OB1,编写的发送程序如图 6-6 所示。

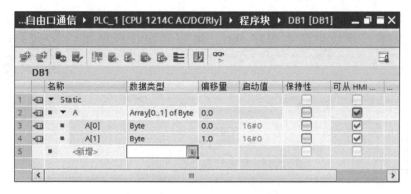

图 6-5 在数据块 DB1 中建立数组 A[0..1]

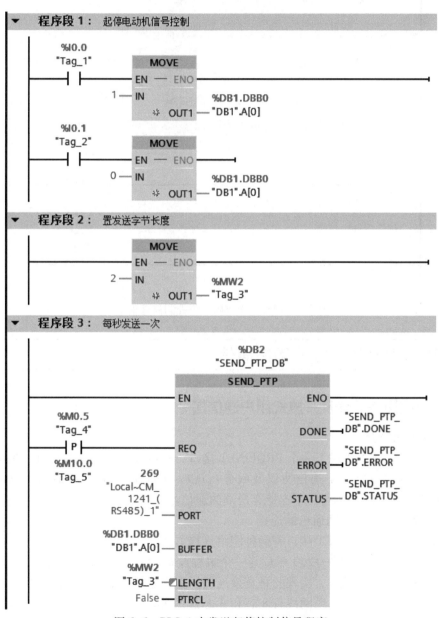

图 6-6 PLC_1 中发送起停控制信号程序

（2）PLC_2 中接收程序

打开 PLC_2 下程序块中的主程序 OB1，编写的接收程序如图 6-7 所示。

码 6-2　自由口通信指令的应用——微课视频

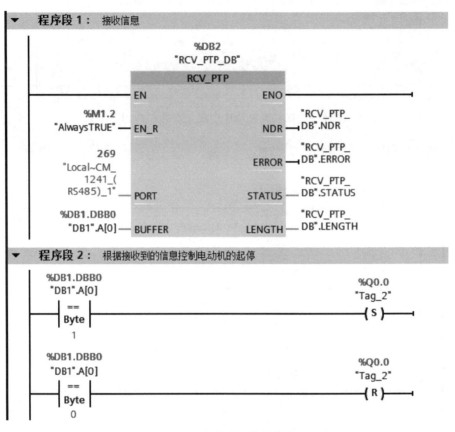

图 6-7　PLC_2 中接收起停控制信号程序

6.3　基于以太网的开放式用户通信

6.3.1　以太网通信简介及开放式用户通信指令

1. 以太网通信简介

S7-1200 PLC 本体上集成了一个 PROFINET 接口，既可作为编程下载接口，也可作为以太网通信接口，该接口支持以下通信协议及服务：TCP、ISO on TCP、S7 通信。目前 S7-1200 PLC 只支持 S7 通信的服务器端，不支持客户端的通信。

（1）S7-1200 PLC 以太网通信的连接

S7-1200 PLC 的 PROFINET 接口有两种网络连接方法：

1）直接连接。当一个 S7-1200 PLC 与一个编程设备、一个 HMI（触摸屏）、一个 PLC 通信时，即只有两个通信设备时，实现的是直接连接。直接连接不需要使用交换机，用网线直接连接两个设备即可。双绞线电缆网线有 8 芯和 4 芯这两种，双绞线电缆的连接方式也有两种，即正线（标准 568B）和反线（标准 568A）。其中，正线也称为直通线，反线也称为交叉线。

正线接线如图 6-8 所示，两端线序一样，从下至上的线序是：白橙、橙、白绿、蓝、白蓝、绿、白棕、棕。反线接线如图 6-9 所示，一端为正线的线序，另一端为从下至上的线序：白绿、绿、白橙、蓝、白蓝、橙、白棕、棕。对于千兆以太网，用 8 芯双绞线，但接法不同于以上所述的接法，可参考有关文献。

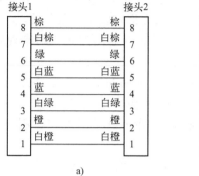

图 6-8 正线接线
a) 8 芯线 b) 4 芯线

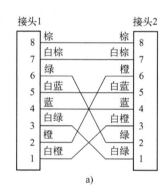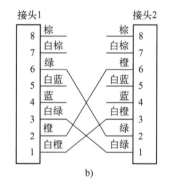

图 6-9 反线接线
a) 8 芯线 b) 4 芯线

2）网络连接。当多个通信设备进行通信时，即通信设备的数量为两个以上时，实现的是网络连接。多个通信设备的网络连接需要使用以太网交换机来实现。可以使用导轨安装的西门子 CSM 1277 的 4 口交换机连接其他 CPU 或 HMI 设备。CSM 1277 交换机是即插即用的，使用前不需要进行任何设置。

注意：使用交换机进行两个或多个通信设备的通信连接时，可以是正线接线，也可以是反线接线，原因在于交换机具有交叉自适应功能。如果不使用交换机进行两个通信设备的通信连接时，若是 S7-1200 PLC 与 S7-200 PLC 之间的以太网通信，因 S7-200 PLC 的以太网模块不支持交叉自适应功能，所以只能使用正线接线。S7-1200 PLC 和 S7-200 SMART PLC 的以太网接口具有交叉自适应功能。

(2) 与 S7-1200 PLC 有关的以太网通信方法

1）S7-1200 PLC 与 S7-1200 PLC 之间的以太网通信可以通过 TCP 和 ISO on TCP 来实现，

可在双方 CPU 中调用 T_block 指令来实现。

2) S7-1200 PLC 与 S7-200 PLC 之间的以太网通信可以通过 S7 通信来实现。S7-1200 PLC 的以太网模块只支持 S7 通信，而 S7-1200 PLC 的 PROFINET 通信接口只支持 S7 通信的服务器，所以在编程方面，S7-1200 PLC 不用做任何工作，只需在 S7-200 PLC 一侧将以太网设置成客户端，并使用 ETHx_XFR 指令编程实现通信。如果使用的是 S7-200 SMART PLC，则需要使用 PUT、GET 指令编程实现通信，此时，双方都可以作为服务器。

3) S7-1200 PLC 与 S7-300/400 PLC 之间的以太网通信方式相对来说要多一些，可以采用 TCP、ISO on TCP 和 S7 通信。

使用 TCP 和 ISO on TCP 这两种协议进行通信所使用的指令是相同的，在 S7-1200 PLC 中使用 T_block 指令编程实现通信。如果是以太网模块，则在 S7-300/400 PLC 上使用 AG_SEND、AG_RECV 指令编程实现通信。如果是支持 Open IE 的 PN 口，则使用 Open IE 的通信指令实现。

对于 S7 通信，由于 S7-1200 PLC 的 PROFINET 通信接口只支持 S7 通信的服务器，所以在编程方面，S7-1200 PLC 不需要做任何工作，只需在 S7-300/400 PLC 一侧建立单边连接，并用 PUT、GET 指令进行通信。

2. 基于以太网的开放式用户通信指令

S7-1200 PLC 中所有需要编程的以太网通信都使用开放式以太网通信指令块 T_block 来实现，所有 T_block 指令必须在 OB1 中调用。调用 T_block 指令并配置两个 CPU 之间的连接参数，并定义数据发送或接收的参数。博途软件提供了两套通信指令：不带连接管理的通信指令和带连接管理的通信指令。

不带连接管理的通信指令如表 6-3 所示，带连接管理的通信指令如表 6-4 所示。

表 6-3　不带连接管理的通信指令

指　　令	功　　能
TCON	建立以太网连接
TDISCON	断开以太网连接
TSEND	发送数据
TRCV	接收数据

表 6-4　带连接管理的通信指令

指　　令	功　　能
TSEND_C	建立以太网连接并发送数据
TRCV_C	建立以太网连接并接收数据

实际上，TSEND_C 指令实现的是 TCON、TDISCON 和 TSEND 三个指令综合的功能，而 TRCV_C 指令实现的是 TCON、TDISCON 和 TRCV 三个指令综合的功能。

TSEND_C 指令使本地机向远程机发送数据。TSEND_C 指令及其参数如表 6-5 所示。

表 6-5 TSEND_C 指令及参数

指令	参数	描述	数据类型
TSEND_C —EN ENO— —REQ DONE— —CONT BUSY— —LEN ERROR— —CONNECT STATUS— —DATA —ADDR —COM_RST	EN	使能	Bool
	REQ	当上升沿时，启动向远程机发送数据	Bool
	CONT	1 表示连接，0 表示断开连接	Bool
	LEN	发送数据的最大长度，用字节表示	UDint
	CONNECT	连接数据 DB	Any
	DATA	指向发送区的指针，包含要发送数据的地址和长度	Any
	ADDR	可选参数（隐藏），指向接收方地址的指针	Any
	COM_RST	可选参数（隐藏），重置连接。0 表示无关；1 表示重置现有连接	Bool
	DONE	0 表示任务没有开始或正在运行；1 表示任务没有错误地执行	Bool
	BUSY	0 表示任务已经完成；1 表示任务没有完成或一个新任务没有被触发	Bool
	ERROR	0 表示没有错误；1 表示处理过程中有错误	Bool
	STATUS	状态信息	Word

TRCV_C 指令使本地机接收远程机发送来的数据。TRCV_C 指令及其参数如表 6-6 所示。

码 6-3 基于以太网的开放式用户通信指令（以太网通信指令）——微课视频

表 6-6 TRCV_C 指令及其参数

指令	参数	描述	数据类型
TRCV_C —EN ENO— —EN_R DONE— —CONT BUSY— —LEN ERROR— —ADHOC STATUS— —CONNECT RCVD_LEN— —DATA —ADDR —COM_RST	EN	使能	Bool
	EN_R	为 1 时，为接收数据做准备	Bool
	CONT	1 表示连接，0 表示断开连接	Bool
	LEN	要接收数据的最大长度，用字节表示。如果在参数 DATA 中使用具有优化访问权限的接收区，则参数 LEN 必须为 0	UDint
	ADHOC	可选参数（隐藏），TCP 选项使用 Ad-hoc 模式	Bool
	CONNECT	连接数据 DB	Any
	DATA	指向接收区的指针	Any
	ADDR	可选参数（隐藏），指向连接类型为 UDP 的发送地址的指针	Any
	COM_RST	可选参数（隐藏），重置连接。0 表示无关；1 表示重置现有连接	Bool
	DONE	0 表示任务没有开始或正在运行；1 表示任务没有错误地执行	Bool
	BUSY	0 表示任务已经完成；1 表示任务没有完成或一个新任务没有被触发	Bool
	ERROR	0 表示没有错误；1 表示处理过程中有错误	Bool
	STATUS	状态信息	Word
	RCVD_LEN	实际接收到的数据量（以字节为单位）	UDint

6.3.2 S7-1200 PLC 之间的基于以太网的开放式用户通信

此处通过【例 6-2】介绍两台 S7-1200 PLC 之间基于以太网的开放式用户通信的应用。

【例 6-2】使用 S7-1200 PLC 的基于以太网的开放式用户通信实现两台 PLC 之间数据的相互传送，即将 PLC_1 IB0 中的数据发送到 PLC_2 的接收数据区 QB0 中，PLC_1 的 QB0 接收来自 PLC_2 发送的 IB0 中数据。

1. 硬件连接

两台 S7-1200 PLC 的 CPU 均为 CPU 1214C，通过以太网网线将两台 PLC 相连，如图 6-10 所示。

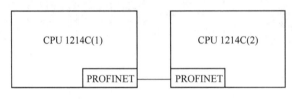

图 6-10 【例 6-2】的硬件配置及连接

2. 网络组态

创建一个新项目，名称为 NET_1200_to_1200，添加两个 PLC，型号均为 CPU 1214C，分别命名为 PLC_1 和 PLC_2。分别启用两个 CPU 中的系统存储器字节和时钟存储器字节，即 MB1 和 MB0。

在项目树中，双击"设备组态"，在巡视窗口中选择"属性"→"常规"→"PROFINET 接口[X1]"，可以设置 PLC 的 IP 地址，在此设置 PLC_1 和 PLC_2 的 IP 地址分别为 192.168.0.1 和 192.168.0.2，如图 6-11 所示。切换到"网络视图"（或双击项目树的"设备和网络"），要创建 PROFINET 的逻辑连接，首先进行以太网的连接。选中 PLC_1 的 PROFINET 接口的绿色小方框，拖动到另一台 PLC 的 PROFINET 接口上，松开鼠标，则连接建立，并保存窗口设置，如图 6-12 所示。

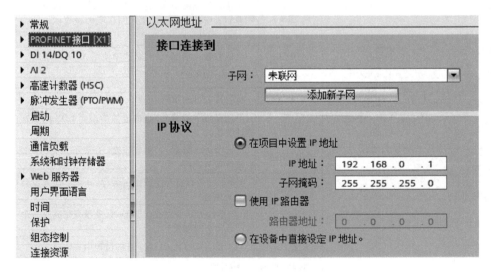

图 6-11 设置 PLC 的 IP 地址

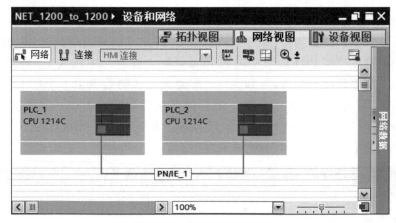

图 6-12　建立以太网连接

3. 编写程序

(1) PLC_1 编程通信

1) 在 PLC_1 的 OB1 中调用 TSEND_C 指令。

打开 PLC_1 主程序 OB1 的程序编辑器窗口，打开右侧"通信"→"开放式用户通信"文件夹，双击或拖动 TSEND_C 指令至某个程序段中，自动生成名称为 TSEND_C_DB 的背景数据块。TSEND_C 指令可以用于 TCP 或 ISO on TCP。这两种协议均用于本地机与远程机通信，TSEND_C 指令使本地机向远程机发送数据。

2) 定义 PLC_1 的 TSEND_C 连接参数。

要设置 PLC_1 的 TSEND_C 连接参数，应右键单击该指令，在弹出菜单中选择"属性"，在弹出对话框（或单击该指令右上角的"开始组态"按钮）中选择"属性"→"组态"→"连接参数"，如图 6-13 所示。在"伙伴"中选择"PLC_2[CPU 1214C AC/DC/Rly]"，则接口、子网及地址等随之自动更新。此时"连接类型"和"连接 ID"呈灰色，即无法进行选择和数据的输入。在"连接数据"中输入连接数据块"PLC_1_Connection_DB"（所有的连接数据都会存于该 DB 块中），或单击"连接数据"后面的倒三角按钮，选择"新建"生成新的数据块。勾选本地 PLC_1 的"主动建立连接"（即本地 PLC_1 在通信时为主动连接方），此时"连接类型"和"连接 ID"呈现亮色，即可以选择"连接类型"，ID 默认是"1"。然后在"伙伴"的"连接数据"中输入连接的数据块"PLC_2_Receive_DB"，或单击"连接数据"后面的倒三角按钮，选择"新建"生成新的数据块，新的连接数据块生成后连接 ID 也自动生成，这个 ID 号在后面的编程中将会用到。

连接类型可选择为"TCP""ISO-on-TCP""UDP"，在此选择"TCP"，在"地址详细信息"中可以看到通信的"伙伴端口"为"2000"。如果"连接类型"选择"ISO-on-TCP"，则需要设定 TSAP 地址，此时本地 PLC_1 可以设置成"PLC1"，伙伴方 PLC_2 可以设置成"PLC2"。使用 ISO-on-TCP 通信，除了连接参数的定义不同，其他组态编程与 TCP 通信的完全相同。

3) 定义 PLC_1 的 TSEND_C 块参数。

要设置 PLC_1 的 TSEND_C 块参数，先右键单击该指令，在弹出菜单中选择"属性"，在弹出对话框中选择"属性"→"组态"→"块参数"，如图 6-14 所示。在输入参数中，"启动请求（REQ）"使用"Clock_2Hz"（M0.3），上升沿激发发送任务，"连接状态（CONT）"设置常数 1，表示建立连接并一直保持连接。在输入/输出参数中，"相关的连接指针

CONNECT"为前面建立的连接数据块 PLC_1_Connection_DB,"发送区域(DATA)"中使用指针寻址或符号寻址,本例设置为"P#I0.0 BYTE 1",即定义的是发送数据 IB0 开始的 1 个字节的数据。在此只需要在"起始地址"中输入 I0.0,在"长度"中输入 1,在后面下拉列表中选择"BYTE"。"发送长度(LEN)"设为 1,即最大发送的数据为 1 个字节。"重新启动块(COM_RST)"为 1 时表示重启动通信块,现存的连接会中断,此处不设置。在输出参数中,"请求完成(DONE)""请求处理(BUSY)""错误(ERROR)""错误信息(STATUS)"可以不设置或使用数据块中的变量,如图 6-14 所示。

图 6-13　定义 TSEND_C 连接参数

设置 TSEND_C 指令块参数,程序编辑器中的指令将随之更新,也可以直接编辑指令,如图 6-15 所示。

4)在 OB1 中调用接收 TRCV 指令并组态参数。

为了使 PLC_1 能接收到来自 PLC_2 的数据,在 PLC_1 中调用接收 TRCV 指令并组态其参数。

接收数据与发送数据使用同一连接,所以使用不带连接管理的 TRCV 指令(该指令在右侧的"通信"→"开放式用户通信"→"其他"文件夹中),其编程如图 6-16 所示。其中,参数 EN_R 为 1,表示准备好接收数据;ID 号为 1,使用的是 TSEND_C 连接参数中的"连接 ID"的参数地址;DATA 为 QB0,表示接收的数据区;RCVD_LEN 为实际接收到数据的字节数。

注意:本地使用 TSEND_C 指令发送数据,则通信伙伴(远程站)应使用 TRCV_C 指令接收数据。双向通信时,本地调用 TSEND_C 指令发送数据和 TRCV 指令接收数据,则远程站应调用 TRCV_C 指令接收数据和 TSEND 指令发送数据。TSEND 指令和 TRCV 指令只有块参数需要设置,无连接参数需要设置。

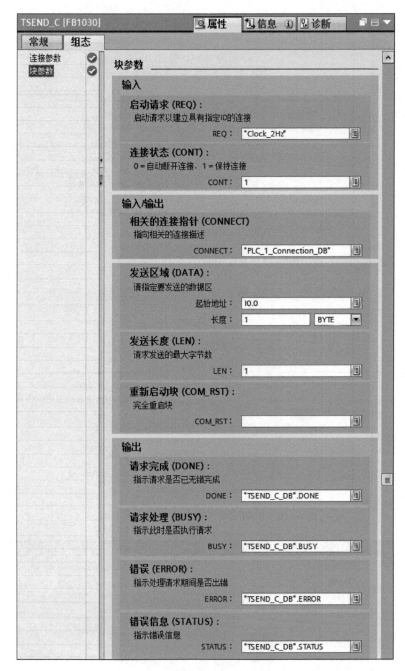

图 6-14 定义 TSEND_C 块参数

(2) PLC_2 编程通信

要实现上述通信，还需要在 PLC_2 中调用 TRCV_C 指令和 TSEND 指令，并组态其参数。

1) 在 PLC_2 中调用 TRCV_C 指令并组态参数。

打开 PLC_2 主程序 OB1 的程序编辑器窗口，打开右侧"通信"→"开放式用户通信"文件夹，双击或拖动 TRCV_C 指令至某个程序段中，自动生成名称为 TRCV_C_DB 的背景数据块。定义连接参数如图 6-17 所示，连接参数的组态与 TSEND_C 的基本相似，各参数应与通信伙伴 CPU 对应设置。

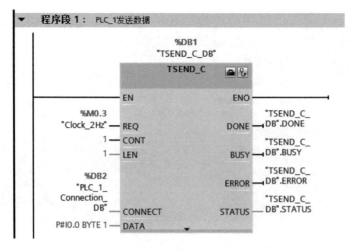

图 6-15　设置 TSEND_C 指令块参数

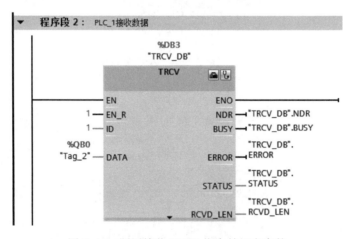

图 6-16　调用接收 TRCV 指令并组态参数

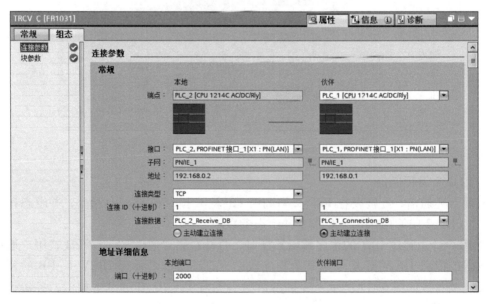

图 6-17　组态 TRCV_C 指令的连接参数

设置通信接收块参数，如图 6-18 所示。

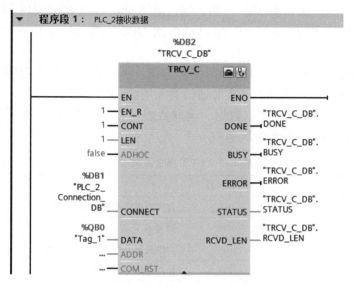

图 6-18　设置 TRCV 指令块参数

2）在 PLC_2 中调用 TSEND 指令并组态参数。

PLC_2 的作用是将 IB0 中的数据发送到 PLC_1 的 QB0 中，则在 PLC_2 中调用 TSEND 指令并组态相关参数，发送指令与接收指令使用同一个连接，因此也使用不带连接的指令 TSEND，如图 6-19 所示。

码 6-4　基于以太网的开放式用户通信指令的应用（以太网通信指令的应用）——微课视频

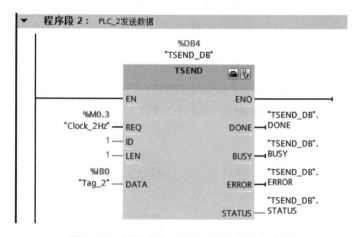

图 6-19　调用发送 TSEND 指令并组态参数

6.4　S7 通信

6.4.1　S7 通信简介及指令

S7 通信集成在每一个 SIMATIC S7/M7 和 C7 的系统中，属于 OSI（Open System Interconnection，开放式系统互联）参考模型第 7 层应用层的协议，它独立于各个网络，可以应用于多种网络，如 MPI（多点接口）、PROFIBUS、工业以太网等。S7 通信通过不断地重复接收数据来保证网络报文的正确。在 SIMATIC S7 中，通过组态建立 S7 连接来实现 S7 通信。在 PC（计算机）上，S7 通信需要通过 SAPI-S7 接口函数或 OPC（过程控制用对象链接与嵌入）来实现。

S7 通信是西门子公司产品使用的专用保密协议，不与第三方产品通信，是非实时通信。在工程实践中，西门子 PLC 之间的非实时通信常采用 S7 通信。

GET 指令从远程 S7 CPU 中读取数据，读取数据时，过程 CPU 可处于 RUN 模式或 STOP 模式。GET 指令及其参数如表 6-7 所示。

表 6-7 GET 指令及其参数

指　令	参　数	描　述	数据类型
GET Remote - Variant EN　　ENO REQ　　NDR ID　　ERROR ADDR_1　STATUS RD_1	REQ	在上升沿启动读取数据	Bool
	ID	S7 连接号	Word
	ADDR_1	指向远程 CPU 存储待读取数据的存储区	Remote
	RD_1	指向本地 CPU 存储待读取数据的存储区	Variant
	NDR	状态参数，0 表示作业尚未开始或仍在运行，1 表示作业已成功完成	Bool
	ERROR	是否出错：0 表示无错误，1 表示有错误	Bool
	STATUS	状态信息	Word

6.4.2　S7-1200 PLC 之间的 S7 通信

S7 通信有单边通信和双边通信两种，单边通信只需要在本地 CPU 中编写读写程序，远程 CPU 中不需要编程，因此这种通信方式使用较为广泛（编有读写程序的 CPU 又称客户端，不需要编程的 CPU 又称服务器）。

在此，通过【例 6-3】来介绍两台 S7-1200 PLC 之间 S7 通信的应用。

【例 6-3】使用 S7-1200 PLC 的 S7 通信实现两台 PLC 之间数据的相互传送，即将 PLC_1 IB0 中的数据发送到 PLC_2 的接收数据区 QB0 中，PLC_1 的 QB0 接收来自 PLC_2 发送的 IB0 中的数据。

1. 硬件连接

两台 S7-1200 PLC 的 CPU 均为 CPU 1214C，通过以太网网线将两台 PLC 相连，如图 6-20 所示。

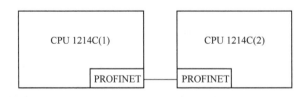

图 6-20　【例 6-3】的硬件配置及连接

2. 网络组态

（1）创建新项目

创建一个新项目，名称为 S7_1200_to_1200，添加两个 PLC，型号均为 CPU 1214C，分别命名为 PLC_1 和 PLC_2。在 CPU 的属性窗口中启用 PLC_1 的时钟存储器字节。

（2）设置 IP 地址

在项目树中，双击"设备组态"，在巡视窗口中选择"属性"→"常规"→"PROFINET 接口[X1]"，可以设置 PLC 的 IP 地址，在此设置 PLC_1 和 PLC_2 的 IP 地址分别为 192.168.0.1 和 192.168.0.2，参照图 6-11 进行设置。

（3）调用 PUT 指令和 GET 指令

打开 PLC_1 主程序 OB1 的程序编辑器窗口，打开右侧"通信"→"S7 通信"文件夹，双击或拖动 PUT 和 GET 指令至某个程序段中，自动生成名称为 PUT_DB 和 GET_DB 的背景数据块。

（4）配置客户端 PUT 指令连接参数

要设置 PLC_1 的 PUT 连接参数，应右键单击该指令，在弹出菜单中选择"属性"，在弹出对话框（或单击该指令右上角的"开始组态"按钮）中选择"属性"→"组态"→"连接参数"，选择"伙伴"为"未指定"（选择后会显示"未知"字样），然后在"伙伴"的 IP 地址栏输入"192.168.0.2"，其余参数选择默认生成的参数，如图 6-21 所示。

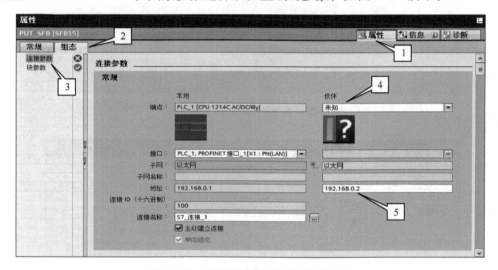

图 6-21 配置 PUT 指令"连接参数"

（5）配置客户端 PUT 指令块参数

发送函数块 PUT 按照 6-22 所示配置参数。每 1 s 激活 5 次发送操作，每次将客户端 IB0 数据发送到伙伴站（服务器）QB0 中。参数 DONE、ERROR 和 STATUS 使用数据块 PUT_DB 中的变量。块参数组态完成后，程序段中的 PUT 指令块各实参会自动添加上去。

（6）配置客户端 GET 指令连接参数

单击程序段中的 GET 指令右上角的"开始组态"按钮，在打开的对话框中选择"属性"→"组态"→"连接参数"，选择"伙伴"为"未指定"，其他参数不需要修改。

（7）配置客户端 GET 指令块参数

接收函数块 GET 按照 6-23 所示配置参数。每 1 s 激活 5 次发送操作，每次将伙伴站（服务器）IB0 发送来的数据存储在客户端 QB0 中。参数 NDR、ERROR 和 STATUS 使用数据块 GET_DB 中的变量。

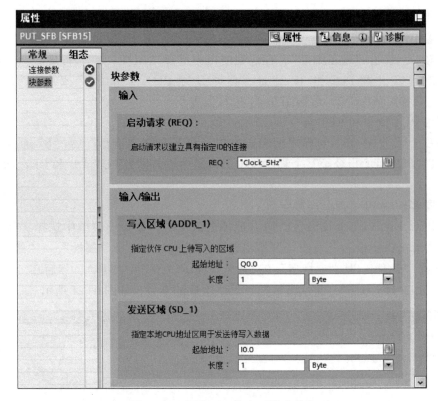

图 6-22 配置 PUT 指令 "块参数"

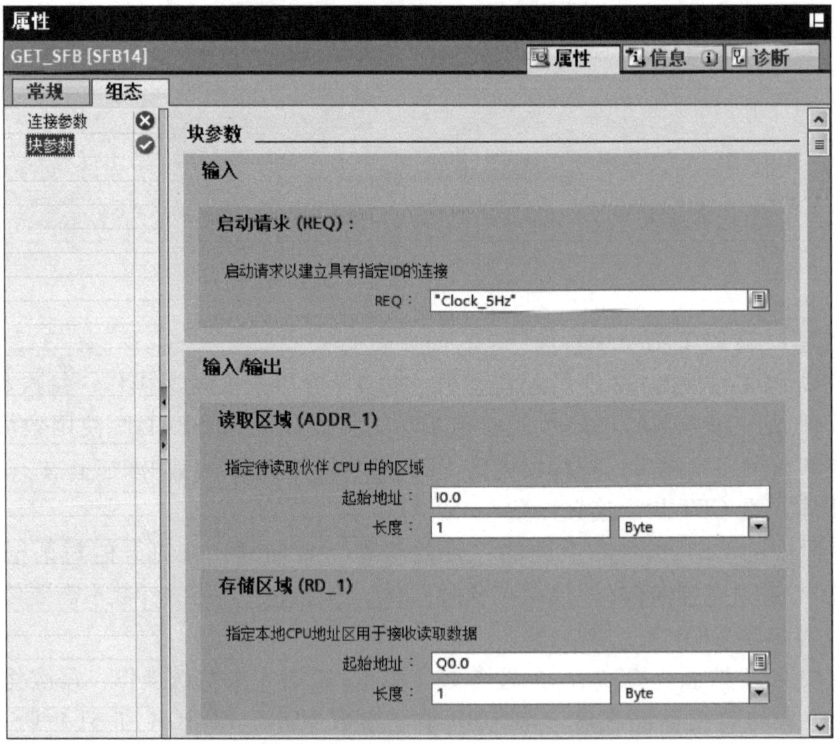

图 6-23 配置 GET 指令 "块参数"

(8) 组态连接机制

选中 PLC_1 和 PLC_2 的 CPU 属性窗口的"属性"→"常规"→"防护与安全"→"连接机制",勾选"允许来自远程对象的 PUT/GET 通信访问",如图 6-24 所示。注意:两台 PLC 都要进行这样的组态。

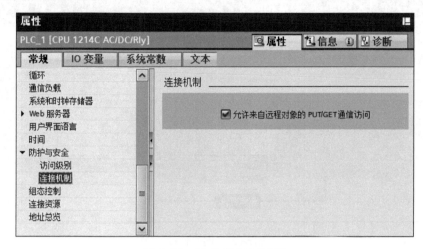

图 6-24 组态"连接机制"

完成上述组态后编译客户端中的主程序时无错误,但选中 PLC_1 再编译时出现 2 个错误(分别为"部分指定的连接-未连接本地子网"和"本地子网。接口未连接到子网")和 1 个警告(PLC_1 不包含组态的保护等级)。通过添加子网便可解决上述问题。

(9) 添加子网

选中 PLC_1 的 CPU 属性窗口的"属性"→"常规"→"PROFINET 接口[X1]",单击右侧的"添加新子网"按钮,此时"PN/IE_1"自动添加到"子网"中,如图 6-25 所示。

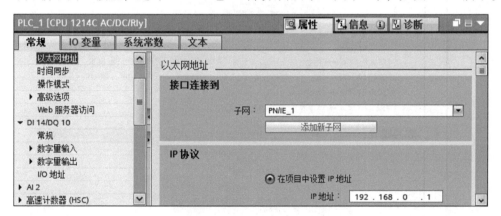

图 6-25 添加子网

选中 PLC_2 的 CPU 属性窗口的"属性"→"常规"→"PROFINET 接口[X1]",在"子网"中选择"PN/IE_1"。

然后分别对两台 PLC 进行编译,可多次编译,此时错误和警告消失。若再打开 PUT 或 GET 指令块的"属性"窗口,左上角"连接参数"后面的符号❌消失。

打开"网络视图",这时可以看到两台 PLC 已通过 PROFINET 接口相连,但网络连接的名称为"Sync_Domain_1",单击左上角的"连接"按钮 连接 (可以在"连接"按钮右侧再选择"S7 连接",或不选择),这时可看到网络连接的名称已变为"S7_连接_1",如图 6-26 所示。

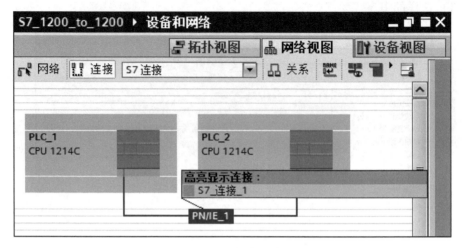

图 6-26 网络连接

建议在设置 PLC 的 IP 地址时添加子网。

(10) 编写程序

本示例只有客户端的发送程序和接收程序,无其他程序,如图 6-27 所示。

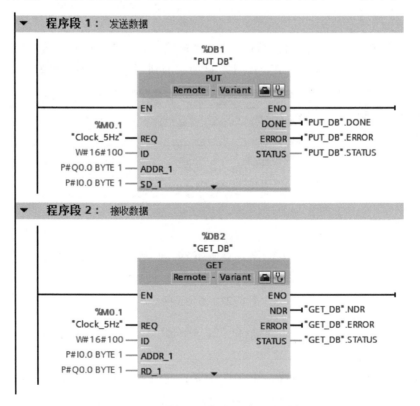

图 6-27 【例 6-3】中的客户端程序

使用 S7 通信也可以按下面步骤进行：

1）创建新项目。创建新项目时添加两个 CPU，并修改它们的 IP 地址。

2）生成网络。打开项目的"网络视图"，单击左上角的"连接"按钮，然后在其右侧选择"S7 连接"，用"拖拽"的方法建立两个 CPU 的 PN 接口之间的名为"S7_连接_1"的连接。

3）查看"连接的 ID 号"。在项目的"网络视图"中，单击该视图工具栏中的按钮，打开从右到左弹出的视图中的"连接"选项卡，从中可以看到生成的 S7 连接的详细信息，连接的 ID 为 W#16#100。若再生成第二个 S7 连接，此时的 ID 号为 W#16#101，依次递增。

4）更改"连接机制"。选中设备视图中的 CPU 1214C，在巡视窗口中选择"属性"→"常规"→"防护与安全"→"连接机制"，勾选"允许来自远程对象的 PUT/GET 通信访问"。

5）编写程序。调用 PUT 指令和 GET 指令，并编写其通信程序。

6）编译下载。在下载程序前，需将其硬件组态、网络组态及程序进行编译，正确无误后再下载到 CPU 中调试及运行。

6.5 案例 11 两台电动机的同时运行控制

6.5.1 任务导入

S7 通信在西门子控制系统中使用较为广泛，本案例要求使用 S7-1200 PLC 实现两台电动机的同时运行控制。两台电动机分别由本地和远程的 PLC 控制起动和停止，要求任一台电动机起动 10s 内另一台电动机也必须起动，否则已起动的电动机应自动停止运行，或任一台电动机发生故障（如过载），另一台电动机也立即停止运行。同时还要求，两台 PLC 上均有本地和远程电动机的运行指示。

6.5.2 任务实施

1. I/O 地址分配

根据 PLC 输入/输出点的分配原则及本案例的控制要求，进行 I/O 地址分配，如表 6-8 所示。

表 6-8 两台电动机同时运行控制的 I/O 分配表

输入		输出	
输入继电器	元器件	输出继电器	元器件
I0.0	停止按钮 SB1	Q0.0	接触器 KM
I0.1	起动按钮 SB2	Q0.5	本地电动机运行指示灯 HL1
I0.2	过载保护 FR	Q0.6	远程电动机运行指示灯 HL2
I0.3	电动机运行检测 KM		

2. I/O 接线图

根据控制要求及表 6-8 的 I/O 分配表，两台电动机同时运行控制的 I/O 接线图如图 6-28 所示（两站原理相同，在此只给出本地站 CPU 的 I/O 接线图，同时电动机主电路也已省略）。

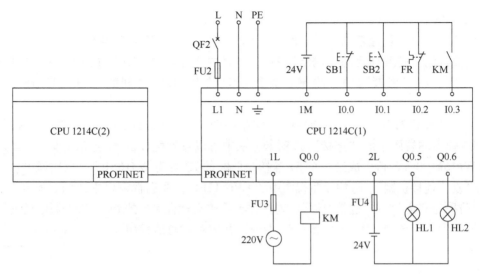

图 6-28 两台电动机同时运行控制的 I/O 接线图

3. 硬件及网络组态

（1）创建新项目

创建一个新项目，名称为 M_TSyunxing，添加两个 PLC，类型均为 CPU 1214C，分别命名为 PLC_1 和 PLC_2。在 CPU 的属性窗口中启用 PLC_1 的时钟存储器字节。

（2）设置 IP 地址并添加子网

在项目树中双击 PLC_1 的"设备组态"，在巡视窗口中选择"属性"→"常规"→"PROFINET 接口[X1]"，PLC_1 的 IP 地址系统默认为 192.168.0.1；在"接口连接到"中单击"添加新子网"按钮，生成一个名称为"PN/IE_1"的子网。

在项目树中双击 PLC_2 的"设备组态"，在巡视窗口中选择"属性"→"常规"→"PROFINET 接口[X1]"，将 PLC_2 的 IP 地址修改为 192.168.0.2；在"接口连接到"的"子网"中选择名称为"PN/IE_1"的子网。

（3）调用 PUT 指令和 GET 指令

打开 PLC_1 主程序 OB1 的程序编辑器窗口，选择右侧"通信"→"S7 通信"文件夹，双击或拖动 PUT 指令和 GET 指令分别到程序段 1 和程序段 2 中，使用自动生成名称为 PUT_DB 和 GET_DB 的背景数据块。

（4）配置客户端 PUT 指令连接参数

选中程序段 1 中的 PUT 指令，单击该指令右上角的"开始组态"按钮，打开 PUT_SFB 函数块的"属性"对话框，选择"组态"→"连接参数"，选择"伙伴"为"未指定"，并在"伙伴"的 IP 地址中输入"192.168.0.2"，其余参数使用默认值即可。

（5）配置客户端 PUT 指令块参数

打开 PUT_SFB 函数块的"属性"对话框，选择"组态"→"块参数"，在"启动请求（REQ）"中输入"M0.1（Clock_5Hz）"；在"写入区域（ADDR_1）"的"起始地址"中输入"M20.0"、"长度"中输入"1"、"类型"选择"Byte"；在"发送区域（SD_1）"的"起始地址"中输入"I0.0"、"长度"中输入"1"、"类型"选择"Byte"；参数 DONE、ERROR 和 STATUS 使用数据块 PUT_DB 中的变量。

（6）配置客户端 GET 指令连接参数

选中程序段 2 中的 GET 指令，单击该指令右上角的"开始组态"按钮，打开 GET_SFB 函数块的"属性"对话框，选择"组态"→"连接参数"，选择"伙伴"为"未指定"。

（7）配置客户端 GET 指令块参数

在 GET_SFB 函数块的"属性"对话框中，选择"组态"→"块参数"，在"启动请求（REQ）"中输入"M0.1（Clock_5 Hz）"；在"读取区域（ADDR_1）"的"起始地址"中输入"I0.0"、"长度"中输入"1"、将"类型"选择"Byte"；在"存储区域（RD_1）"的"起始地址"中输入"M20.0"、"长度"中输入"1"、"类型"选择"Byte"；参数 NDR、ERROR 和 STATUS 使用数据块 GET_DB 中的变量。

（8）组态连接机制

选中 PLC_1 和 PLC_2 的 CPU 属性窗口的"属性"→"常规"→"防护与安全"→"连接机制"，勾选"允许来自远程对象的 PUT/GET 通信访问"。

注意：以上所做的硬件组态及函数块的组态都应进行编译。

4. 编写程序

根据控制要求，本案例本地站（客户端）中的控制程序如图 6-29 所示，远程站（服务器）中的控制程序如图 6-30 所示。

5. 调试程序

将编写好的程序及设备组态分别下载到本地和远程 CPU 中，并连接好线路（主电路不连接）。

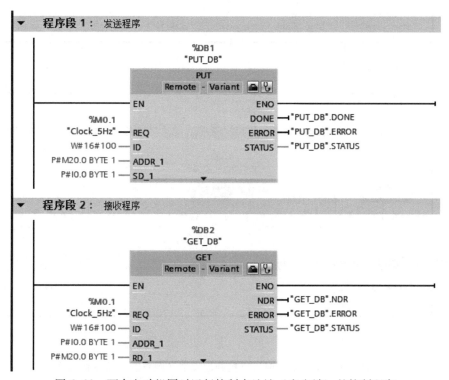

图 6-29　两台电动机同时运行控制本地站（客户端）的控制程序

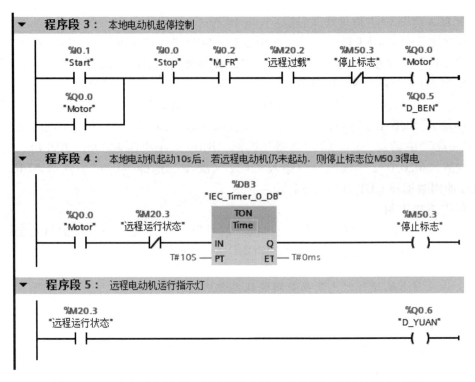

图 6-29 两台电动机同时运行控制本地站（客户端）的控制程序（续）

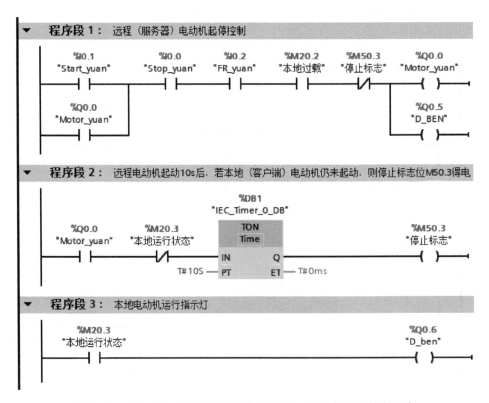

图 6-30 两台电动机同时运行控制远程站（服务器）的控制程序

调试本地电动机：按下起动按钮起动本地电动机，不起动远程电动机，10 s 后观察本地电动机是否能停止运行。若能停止运行，再次起动本地起动机，同时起动远程电动机，10 s 后观察本地电动机是否能继续运行。若能继续运行，按下远程电动机热继电器上的复位按钮，使远程电动机停止运行，观察本地电动机是否也能立即停止运行。

调试远程电动机：按上述调试方法，先起动远程电动机，再根据本地电动机的运行状况，观察远程电动机的停止情况。

若调试现象与控制要求一致，再将两台电动机的主电路连接好，调试主电路的性能。若主电路也能正常工作，则说明本案例任务实现。

6.5.3 任务拓展

使用 S7-1200 PLC 的 S7 通信方式实现两台电动机的同向运行控制。控制要求如下：本地按钮控制本地电动机的起动和停止。若本地电动机正向起动运行，则远程电动机只能正向起动运行；若本地电动机反向起动运行，则远程电动机只能反向起动运行。同样，若先起动远程电动机，则本地电动机应与远程电动机的运行方向一致。

6.6 Modbus 通信

6.6.1 Modbus 通信简介

1. Modbus 通信概述

Modbus 是 MODICON 公司（莫迪康公司，现已并入施耐德公司）于 1979 年开发的一种通信协议，是一种工业现场总线协议标准。

Modbus 协议是一项应用层报文传输协议，包括 Modbus-ASCII、Modbus-RTU 和 Modbus-TCP 三种报文类型。

标准的 Modbus 协议物理层接口有 RS-232、RS-422、RS-485 和以太网口。Modbus 串行通信采用 Master/Slave（主/从）方式通信，是请求/应答机制的通信协议。

2. SINAMICS 通信的标准报文

标准报文适用于 SINAMICS、MICROMASTER 和 SIMODRIVE 611 系列变频器的速度控制。标准报文只有 2 个字，写报文时，第一个字是控制字（STW1），第二个字是主设定值；读报文时，第一个字为状态字（ZSW1），第二个字是主监控值。

（1）控制字

当 P2038 等于 0 时，STW1 的内容符合 SINAMICS 和 MICROMASTER 系列变频器的标准；当 P2038 等于 1 时，STW1 的内容符合 SIMODRIVE 611 系列变频器的标准。

当 P2038 等于 0 时，标准报文的控制字（STW1）的各位含义如表 6-9 所示。

表 6-9 标准报文的控制字（STW1）的各位含义

控制字位	含 义	关联参数	说 明
STW1.0	上升沿：ON（使能）；0：OFF1（停机）	P0840[0]=r2090.0	设置指令"ON/OFF（OFF1）"的信号
STW1.1	0：OFF2（自由停车）；1：NO OFF2	P0844[0]=r2090.1	缓慢停车/无缓慢停车

(续)

控制字位	含 义	关联参数	说 明
STW1.2	0：OFF3（快速停车）； 1：NO OFF3	P0848[0]=r2090.2	快速停车/无快速停车
STW1.3	0：禁止运行； 1：使能运行	P0852[0]=r2090.3	使能运行/禁止运行
STW1.4	0：禁止斜坡函数发生器； 1：使能斜坡函数发生器	P1140[0]=r2090.4	使能/禁止斜坡函数发生器
STW1.5	0：禁止继续斜坡函数发生器； 1：使能继续斜坡函数发生器	P1141[0]=r2090.5	继续/冻结斜坡函数发生器
STW1.6	0：使能设定值； 1：禁止设定值	P1142[0]=r2090.6	使能/禁止设定值
STW1.7	上升沿确认故障	P2103[0]=r2090.7	应答故障
STW1.8	保留	—	—
STW1.9	保留	—	—
STW1.10	1：通过PLC控制	P0854[0]=r2090.10	通过PLC控制/不通过PLC控制
STW1.11	1：设定值取反	P113[0]=r2090.11	设置设定值取反的信号源
STW1.12	保留	—	—
STW1.13	1：设置使能零脉冲	P1035[0]=r2090.13	设置使能零脉冲的信号源
STW1.14	1：设置持续降低电动电位器设定值	P1036[0]=r2090.14	设置持续降低电动电位器设定值的信号源
STW1.15	保留	—	—

表6-9对于用户非常重要，控制字的第0位STW1.0与起停参数P0840相关联，而且为上升沿有效。当控制字STW1由16#047E变为16#047F（上升沿信号）时，向变频器发出正转起动信号；当控制字STW1由16#047E变为16#0C7F（上升沿信号）时，向变频器发出反转起动信号；当控制字STW1为16#047E时，向变频器发出停止信号。

（2）主设定值

主设定值是一个字，用十六进制格式表示，最大数值为16#4000，对应变频器的额定频率或转速。如果主设定值被设定为16#2000，则对应变频器的输出频率为额定频率的50%。如变频器的同步转速为1500 r/min，若使变频器的输出转速为1200 r/min，则主设定值应设为16#3333（16#4000对应于十进制16 384，对应于转速为1500 r/min，若运行转速为1200 r/min，则需要设定为十进制的13107.2，对应于十六进制为16#3333）。

6.6.2 Modbus 通信指令

1. MB_COMM_LOAD 指令

打开博途软件的程序编辑器窗口，选择右边的"指令"，选择"通信"→"通信处理器"→"MODBUS"，添加MB_COMM_LOAD指令时会自动产生一个背景数据块"MB_COMM_LOAD_DB"，单击"确定"按钮便可。

MB_COMM_LOAD指令及其参数如表6-10所示，该指令用于Modbus-RTU协议通信的SIPLUS I/O或PtP端口。Modbus-RTU端口硬件选项：最多安装三个CM（RS-485或RS-232）及一个CB（RS-485）。主站和从站都要调用该指令。

第6章 通信指令及编程

表 6-10 MB_COMM_LOAD 指令及其参数

指令	参数	描述	数据类型
MB_COMM_LOAD —EN　　ENO— —REQ　　DONE— —PORT　　ERROR— —BAUD　　STATUS— —PARITY —MB_DB	REQ	在上升沿启动作业	Bool
	PORT	硬件标识符	Port
	BAUD	通信波特率	UDInt
	PARITY	奇偶校验选择。0：无；1：奇校验；2：偶检验	UInt
	MB_DB	对 Modbus_Master 或 Modbus_Slave 指令的背景数据块的引用	MB_BASE
	DONE	如果上一个请求完成且没有错误，该位将变为 TRUE	Bool
	ERROR	如果上一个请求完成且错误，该位将变为 TRUE	Bool
	STATUS	状态信息	Word

Modbus-RTU 通信的波特率有 300 bit/s、600 bit/s、1200 bit/s、2400 bit/s、4800 bit/s、9600 bit/s、19200 bit/s、38400 bit/s、57600 bit/s、76800 bit/s 和 115200 bit/s 等。

2. MB_MASTER 指令

MB_MASTER 指令及其参数如表 6-11 所示，它是 Modbus 主站指令，在执行该指令前，要执行 MB_COMM_LOAD 指令组态端口。生成 MB_MASTER 指令时，会自动产生一个背景数据块 MB_MASTER_DB。指定 MB_COMM_LOAD 指令的参数 MB_DB 时将使用 MB_MASTER 指令的背景数据块。

表 6-11 MB_MASTER 指令及其参数

指令	参数	描述	数据类型
MB_MASTER —EN　　ENO— —REQ　　DONE— —MB_ADDR　BUSY— —MODE　　ERROR— —DATA_ADDR STATUS— —DATA_LEN —DATA_PTR	REQ	值为 1 时，请求向 Modbus 从站发送数据	Bool
	MB_ADDR	从站地址 1~247，0 用于广播	UInt
	MODE	模式选择。0：读取；1：写入	USInt
	DATA_ADDR	从站中的起始地址	UDInt
	DATA_LEN	数据长度	UInt
	DATA_PTR	数据指针，指向要写入或读取的数据的 M 或 DB 地址（未经优化的 DB 类型），如表 6-12 所示	Variant
	DONE	如果上一个请求完成且没有错误，该位将变为 TRUE	Bool
	BUSY	0：Modbus_Master 无操作；1：Modbus_Master 操作正在进行	Bool
	ERROR	如果上一个请求完成且有错误，该位将变为 TRUE	Bool
	STATUS	状态信息	Word

表 6-12 参数 DATA_PTR 与 Modbus 保持寄存器地址的对应关系示例

MODBUS 地址	DATA_PTR 参数对应的地址	
40001	MW100	DB1DW0
40002	MW102	DB1DW2

(续)

MODBUS 地址	DATA_PTR 参数对应的地址	
40003	MW104	DB1DW4
40004	MW106	DB1DW6
…	…	…

3. MB_SLAVE 指令

MB_SLAVE 指令及其参数如表 6-13 所示，其功能是将串口作为 Modbus 从站，响应 Modbus 主站的请求。使用 MB_SLAVE 指令要求每个端口独占一个背景数据块，且背景数据块不能与其他的端口共用。在执行该指令之前，要执行 MB_COMM_LOAD 指令组态端口。

表 6-13 MB_SLAVE 指令及其参数

指令	参数	描述	数据类型

MB_SLAVE
EN ENO
MB_ADDR NDR
MB_HOLD_REG DR
  ERROR
  STATUS
	MB_ADDR	从站地址 1~247，0 用于广播	UInt

	MB_HOLD_REG	保持存储器数据块的地址	Variant
	NDR	新数据是否准备好：0-无数据，1-主站有新数据写入	BOOL
	DR	计数据标志：0-未读数据，1-主站读取数据完成	BOOL
	ERROR	如果上一个请求完成并且错误，该位将变为 TRUE	BOOL
	STATUS	状态信息	WORD

MB_MASTER 指令用到的 MODE 和 DATA_ADDR，这两个参数在 Modbus 通信中对应的功能码及地址如表 6-14 所示。

表 6-14 参数 MODE 和 DATA_ADDR 在 Modbus 通信中对应的功能码及地址

MODE	DATA_ADDR	功能码	功能
0	起始地址：1~9999	01	读取输出位
0	起始地址：10001~19999	02	读取输入位
0	起始地址：40001~49999，400001~46635	03	读取保持存储器
0	起始地址：30001~39999	04	读取输入字
1	起始地址：1~9999	05	写入输出位
1	起始地址：40001~49999，400001~46635	06	写入保持存储器
1	起始地址：1~9999	15	写入多个输出位
1	起始地址：40001~49999，400001~46635	16	写入多个保持存储器
2	起始地址：1~9999	15	写入一个或多个输出位
2	起始地址：40001~49999，400001~46635	16	写入一个或多个保持存储器

下面通过【例 6-4】介绍 S7-1200 PLC 与 G120 之间的 Modbus 通信。

【例 6-4】 使用 S7-1200 PLC 通过 Modbus 通信协议实现变频器 G120 驱动的电动机无级调

速。已知电动机的额定功率为 0.37 kW，额定电压为 380 V，额定电流为 0.3 A，额定转速为 1430 rpm，额定频率为 50 Hz。

（1）硬件连接

S7-1200 PLC 与 G120 之间通过只有一端带有连接器头的双绞线电缆相连，如图 6-31 所示。

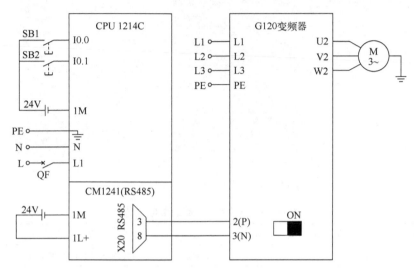

图 6-31　S7-1200 PLC 与 G120 连接示意图

图 6-31 中，SB1 为起动按钮，SB2 为停止按钮。CM 1241（RS485）模块串口的 3 脚和 8 脚与 G120 变频器的通信端口 2 和 3 号端子相连接，PLC 和变频器的终端电阻置于 ON 位置。

（2）硬件组态

1）创建项目。

打开博途软件，新建一个项目名称为 1200_G120_Modbus，并打开其项目视图。

2）添加新设备。

添加 CPU：在打开的项目视图中，双击项目树中的"添加新设备"，添加 S7-1200 PLC，在此选择 CPU 1214C（AC/DC/Rly）。启用系统存储器字节和时钟存储器字节。

添加通信模块：在项目树的设备名称"PLC_1"文件夹中，选择"设备组态"→"设备视图"，在项目视图右侧的"硬件目录"中，打开"通信模块"文件夹，按住 CM 1241（RS485）将其拖拽到 CPU 1214C 左侧的 101 号槽上。

3）配置 CM 1241（RS485）串口。

选中项目中"设备视图"窗口中的通信模块 CM 1241 下方的 RS485 串口，在打开的巡视窗口中选择"属性"→"常规"→"IO-Link"，在此巡视窗口中将"波特率"修改为"19.2 kbps"，其他参数采用系统默认值，如图 6-32 所示。

硬件组态完成后，分别单击工具栏上的"编译"按钮和"保存项目"按钮，对硬件组态的内容进行编译和保存。

（3）设置 G120 变频器参数

G120 变频器的参数设置如表 6-15 所示。

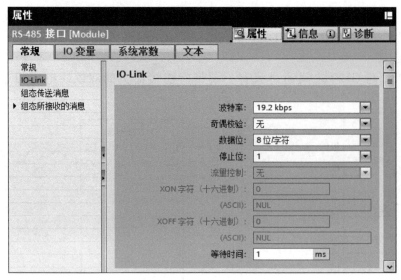

图 6-32 "IO-Link"串口的参数

表 6-15 G120 变频器的参数设置

变频器参数	设 定 值	单 位	说 明
p0010	1/0	—	先设置为 1,待参数调试完后再设置为 0
p0015	21	—	接口宏 21（Modbus 通信也是接口宏 21）
p0304	380	V	电动机的额定电压
p0305	0.3	A	电动机的额定电流
p0307	0.37	kW	电动机的额定功率
p0310	50.00	Hz	电动机的额定频率
p0311	1430	r/min	电动机的额定转速
p2020	7	—	Modbus 通信波特率,7 为 19200 bit/s
p2021	2	—	Modbus 地址
p2022	2	—	Modbus 通信 PZD 长度,默认值为 2
p2030	2	—	2 为 Modbus 通信协议
p2031	0	—	无校验（1 为奇校验,2 为偶校验）
p2040	1000	ms	总线监控时间（可以设置此值的上限值,或设置为 0,表示不监控）

 注意：变频器的 Modbus 通信地址可以通过控制单元上的总线地址 DIP 拨码开关进行设置（将从下往上数第二个拨码开关拨至 ON 位置,其他拨至 OFF 位置）,当总线地址 DIP 拨码开关都处在 ON 或 OFF 位置时,也可通过参数 p2021 进行设置。

(4) 编写程序

G120 变频器的 Modbus 通信时控制字的寄存器号是 40100（可读写）,主设定值的寄存器号是 40101（可读写）,状态字的寄存器号是 40110（只读）,主实际值的寄存器号是 40111（只读）。

根据控制要求编写的控制程序如图 6-33 所示。

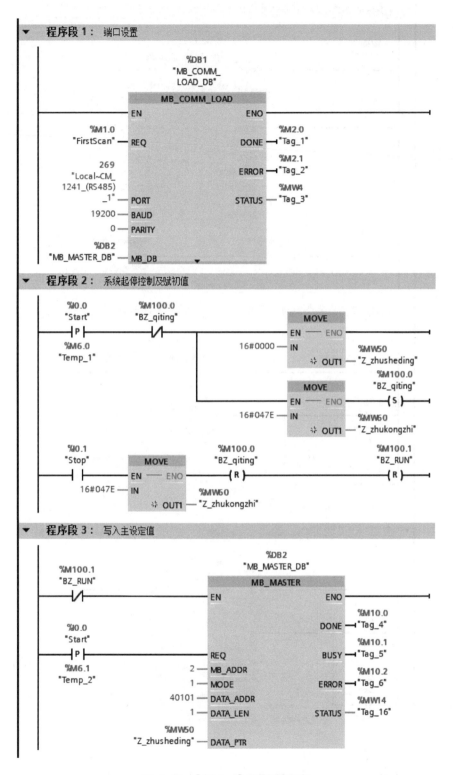

图 6-33 【例 6-4】的控制程序

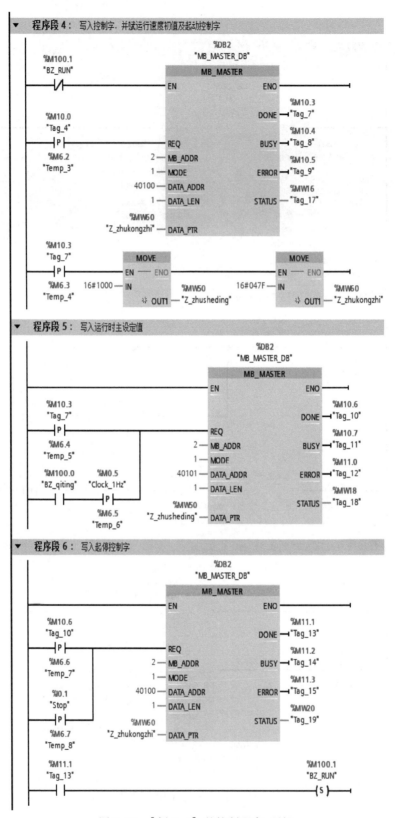

图 6-33 【例 6-4】的控制程序（续）

程序解释如下。

1) 程序段1：当系统上电时，激活 MB_COMM_LOAD 指令，若输入参数需要改变，则需要重新激活该指令。

2) 程序段2：当按下起动按钮时，置系统起动标志位 M100.0，同时把主设定值 16#0000 传送到 MW50 中（16#0000~16#4000 对应于电动机工作频率 0~50 Hz，即 0 至额定转速），把控制字（16#047E 停止信号）传送到 MW60 中。当按下停止按钮时，赋停止控制字，并将系统起动标志位 M100.0 和变频器正在运行标志位 M100.1 复位。

3) 程序段3：当刚按下起动按钮时，把主设定值写入寄存器号 40101 中。

4) 程序段4：当主设定值写入完成后，把控制字（16#047E 停止信号）写入寄存器号 40100 中。同时，赋准备运行时的主设定值和控制字（16#047F 起动信号）。

5) 程序段5：写入系统运行的主设定值，同时，每秒可更新系统运行的主设定值，实现无级调速控制。

6) 程序段6：写入起动和停止变频器的控制器，并将变频器正在运行标志位置1。

 注意：一般先写入停止控制信号，再写入起动控制信号。若简化控制程序，可将程序段3和程序段4删除，只保留一个写入主设定值指令块和一个写入控制字指令块（当然，在按下起动按钮和停止按钮时，需要分别对主设定值和控制字进行赋值），在操作时必须先按下停止按钮，再按下起动按钮，否则变频器将不会运行。

6.7 USS 通信

6.7.1 USS 通信简介

西门子公司的变频器都有一个串行通信接口，采用 RS-485 半双工通信方式，以 USS（Universal Serial Interface Protocol，通用串行接口协议）作为现场监控和调试协议，其设计标准适用于工业环境的应用对象。USS 是主从结构的协议，规定了在 USS 总线上可以有一个主站和最多 30 个从站，总线上的每个从站都有一个站地址（在从站参数中设置），主站依靠它识别每个从站，每个从站也只能对主站发来的报文做出响应并回送报文，从站之间不能直接进行数据通信。另外，还有一种广播通信方式，主站可以同时给所有从站发送报文，从站接收到报文后做出相应回应，当然也可不回送报文。

使用 USS 有如下优点：
1) USS 对硬件设备要求低，减少了设备之间布线的数量。
2) 不需要重新布线就可以改变控制功能。
3) 可通过串行接口设置来修改变频器的参数。
4) 可连续对变频器的特性进行监测和控制。

6.7.2 USS 通信指令

S7-1200 PLC 的 USS 通信需要配置串行通信模块，如 CM 1241（RS485）、CM 1241 RS422/485 或 CB 1241 RS485 板，每个 RS-485 端口最多可与 16 台变频器通信。一个 S7-1200 PLC 的 CPU 中最多可安装三个 CM 1241 或 RS422/485 模块和一个 CB 1241 RS485 板。

S7-1200 PLC 的 CPU（V4.1 版本及以上）扩展了 USS 功能，可以使用 PROFINET 或 PROFIBUS 分布式 I/O 机架上的串行通信模块与西门子的变频器进行 USS 通信。

1. USS_PORT 指令

USS_PORT 指令如图 6-34 所示。该指令用来处理 USS 程序段上的通信，主要用于设置通信接口参数。在程序中，每个串行通信端口使用一条 USS_PORT 指令来控制与一个驱动器的通信。通常程序中每个串行通信端口只有一个 USS_PORT 指令，且每次调用该功能都会处理与单个驱动器的通信。与同一个 USS 网络和串行通信端口相关的所有 USS 功能都必须使用同一个背景数据块。

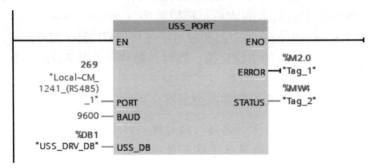

图 6-34　USS_PORT 指令

USS_PORT 指令中各参数的意义如下。

1）PORT：PtP 通信端口标识符，为常数，可在 PLC 的默认变量表的"系统常量"选项卡中引用。

2）BAUD：USS 通信波特率。常用的波特率有 4800 bit/s、9600 bit/s、19200 bit/s、38400 bit/s、57600 bit/s、115200 bit/s 等。

3）USS_DB：USS_DRIVE 指令的背景数据块。

4）ERROR：输出错误，0 表示无错误，1 表示有错误。在发生错误时，ERROR 置位为 TRUE，同时在 STATUS 输出端输出相应的错误代码。

5）STATUS：扫描或初始化的状态。

使用 USS_PORT 指令时应注意：波特率和奇偶校验必须与变频器和串行通信模块的硬件组态一致。

S7-1200 PLC 与变频器的通信是与它本身的扫描周期不同步的，在完成一次与变频器的通信事件之前，S7-1200 PLC 通常完成了多个扫描。用户程序执行 USS_PORT 指令的次数必须足够多，以防止驱动器超时。通常从循环中断 OB 调用 USS_PORT 指令以防止驱动器超时，确保 USS_DRV 指令调用最新的 USS 数据更新内容。

USS_PORT 通信的时间间隔是 S7-1200 PLC 与变频器通信所需要的时间，不同的通信波特率对应不同的 USS_PORT 通信时间间隔。不同的波特率对应的 USS_PORT 最小通信时间间隔如表 6-16 所示。

表 6-16　不同的波特率对应的 USS_PORT 最小通信时间间隔

波特率/(bit/s)	最小时间间隔/ms	最大时间间隔/ms
4800	212.5	638
9600	116.3	349

(续)

波特率/(bit/s)	最小时间间隔/ms	最大时间间隔/ms
19200	68.2	205
38400	44.1	133
57600	36.1	109
115200	28.1	85

2. USS_DRV 指令

USS_DRV 指令用来处理与变频器的数据交换，从而读取变频器的状态以及控制变频器的运行，如图 6-35 所示。每个变频器使用唯一的一个 USS_DRV 指令，但是同一个 CM 1241 (RS485) 模块的 USS 网络的所有变频器（最多 16 个）都使用一个 USS_DRV_DB。USS_DRV 指令必须在 OB 中调用，不能在循环中断 OB 中调用。

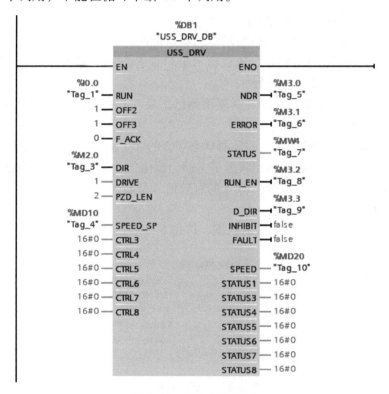

图 6-35　USS_DRV 指令

USS_DRV 指令中各参数的意义如下。

1) RUN：驱动器起始位：如果该输入为 TRUE，则该输入使驱动器能以预设的速度运行。

2) OFF2：电气停止位，如果该输入为 FLASE，则该位会导致驱动器逐渐停止而不使用制动装置，即自由停车。

3) OFF3：快速停止位，如果该输入为 FLASE，则该位会通过制动驱动器来使其快速停止。

4) F_ACK：故障应答位，该位将复位驱动器上的故障位。故障清除后该位置位，以通知驱动器不必再指示上一个故障。

5) DIR：旋转方向控制位，如果该输入为 TRUE，则电动机旋转方向为正向（当 SPEED_SP 为正数时）。

6) DRIVE：驱动器的 USS 站地址，有效范围为 1~16。

7) PZD_LEN：PDZ 字长，有效值为 2、4、6 或 8 个字。默认值为 2。

8) SPEED_SP：速度设定值，用频率的百分比表示。正值表示正向。

9) CTRL3~CTRL8：控制字 3~8，写入驱动器上用户组态的参数中的值。用户必须在驱动器上组态这个值。

10) NDR：新数据就绪位，如果该位为 TRUE，则表明该位输出中包含来自新通信请求的数据。

11) ERROR：出现故障，如果该位为 TRUE，则表示发生了错误并且 STATUS 输出有效。发生错误时，所有其他输出都复位为零。仅在 USS_PORT 指令的 ERROR 和 STATUS 输出中报告通信错误。

12) STATUS：扫描或初始化的状态。

13) RUN_EN：启用运行位，该位指示驱动器是否正在运行。

14) D_DIR：驱动器运行方向位，该位指示驱动器是否正向运行。

15) INHIBIT：变频器禁止位标志。

16) FAULT：变频器故障，该位表明驱动器已记录一个故障。用户必须清除该故障并置位 F_ACK 位以清除该位。

17) SPEED：变频器当前速度（驱动器状态字 2 的标定值），用百分比表示。

18) STATUS1~STATUS8：驱动器状态字 1~8，该值包含驱动器的固定状态位。

使用 USS_DRV 指令时需要注意：RUN 的有效信号是高电平一直接通，而不是脉冲信号。

3. USS_RPM 指令

USS_RPM 指令用来读取驱动器中的数据，该指令必须在主程序中调用，如图 6-36 所示。

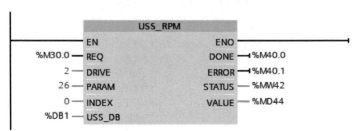

图 6-36　USS_RPM 指令

USS_RPM 指令中参数的意义如下。

1) REQ：发送请求。如果该参数的值为 TRUE，则表示期望执行一个新的读请求。数据类型为 "Bool"。

2) DRIVE：驱动器地址。USS 通信的驱动器地址，有效范围为 1~16。数据类型为 "USInt"。

3) PARAM：参数号，待读取的驱动器上参数的编号，范围为 0~2047。数据类型为 "UINT"。

4) INDEX：参数的索引号。数据类型为 "UINT"。

5) USS_DB：USS_DRIVE 指令的背景数据块。数据类型为 "USS_BASE"。

6) DONE：当完成当前读取数据作业时，该位为 1。数据类型为"Bool"。

7) ERROR：错误状态，0 表示没有错误，1 表示有错误。数据类型为"Bool"。

8) STATUS：状态信息。数据类型为"Word"。

9) VALUE：读取的参数值。数据类型为"Variant"。

4. USS_WPM 指令

USS_WPM 指令用来将数据写入驱动器，该指令必须在主程序中调用，如图 6-37 所示。

USS_WPM 指令中参数的意义如下。

1) REQ：发送请求。如果该参数的值为 TRUE，则表示期望执行一个新的写请求。数据类型为"Bool"。

2) DRIVE：驱动器地址。USS 通信的驱动器地址，有效范围为 1~16。数据类型为"USInt"。

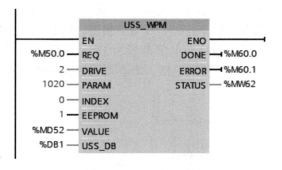

图 6-37 USS_WPM 指令

3) PARAM：参数号，待写入的驱动器上参数的编号，范围为 0~2047。数据类型为"UInt"。

4) INDEX：参数的索引号。数据类型为"UInt"。

5) EEPROM：存储到驱动器 EEPROM。如果该参数的值为 TRUE，则写入驱动器参数的值将存储在驱动器 EEPROM 中。如果该参数的值为 FALSE，则写入的值仅临时保存，在下次接通驱动器时会丢失。数据类型为"Bool"。

码 6-5 USS 通信指令——微课视频

6) VALUE：待写入的参数值。数据类型为"Variant"。

7) USS_DB：USS_DRIVE 指令的背景数据块。数据类型为"USS_BASE"。

码 6-6 USS 通信指令的应用——微课视频

8) DONE：当完成当前数据写入作业时，该位为 1。数据类型为"Bool"。

9) ERROR：错误状态，0 表示没有错误，1 表示有错误。数据类型为"Bool"。

10) STATUS：状态信息。数据类型为"Word"。

6.8 案例 12 物料传送链的运行速度控制

6.8.1 任务导入

串口通信在工程应用中也较为广泛。本案例使用 S7-1200 PLC 和 G120 变频器通过 USS 通信实现物料传送链的运行速度控制。控制要求如下：按下起动按钮后传输链起动并运行，若顺时针旋转调速电位器，传输链速度随之变快；若逆时针旋转调速电位器，传输链速度随之变慢。无论何时按下停止按钮，传输链停止运行。

6.8.2 任务实施

1. I/O 地址分配

根据 PLC 输入/输出点的分配原则及本案例的控制要求，进行 I/O 地址分配，如表 6-17 所示。

2. I/O 接线图

根据控制要求及表 6-17 的 I/O 分配表，物料传送链的运行速度控制的 I/O 接线图如图 6-38 所示。将 CM 1241（RS485）模块串口的 3 号和 8 号针脚与变频器 G120 通信端口的 2 号和 3 号端子相连，PLC 端和变频器的终端电阻都置为 ON。电位器两端接 DC 10 V 电压，中心端与 PLC 的集成模拟量通道 0 相连。

表 6-17 物料传送链的运行速度控制的 I/O 分配表

输入		输出	
输入继电器	元 器 件	输出继电器	元 器 件
I0.0	停止按钮 SB1		
I0.1	起动按钮 SB2		

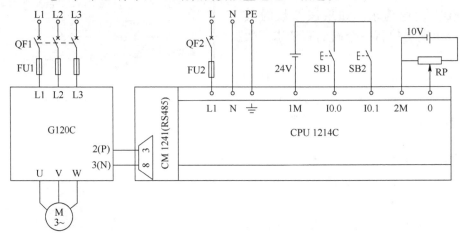

图 6-38 物料传送链的运行速度控制的 I/O 接线图

3. 创建项目

打开博途编程软件，在 Portal 视图中选择"创建新项目"，输入项目名称"M_chuansonglian"，选择项目的保存路径，然后单击"创建"按钮完成项目创建。

4. 硬件组态

在项目树中双击"添加新设备"图标，添加设备名称为 PLC_1 的设备 CPU 1214C 及点到点通信模块 CM 1241（RS485），通信模块应放置在 CPU 的左侧 101 槽位上。选中 CM 1241（RS485）的串口，选择"属性"→"常规"→"IO-Link"，不修改"IO-Link"串口的参数，如图 6-39 所示。也可根据实际情况修改，但变频器中的参数设置要和图 6-39 中的参数一致，组态完成后分别对其进行编译和保存（集成的模拟量为直流 0~10 V 输入，不需要组态）。

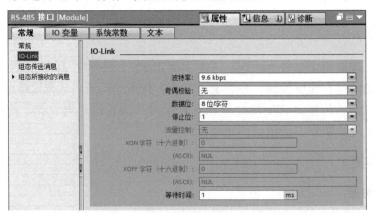

图 6-39 添加设备及组态"IO-Link"串口参数

5. 变频器的参数设置

本项目中变频器 G120 的参数设置如表 6-18 所示。

表 6-18 变频器 G120 的参数设置

序号	参数	设定值	单位	功能说明
1	P0003	3	—	参数访问权限，3 是专家级
2	P0010	1/0	—	驱动调试参数筛选。首先设置为 1，当 P0015 和电动机的参数修改完成后，再设置为 0
3	P0015	21	—	驱动设备宏指令
4	P0304	380	V	电动机的额定电压
5	P0305	2.05	A	电动机的额定电流
6	P0307	0.75	kW	电动机的额定功率
7	P0310	50.00	Hz	电动机的额定频率
8	P0311	1440	r/min	电动机的额定转速
9	P2010	6	—	USS 通信的波特率，6 代表 9600 bit/s
10	P2011	1	—	USS 地址
11	P2022	2	—	USS 通信 PZD 长度
12	P2031	0	—	无校验
13	P2040	100	ms	总线监控时间

 注意：当有多台变频器通信时，若总线监控时间设置为 100 ms，会造成通信不能建立，可将其设置为 0，表示不监控。

6. 编写程序

(1) OB30 中的程序

从表 6-18 可知，当波特率为 9600 bit/s 时，最小通信间隔时间为 116.3 ms，因此循环中断组织块 OB30 的循环时间要小于此间隔时间，本项目设置为 100 ms。根据控制要求，编写的 OB30 程序如图 6-40 所示。

循环中断组织块 OB30 中主要负责 USS 通信端口初始化和采集调速电位器的输入信号与标准化和线性化转换。速度设定值参数"SPEED_SP"的数据类型为"Real"，且在 0.0～100.0% 之间。

(2) OB1 中的程序

在程序循环组织块 OB1 中主要为变频器的起停和速度控制程序，如图 6-41 所示。

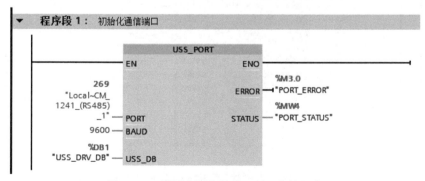

图 6-40 循环中断组织块 OB30 中的程序

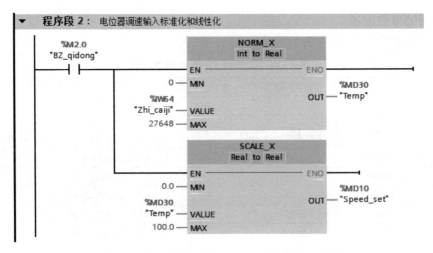

图 6-40 循环中断组织块 OB30 中的程序（续）

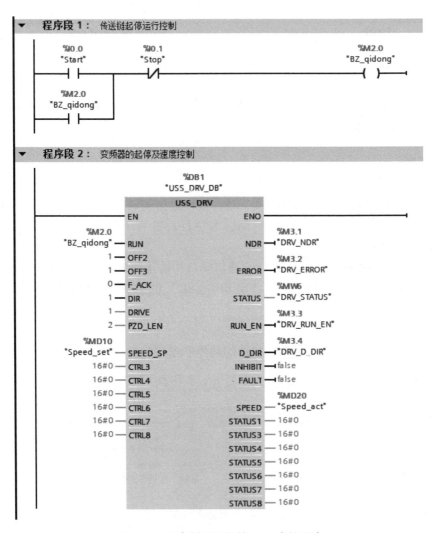

图 6-41 程序循环组织块 OB1 中的程序

7. 调试程序

将编写好的程序及设备组态下载到 CPU 中,并连接好线路。按下起动按钮,观察电动机能否起动运行。若能正常起动,再通过正反两方向旋转调节速度的电位器,观察电动机的运行速度能否发生变化。若电动机的运行速度可调节,再按下停止按钮,观察电动机能否停止运行。若调试现象与控制要求一致,则说明本案例任务实现。

6.8.3 任务拓展

控制要求同本案例,要求使用 S7-1200 PLC 和 G120 变频器通过 Modbus 通信实现。

6.9 习题与思考

1. 通信方式有哪几种?什么是并行通信和串行通信?
2. PLC 可与哪些设备进行通信?
3. 什么是单工、半双工和全双工通信?
4. 西门子 PLC 与其他设备通信的传输介质有哪些?
5. 西门子 S7-1200 PLC 的常见通信方式有哪几种?
6. 自由口通信涉及哪些通信指令?
7. 西门子 PLC 通信的常用波特率有哪些?
8. S7-1200 PLC 常用的串口通信主要含有哪些通信协议?
9. S7-1200 PLC 通过 PROFINET 接口进行通信时,有哪些通信协议?
10. S7-1200 PLC 的 S7 单向通信中什么是客户端,什么是服务器?
11. 使用自由口通信实现两站点的两台电动机同时起/停控制。若有一台电动机不能起动,或使用中停止运行,运行中的电动机延时 5 s 后停止运行。
12. 使用 S7-1200 PLC 自由口通信方式实现两台电动机的异地起停控制。控制要求如下:按下本地起动按钮 SB1 和停止按钮 SB2,本地电动机起动和停止。按下本地控制远程电动机的起动按钮 SB3 和停止按钮 SB4,远程电动机能起动和停止。
13. 使用基于以太网的开放式用户通信实现第 12 题的控制任务。
14. 使用 S7 通信实现第 12 题的控制任务。
15. 分别使用 USS 通信和 Modbus 通信实现 S7-1200 PLC 对 G120 变频器的控制,要求能实现电动机的正反转及无级调速控制。

参考文献

[1] 侍寿永. 西门子S7-1200 PLC编程及应用教程 [M]. 2版. 北京：机械工业出版社，2021.
[2] 侍寿永，夏玉红. 西门子S7-200 SMART PLC编程及应用教程 [M]. 2版. 北京：机械工业出版社，2021.
[3] 侍寿永，史宜巧. FX_{3U}系列PLC技术及应用 [M]. 北京：机械工业出版社，2021.
[4] 史宜巧，侍寿永. PLC应用技术（西门子）[M]. 2版. 北京：高等教育出版社，2021.
[5] 廖常初. S7-1200 PLC应用教程 [M]. 2版. 北京：机械工业出版社，2020.
[6] 奚茂龙，向晓汉. S7-1200 PLC编程及应用技术 [M]. 北京：机械工业出版社，2022.
[7] 梁亚峰，刘培勇. 电气控制与PLC应用技术（S7-1200）[M]. 北京：机械工业出版社，2021.
[8] 向晓汉，唐克彬. 西门子SINAMICS G120/S120变频器技术与应用 [M]. 北京：机械工业出版社，2020.
[9] 张忠权. SINAMICS G120变频控制系统实用手册 [M]. 北京：机械工业出版社，2016.
[10] 西门子（中国）有限公司. S7-1200 PLC可编程序控制器产品目录 [Z]. 2019.